新形态创新型特色教材

CAXA CAM
制造工程师2022项目案例教程

CAXA CAM ZHIZAO GONGCHENGSHI 2022
XIANGMU ANLI JIAOCHENG

刘玉春　主编
张　毅　主审

化学工业出版社
·北京·

内容简介

《CAXA CAM制造工程师2022项目案例教程》内容包括CAXA CAM制造工程师2022软件操作基础、曲线造型与编辑、曲面造型及编辑、实体造型及编辑、自动编程加工基础、典型零件的设计与加工，共六个项目，重点介绍具体实例任务的造型设计和编程方法，以任务的形式讲解了28个经典案例，案例主要来源于全国数控技能大赛样题。书中配有30个二维码，对书中重点难点进行讲解，以满足新时代教学需求。

本书以CAXA CAM制造工程师2022软件为介绍对象，以任务案例操作为知识载体，采用工学结合、项目引领、任务驱动的组织模式，以经典教学案例为切入点，将思想政治教育融入其中。

本书配有PPT课件及造型设计源文件，将免费提供给使用本书的学生、教师和企业技术人员。如有需要，请发邮件至cipedu@163.com获取或登录www.cipedu.com.cn下载。

本书可作为本科、高职高专院校机械类专业相关课程的教材，也可作为技师学院、中等职业技术学校机械加工专业相关课程的教材，还可作为参加数控技能大赛选手以及CAD/CAM软件爱好者的参考用书。

图书在版编目（CIP）数据

CAXA CAM制造工程师2022项目案例教程/刘玉春主编. —北京：化学工业出版社，2022.11(2024.1重印)
新形态创新型特色教材
ISBN 978-7-122-42151-7

Ⅰ.①C… Ⅱ.①刘… Ⅲ.①数控机床-程序设计-教材 Ⅳ.①TG659

中国版本图书馆CIP数据核字（2022）第166090号

责任编辑：高　钰　　文字编辑：徐　秀　师明远
责任校对：赵懿桐　　装帧设计：刘丽华

出版发行：化学工业出版社（北京市东城区青年湖南街13号　邮政编码100011）
印　　刷：北京云浩印刷有限责任公司
装　　订：三河市振勇印装有限公司
787mm×1092mm　1/16　印张12¾　字数296千字　2024年1月北京第1版第2次印刷

购书咨询：010-64518888　　售后服务：010-64518899
网　　址：http://www.cip.com.cn
凡购买本书，如有缺损质量问题，本社销售中心负责调换。

定　　价：49.00元

前　言

制造业是国民经济的主体，是立国之本、兴国之器、强国之基。智能制造是落实我国制造强国战略的重要举措，工业软件对于推动制造业转型升级具有重要的战略意义。

本书采用项目引领、任务驱动的模式，系统地讲解了 CAXA CAM 制造工程师 2022 软件操作基础、曲线造型与编辑、曲面造型及编辑、实体造型及编辑、自动编程加工基础、典型零件的设计与加工等内容。案例经典有趣，深入浅出，循序渐进。全书紧紧围绕立德树人的根本任务，融进课程思政元素，使“教书”与“育人”有机结合。

本书结构紧凑、特色与创新鲜明。

◆融入思想政治教育内容

本书以经典教学案例为切入点，挖掘智能制造思政元素，通过优秀传统文化元素、大国工匠先进事迹等课程思政教育案例，培养学生爱国、诚信、敬业、质量意识等优秀品质，弘扬精益求精的专业精神、职业精神、工匠精神和劳模精神，实现智育与德育并重、润物细无声的育人目标。

◆工学结合，任务驱动方式

本书以任务案例操作为知识载体，坚持以“够用为度、工学结合”为原则，突出案例的针对性、典型性、适用性、综合性和可操作性，每个任务案例包括任务引入→任务分析→任务实施（零件 CAD 造型设计与数控编程加工）→素质拓展，详细介绍了数控铣削自动编程方法和多轴加工智能化生产新方法。

◆体现自动编程软件最新技术

本书以最新 CAXA 制造工程师 2022 软件为平台，引入先进成图技术，介绍软件 2D 图形设计，3D 实体造型新技术、新工艺和新案例等，丰富读者的建模手段，使零件三维建模更加简单、快捷。

◆数字化资源一体化

书中内嵌 30 个二维码，可以用微信扫码看微课视频，满足新时代教学需求。

本书配有多媒体教学的 PPT 电子课件及经典案例源文件，既方便教师授课，又利于学生学习。如有需要，请发电子邮件至 cipedu@163.com 获取，或登录 www.cipedu.com.cn 免费下载。

◆循序渐进的课程讲解

编者结合多年的教学和实践，按照数控机床自动编程的步骤，由浅入深、循序渐进的学习顺序，从简单的零件三维图形绘制开始，到复杂的零件编程加工，对每一个命令功能详细讲解，并提示操作技巧。只要按照书中的编写顺序进行自动编程学习，一定可以事半功倍地达到学习的目的。

◆融入全国数控车削和数控铣削技能大赛考题

CAXA CAM 制造工程师 2022 软件是全国高职及中职数控技能大赛指定软件之一。

本书中大部分任务案例来源于全国数控技能大赛样题，对参加各级数控技能大赛的学员有一定的参考价值，相信读者通过系统地学习和实际操作，可以达到相应的技术水平。

本书可作为本科、高职高专院校机械类专业相关课程的教材，也可作为技师学院、中等职业技术学校机械加工专业相关课程的教材，还可作为参加数控技能大赛选手以及CAD/CAM软件爱好者的参考用书。

本书由刘玉春担任主编，甘肃畜牧工程职业技术学院张毅教授担任主审，具体编写分工为：甘肃畜牧工程职业技术学院黄小凤（项目一、项目二、项目三、项目四）、甘肃畜牧工程职业技术学院刘玉春（项目五）、甘肃畜牧工程职业技术学院王云德（项目六），全书微课视频由刘玉春老师录制，黄小凤老师对思想政治教育内容进行审核并提出了宝贵意见。在本书的编写过程中，得到了南昌矿山机械有限公司技师蔡恒君的建议和指导，编者在此对所有提供帮助和支持本书编写的人员表示衷心的感谢！

由于编者水平有限，加之CAD/CAM技术发展迅速，书中不妥之处恳请广大读者不吝批评指正。

编　者

2022年10月

目录

项目一　CAXA CAM 制造工程师 2022 软件操作基础

任务一　认识 CAXA CAM 制造工程师 2022 软件界面 …… 002
任务二　CAXA CAM 制造工程师 2022 应用基础知识 …… 005
任务三　CAXA CAM 制造工程师 2022 实体设计基础 …… 008
任务四　CAXA CAM 制造工程师 2022 三维球应用 …… 013
任务五　草图绘制与编辑 …… 017
项目总结 …… 023
项目考核 …… 024

项目二　CAXA CAM 制造工程师 2022 曲线造型与编辑

任务一　绘制中国结 …… 025
任务二　太极图的绘制 …… 028
任务三　绘制捧脸杀平面图形 …… 030
任务四　创建镂空盒线架模型 …… 033
项目总结 …… 036
项目考核 …… 036

项目三　CAXA CAM 制造工程师 2022 曲面造型及编辑

任务一　天圆地方曲面造型 …… 038
任务二　奥运五连环曲面造型 …… 041
任务三　昆氏曲面造型 …… 043
任务四　鸟巢曲面造型 …… 045
项目总结 …… 049
项目考核 …… 049

项目四　CAXA CAM 制造工程师 2022 实体造型及编辑

任务一　鲁班锁实体造型 …… 051
任务二　奔驰车标志实体造型 …… 057
任务三　篮球实体造型 …… 059
任务四　中国象棋棋子实体造型 …… 063
项目总结 …… 067
项目考核 …… 067

项目五 CAXA CAM 制造工程师 2022 自动编程加工基础

任务一 数控铣削加工工艺基础 …… 071
任务二 平面型腔零件的造型设计与加工 …… 074
任务三 三全育人影像浮雕加工 …… 088
任务四 空间一号主舱体的造型设计与加工 …… 091
任务五 球轴零件的造型设计与车削加工 …… 110
项目总结 …… 118
项目考核 …… 118

项目六 CAXA CAM 制造工程师 2022 典型零件的设计与加工

任务一 机器人主体造型设计与加工 …… 122
任务二 一帆风顺图像浮雕加工 …… 140
任务三 配合零件的设计与加工 …… 143
任务四 奥运会标志的造型设计与加工 …… 161
任务五 叶轮零件造型设计与加工 …… 168
任务六 啮合座零件造型设计与加工 …… 181
项目总结 …… 192
项目考核 …… 192

参考文献

项目一

CAXA CAM制造工程师2022软件操作基础

CAXA CAM 制造工程师 2022 是基于 CAXA 3D 实体设计 2022 开发的，集 3D 造型、零件加工和仿真功能于一体的软件。它提供了一套简单、易学的全三维设计工具，大大提高了面和体的造型能力。涵盖从两轴到五轴的数控铣削加工方式，支持从设计、编程、代码生成、加工仿真、机床通信、代码校验的全流程闭环设计制造模式。

本项目以简单长方体、魔方立体、蜗轨实体、五角星和笑脸等零件的造型设计为例，介绍了 CAXA CAM 制造工程师 2022 软件的界面、智能图素的拖放式操作、显示控制、三维曲线绘制、包围盒编辑、实体设计基础、草图绘制及三维球应用的方法，重点介绍三维球的功能及其应用。

◎育人目标

• 通过学习《中国制造 2025》制造强国战略规划，观看《大国重器》纪录片，使学生深刻理解《中国制造 2025》对机械产业变革的影响，了解我国装备制造业的发展和所取得的成就，增强学生的中国特色社会主义道路自信、理论自信、制度自信、文化自信，立志肩负起民族复兴的时代重任。

• 通过剖析我国数控机床及国产 CAM 软件的发展史，明确发展中的差距，培养学生的忧患意识及使命感，激发青年学生立志报国，学习报国的使命感、荣誉感和责任感。

• 通过了解北航 CAXA 公司近年所取得的喜人成绩，激发青年学生对科学技术探究的好奇心与求知欲，培养学生敢于坚持真理、勇于创新、实事求是的科学态度和科学精神。

◎知识目标

• 了解我国制造业及国产 CAM 软件的现状和发展史。

• 了解 CAXA CAM 制造工程师 2022 操作界面。

• 掌握 CAXA CAM 制造工程师 2022 零件基本设计方法。

• 掌握 CAXA CAM 制造工程师 2022 包围盒编辑方法。

• 掌握三维曲线绘制和三维球的功能及应用。

• 掌握草图的绘制与编辑方法。

◎能力目标

• 培养学生树立正确的人生观和价值观，增强学生的社会责任感和使命感，培养学生的爱国主义情怀。

- 通过绘制魔方立体、蜗轨实体、五角星和笑脸等零件的造型，提高学生的学习兴趣，培养学生的创新意识与创新思维。
- 通过讲述数学家勒内·笛卡尔的故事，激发学生的学习兴趣与动力，培养学生刻苦钻研的习惯。
- 通过学习 CAXA CAM 制造工程师 2022 软件基础知识，培养学生的绘图能力和实践操作能力。

任务一　认识 CAXA CAM 制造工程师 2022 软件界面

一、任务引入

软件操作界面是交互式 CAD/CAM 软件与用户进行信息交流的中介，是每个操作者每时每刻都要面对的，熟悉界面上各部分的含义和作用是必须的。本任务通过了解 CAXA CAM 制造工程师 2022 软件的操作界面，了解各个菜单选项卡和功能区的名称，掌握设计元素库和设计环境树的使用。

二、任务分析

CAXA CAM 制造工程师 2022 软件的用户界面和其他 Windows 风格的软件一样，全中文界面，各种应用功能通过菜单和功能区命令按钮驱动；状态栏指导用户进行操作并提示当前状态和所处位置；设计树/加工树记录了历史操作和相互关系；绘图区显示各种功能操作的结果；同时，绘图区和设计树/加工树为用户提供了数据的交互功能。

三、任务实施

CAXA CAM 制造工程师 2022 软件各种应用功能通过菜单和 Ribbon（功能区）来驱动。如图 1-1 所示。

1. 设计环境区

① 设计环境区是进行绘图设计的工作区域，位于屏幕的中心。

② 在设计环境区的中央设置了一个三维直角坐标系，该坐标系称为世界坐标系。

2. 主菜单

① 单击主菜单按钮，在界面最左上方弹出主菜单，主菜单包括文件、编辑、显示、生成、修改、工具、制造、设计工具、设置、设计元素、窗口等。

② 单击主菜单中的每一个菜单项都会弹出其子菜单，主菜单与子菜单构成了右拉式菜单。

3. 选项卡和 Ribbon（功能区）

界面上的选项卡包括：菜单、特征、草图、三维曲线、曲面、制造、工程模式零件、工具、显示、工程标注、常用、加载应用等。单击每一个选项卡，都可以打开其相对应的功能区查找相应的命令。

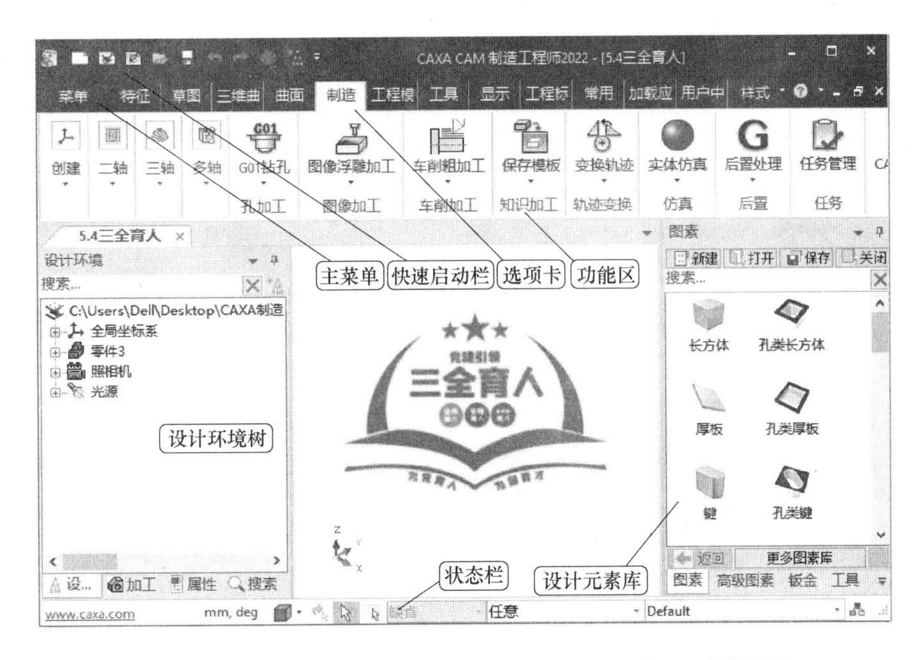

图 1-1 CAXA CAM 制造工程师 2022 软件 Fluent 风格界面操作界面

流行的 Fluent 风格界面中最重要的界面元素为“功能区”。使用功能区时无须显示工具条，通过单一紧凑的界面使各种命令组织得简洁有序，通俗易懂，同时使绘图工作区最大化。

例如“制造”选项卡由“创建”“二轴”“三轴”“多轴加工”“孔加工”“图像加工”“车削加工”“知识加工”“轨迹变换”“仿真”和“后置”等功能区面板组成，如图 1-2 所示。

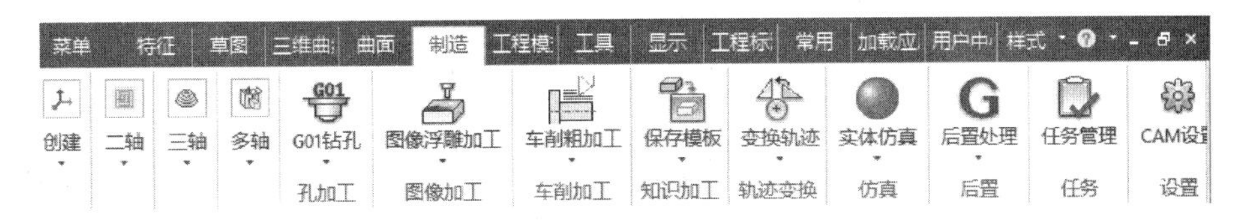

图 1-2 制造功能区面板

流行的 Fluent 风格界面拥有很高的交互效率，但为了照顾老用户的使用习惯，CAXA CAM 制造工程师 2022 也提供了经典风格界面。在流行的 Fluent 风格界面下的设计环境功能区空白处单击鼠标右键，弹出的菜单中勾选“切换用户界面”，或者同时按下 Crl+Shift+F9 键，可以切换用户界面至经典风格界面，如图 1-3 所示。

4. 设计元素库

CAXA CAM 制造工程师 2022 软件的设计元素库包含图素、高级图素、钣金、钢结构、颜色、贴图等，包括多种专用的标准件和设计工具，可生成自定义图素，在设计过程中可以直接拖放进设计环境中利用。犹如提供了若干不同形状的积木块，可以信手拈来，拼装组合，成为自己需要的产品模型。这样可以直接进行三维建模，可以不需要先考虑产品模型的二维草图。

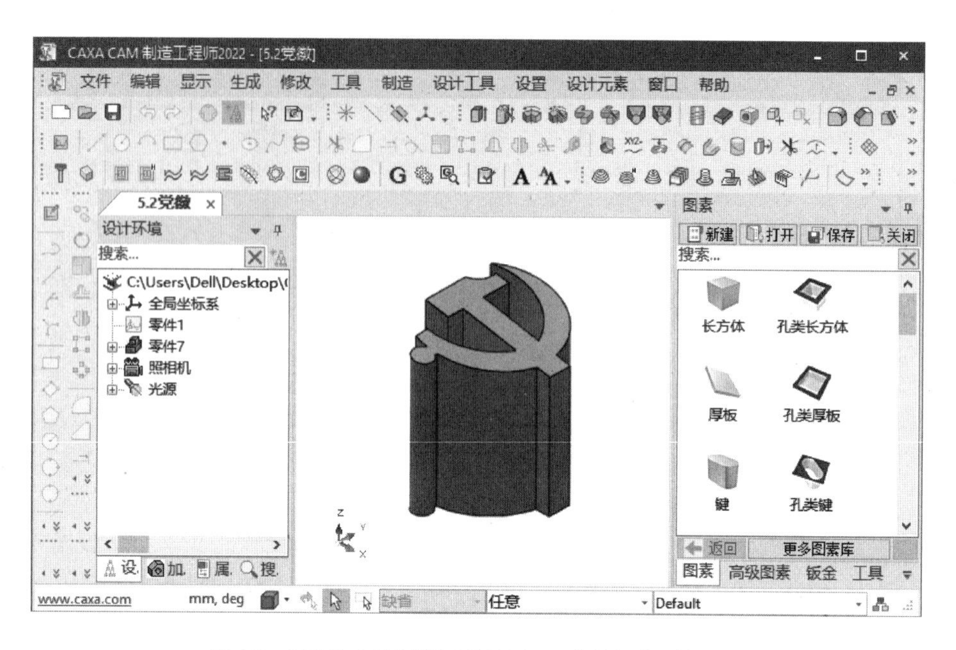

图 1-3 CAXA CAM 制造工程师 2022 软件经典风格界面

5. 设计环境树

设计环境树以树图表的形式显示当前设计环境中所有内容，从设计环境本身到其中的坐标系、零件、零件内的智能图素、全局坐标系、照相机和光源。

单击快速启动栏中的“设计树”按钮。“设计树”显示在设计环境的左侧，同样的操作可以关闭“设计树”。

打开“设计树”后，“设计树”底部可以打开“设计环境”“加工”和“属性”标签。进入加工查看栏，用户可以查看当前的加工信息，如标架（坐标系）、刀库、毛坯、几何、轨迹和代码等信息；若进入属性查看栏，用户可以查看当前选择状态的常用操作和属性。

6. 状态栏

位于窗口底部的状态栏提供操作提示、视图尺寸、显示全部、局部放大、主视图等视向设置、保存视向、透视、显示和隐藏、真实感显示、拾取工具等内容。

7. 定制界面

用户可定制界面上显示的内容。在设计环境功能区单击鼠标右键，都可弹出如图 1-4 所示的立即菜单。

在立即菜单中，菜单条、选项卡、状态条、设计元素库、设计树、智能动画编辑器、智能动画、选择等，前面有勾选或亮显就会显示此项，其余不显示。

图 1-4 立即菜单

四、素质拓展

航空业是我国最早应用 CAD/CAM 的行业，

CAXA 源于北航 CAXA 公司，这是我国最早自主研发 CAD/CAM 软件的企业。从 1989 年开始 CAXA 人持之以恒，迎来了 CAXA CAM 制造工程师 2022 的全新亮相。CAXA 坚持自主开发，高举国产 CAD/CAM 大旗，成为掌握核心技术的国产工业软件优秀代表，以技术硬实力推动国产工业软件的技术革新和应用创新，赋能我国制造业转型升级。

截止到 2019 年底，CAXA 已获得授权发明专利有 105 项，其中国内发明专利 93 项，国外发明专利 12 项，所有发明专利均为 CAXA 独有，用自有专利技术构建国产工业软件的“中国芯”硬核，构建良好的工业软件互利共赢生态环境，是国产工业软件蓬勃发展的必由之路。

制造工程师 2022 版本采用全新 3D 平台，重构 CAM 内核、3D 线架内核等，实现了与 3D 平台集成，让造型设计变得简单有趣，在设计、编程、代码生产、加工仿真以及机床通信等方面都有全面的提升。新版本采用精确的特征实体造型技术，同时继承和发展了制造工程师以前版本的线架、曲面造型功能。工程师在一个平台就可以轻松实现“建模+加工”的需求，省去烦琐的重复操作，以及平台之间的来回切换。

任务二　CAXA CAM 制造工程师 2022 应用基础知识

一、任务引入

CAXA CAM 制造工程师 2022 版本采用全新 3D 平台，引入了创新设计模式，实现了与 3D 实体设计平台的集成。本任务主要介绍快捷菜单、显示控制快捷键、创新模式零件和工程模式零件概念。

二、任务分析

CAXA CAM 制造工程师 2022 软件在原有的基础上与 CAXA 3D 实体设计平台集成，软件界面和设计方式发生了很大的变化，如在设计元素库中拖放操作使得 CAXA 3D 实体设计易学、易用。

三、任务实施

1. 设计环境设置

设计环境设置可通过主菜单下的“设置”下拉菜单进行，或右击设计环境背景，通过选择弹出的右键菜单上“背景”选项打开“设计环境属性”对话框，如图 1-5 所示，进行设计环境的设置，在这可以修改背景、真实感、渲染、显示、视向等环境属性。最好在零件设计完成后再进行，以最佳的效果展示设计作品。

2. 快捷菜单

按下快捷键 S，将会出现一个快捷菜单。例如在零件状态下即可出现图 1-6 所示的快捷菜单。该菜单中包含所有在该实体状态下可以进行的操作，不同的实体层次具有不同的快捷菜单，这样可以省去鼠标移动的距离，明显提高设计速度。

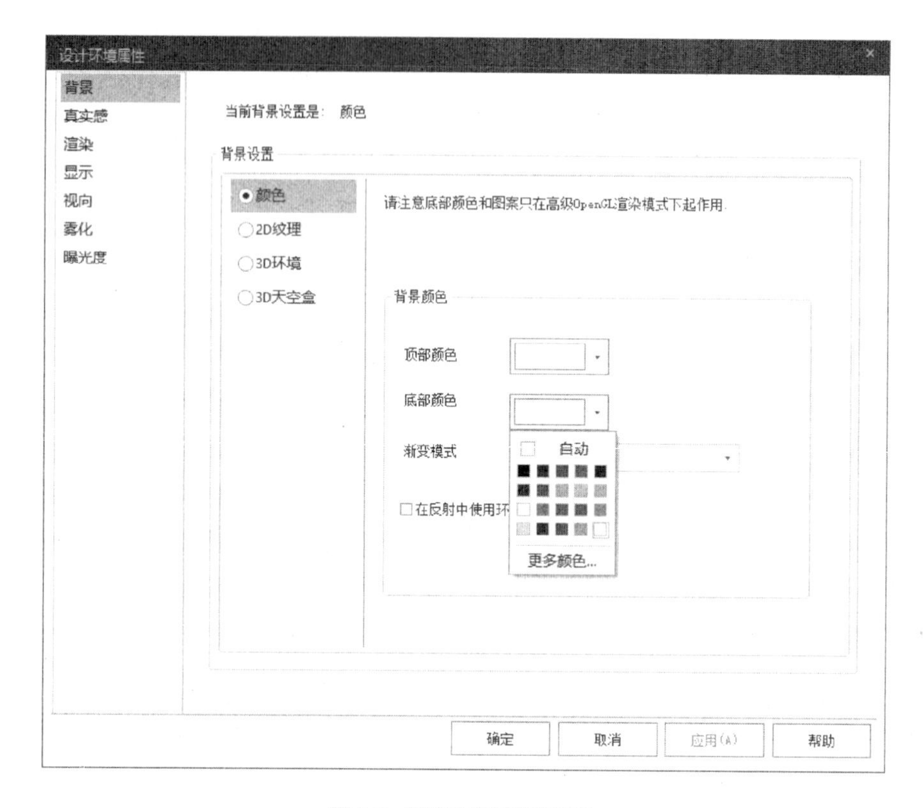

图 1-5 设计环境属性对话框

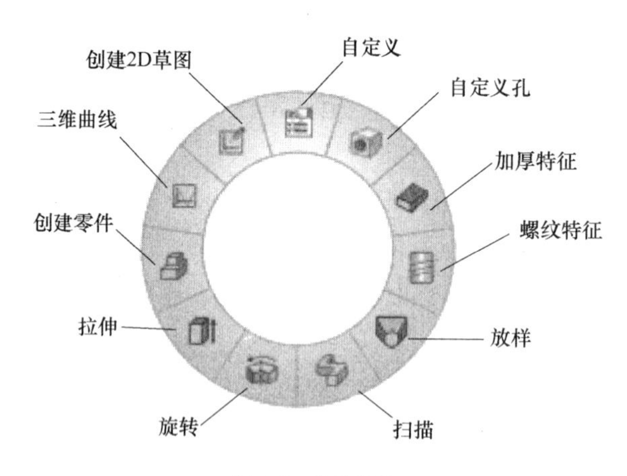

图 1-6 快捷菜单

3. 显示控制快捷键

为了方便进行交互式设计，需要熟练应用显示控制，如缩放、旋转、平移等。下面介绍几个常用的显示控制项。

F2/Shift＋鼠标中键，可以上、下、左、右移动画面。

F3 键、鼠标中键，可以任意角度旋转观察设计零件。

Ctrl＋鼠标中键，拉近、拉远观察零件。

鼠标滚轮，窗口动态缩放。

双击鼠标滚轮，从一个指定的面进行观察全屏显示。

F9 键，选择透视效果。

F5 键，*XY* 面正视；F6 键，*YZ* 面正视；F7 键，*XZ* 面正视；F8 键，轴测视图；在绘制曲线时，按 F9 键可以切换绘图平面。

4. 创新模式零件

创新模式零件是 CAXA 3D 实体设计特有的设计模式，将可视化的自由设计与精确化设计结合在一起，使产品设计跨越了传统参数化造型 CAD 软件的复杂性限制。具有灵活、简单、直接、快速的特点，零件中的图素之间没有严格的父子关系，可以自由设计，可以方便地编辑其中的某些特征而不影响其它特征。具有简单、直接、快速的特点，是一种方便有趣的、如同堆积木一样的设计方式。

创新模式零件可以在不同的零件之间进行布尔运算，所以可以借助第三方零件实现分离过程。创新模式零件特征之间相互独立，删除已有特征不影响新特征，可以任意改变新特征的位置，可以任意调整特征生成的先后顺序。所以创新模式适合零件的概念设计阶段。

5. 工程模式零件

工程模式零件建模是基于全参数化设计，可以在数据之间建立严格的逻辑关系，使模型的编辑、修改更为方便。工程模式零件不能在零件之间进行布尔运算，只能在体与体之间进行布尔运算。工程模式下零件的分割是在体与体之间，借助第三方零件作为新的实体来实现分割的过程。分割过后隐藏不必要的实体。

这是基于特征历史结构的设计，设计将遵循一个严格的顺序，从而按照自己意图可预见地改变。在设计过程中，用户可以使用回滚条返回到设计的任一步骤去编辑该阶段所创建的特征定义，修改后，所保留的特征将相应地更新。

右键拖放智能图素到现有零件上，会弹出对话框询问“是否把特征应用到选中的体还是创建和一个新的体?”，选择“是”，新图素与原有图素成为一个体；选择“否”，则新特征与原有图素成为不同的体。

在“工程模式零件”功能区选项卡中，有零件类型模式选择功能区，创新模式零件，图标为，工程模式零件，图标为。同一设计环境中可以有不同设计模式的零件，同一装配体中也可以有不同设计模式的零件。

四、素质拓展

制造业是国民经济的主体，是立国之本、兴国之器、强国之基。十八世纪中叶开启工业文明以来，世界强国的兴衰史和中华民族的奋斗史一再证明，没有强大的制造业，就没有国家和民族的强盛。打造具有国际竞争力的制造业，是我国提升综合国力、保障国家安全、建设世界强国的必由之路。

新中国成立尤其是改革开放以来，我国制造业持续快速发展，建成了门类齐全、独立完整的产业体系，有力推动工业化和现代化进程，显著增强综合国力，支撑世界大国地位。然而，与世界先进水平相比，中国制造业仍然大而不强，在自主创新能力、资源利用效率、产业结构水平、信息化程度、质量效益等方面差距明显，转型升级和跨越发展的任务紧迫而艰巨。

《中国制造 2025》由百余名院士专家着手制定，是为中国制造业未来 10 年设计的顶层规划和路线图，通过努力实现中国制造向中国创造、中国速度向中国质量、中国产品向中国品牌三大转变，推动中国到 2025 年基本实现工业化，迈入制造强国行列。

《中国制造 2025》以体现信息技术与制造技术深度融合的数字化、网络化、智能化制造为主线。主要包括八项战略对策：推行数字化网络化智能化制造；提升产品设计能力；完善制造业技术创新体系；强化制造基础；提升产品质量；推行绿色制造；培养具有全球竞争力的企业群体和优势产业；发展现代制造服务业。

任务三　CAXA CAM 制造工程师 2022 实体设计基础

一、任务引入

CAXA CAM 制造工程师 2022 软件引入实体设计所独有的设计元素库，可以用于设计和资源的管理。设计元素库的存在，清晰直观，而且只需拖放即可造型，使得设计工作如同搭积木一样简单而充满乐趣，大大加快了设计速度，提高工作效率。本任务主要介绍 CAXA 3D 实体设计的造型方法、编辑方法、定位方法及三维球工具。

二、任务分析

利用设计元素库并结合简单的拖放操作是 CAXA 3D 实体设计易学、易用的集中体现。要拖入一个设计元素，只需从设计元素库中拖放到设计环境里即可使用。使用鼠标左键从设计元素库中将所需的智能图素拖到图形区域，然后释放鼠标左键即可创建一个实体，这样的设计效率很高。

三、任务实施

1. 用拖放式操作创建实体

① 在“常用”功能区选项卡中包含“设计元素”功能区，其中包括了对设计元素库的操作图标，如图 1-7 所示。在不需要拖放设计元素时，单击“自动隐藏图标”按钮，设计元素库自动隐藏。

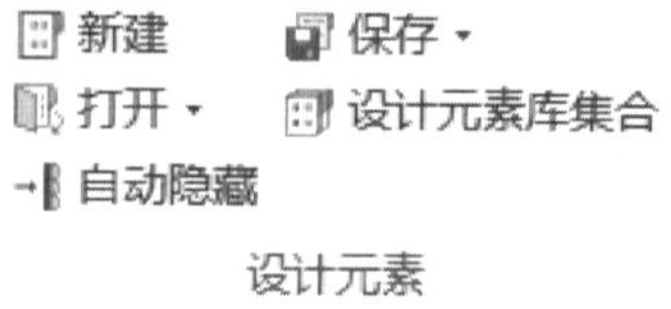

新建　保存 ▾
打开 ▾　设计元素库集合
自动隐藏
设计元素

图 1-7　设计元素功能区

② 打开一个设计元素库，发现所需要的设计元素或智能图素，如图 1-8 所示。

③ 鼠标拾取它，按住鼠标左键把它拖到设计环境当中，然后松开鼠标左键。在拖入时，还可以利用自动捕捉功能，把新拖入的图素，正确地定位在其它图素上。如图 1-9 所示。

2. 右键的拖放操作

当用右键从设计元素库中拖放一个图素到设计环境中已有的零件上时，松开鼠标的同时会弹出一个菜单，在这个菜单中可以选择此图素作为已有零件的一个特征、零件还是装配特征。选择不同，它与原零件的关系也不同。

图 1-8　设计元素图素库

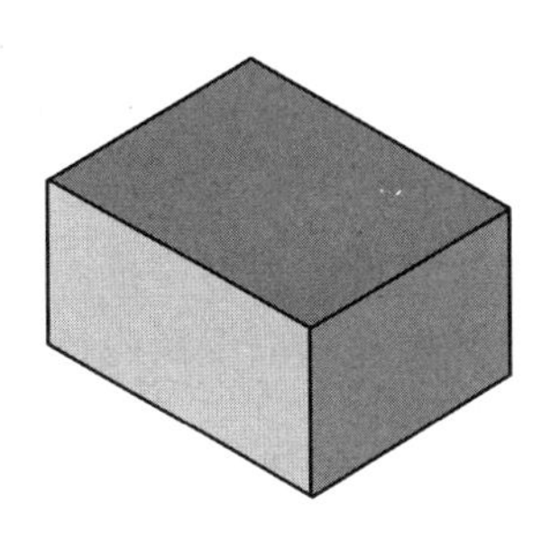

图 1-9　拖入长方体图素

3. 拖放带三维球的图素

单击选中设计元素库中的一个图素，单击右键在弹出的立即菜单中选择“拖放后激活三维球”，则拖入设计环境中时，图素就会带有三维球，提高设计操作效率，如图 1-10 所示。

4. 零件拖放式尺寸修改

在选中零件上用鼠标左键再单击一次，进入智能图素编辑状态，在这一状态下系统显示一个黄色的包围盒和 6 个方向的操作手柄，在零件某一角点显示的绿色箭头表示生成图素时的拉伸方向，并有一个红色手柄图标表示可以拖动手柄，如图 1-11 所示。

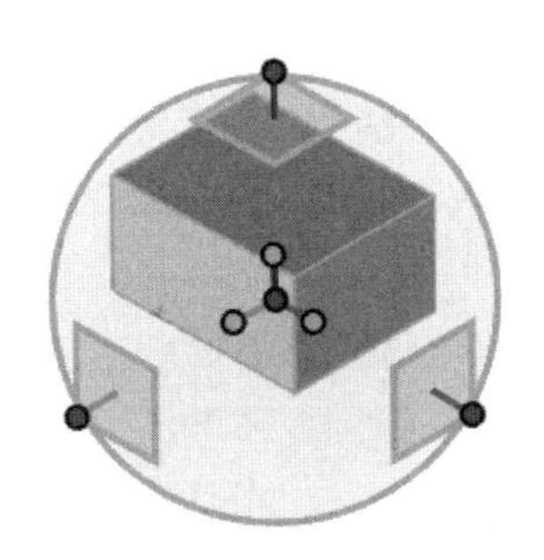

图 1-10　拖入带三维球的长方体图素

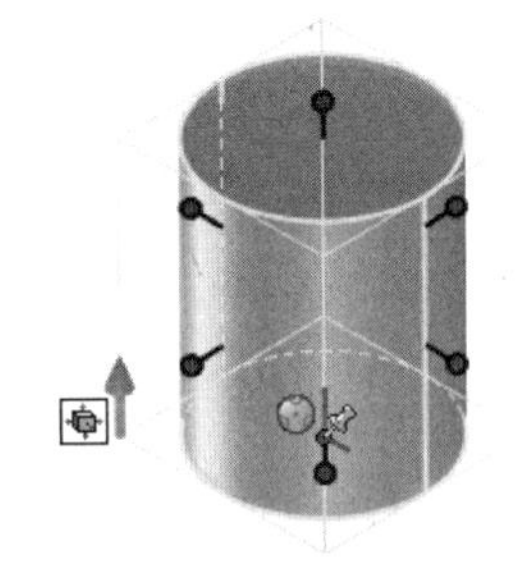

图 1-11　包围盒

智能图素编辑有两个：包围盒状态、截面形状状态，手柄开关可以在 2 个不同的智能图素编辑环境之间切换。

拖放修改包围盒的尺寸：

① 双击零件使出现包围盒及尺寸手柄。

② 鼠标移向红色手柄，鼠标变成一个手形和双箭头时，如图 1-12 所示，这时左击并拖动手柄即可改变尺寸，单击左键可以输入尺寸，单击右键弹出编辑包围盒对话框，输入要修改的尺寸数据，如图 1-13 所示。

截面形状的修改：

① 双击零件进入智能图素编辑状态。

② 单击手柄开关切换到截面形状修改状态。

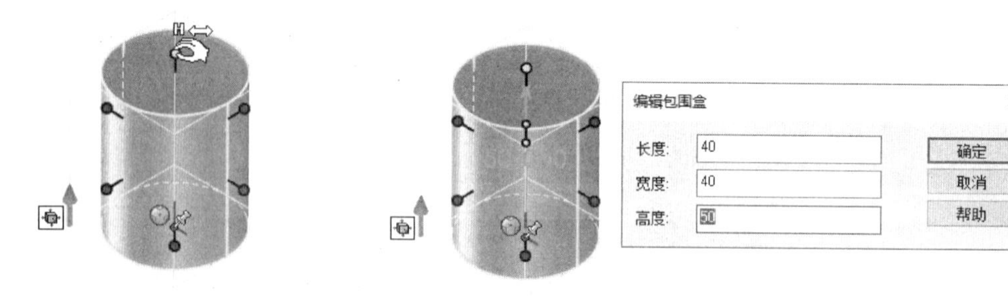

图 1-12 手形和双箭头　　图 1-13 编辑包围盒

③ 拾取并拖动三角形手柄，修改两个拉伸方向的尺寸，如图 1-14 所示。

④ 拾取并拖动菱形手柄修改一个方向的截面尺寸，如图 1-15 所示。

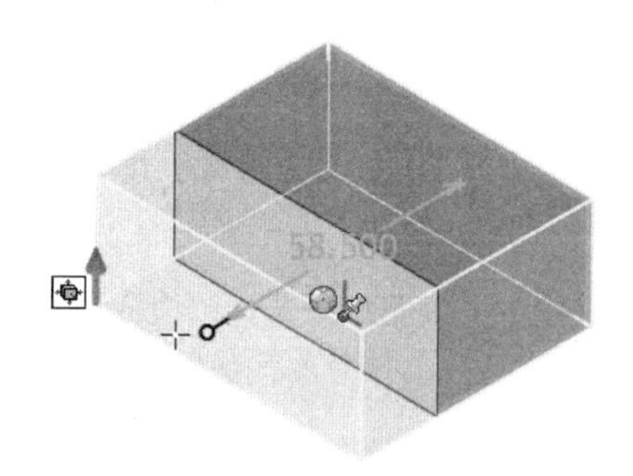

图 1-14 修改拉伸尺寸

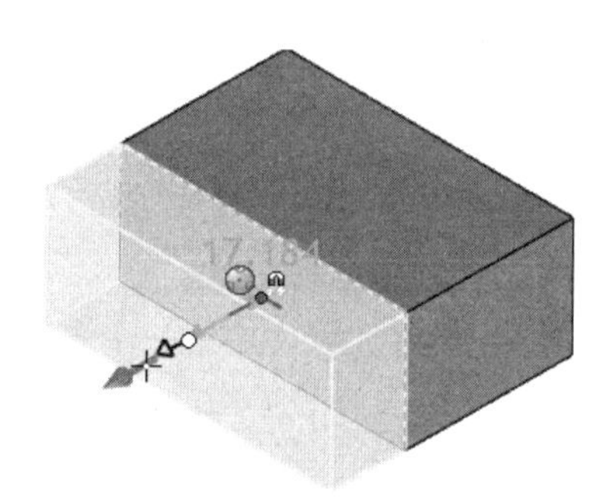

图 1-15 修改截面尺寸

5. 零件定位

① 利用智能捕捉方法可以将拖入的零件相对另一零件定位并确定大小。

从“图素”中拖放一个新的图素到另一个图素上时，当鼠标位于原图素上的一些特殊点时，会有绿点出现，如图 1-16 所示。这是实体设计的智能捕捉功能，利用此项功能，将一个图素定位到另一图素的特殊位置上，如图 1-17 所示。

图 1-16 零件定位

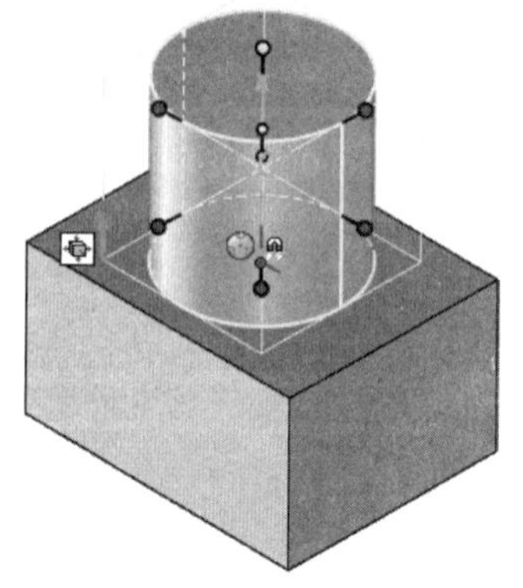

图 1-17 拖入圆柱体零件

② 利用智能捕捉可定义拖入图素的大小。如图 1-18 所示，要改变小长方体孔的大小。点击小长方体孔使其处于智能图素状态，按住 Shift 键，在左操作手柄上点击并拖动，使其与大长方体的左表面齐平，当拖动鼠标与大长方体左侧面齐平时，表面边变成绿

色高亮状态，如图 1-19 所示，此时松开鼠标，结果如图 1-20 所示。

图 1-18　拖入长方体孔零件

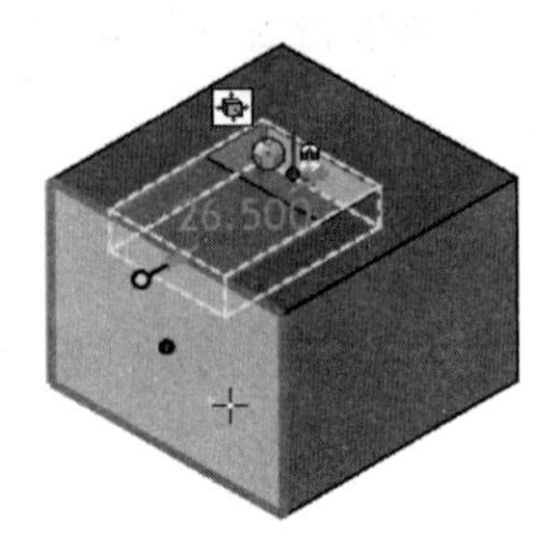

图 1-19　修改长方体孔尺寸

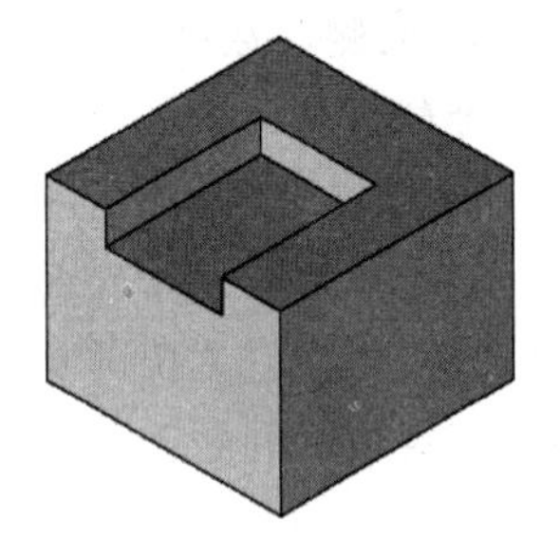
图 1-20　长方形槽零件

6. 三维球工具介绍

三维球是 CAXA 实体设计的一个强大而灵活的三维空间定位工具，可用于平移、旋转和其它复杂的三维空间变换，精确定位任何一个三维物体；同时三维球还可以完成对智能图素、零件或组合件生成拷贝、直线阵列、矩形阵列和圆形阵列的操作功能。

三维球键盘命令的使用方式：

① F10 打开/关闭三维球。

② 点击工具选项卡上定位功能区面板上的按钮打开/关闭三维球。

③ 点击所选对象上的图标打开三维球。

④ 按空格键使三维球附着/分离于所在特征。

三维球的结构：三维球在空间有三个轴，内外分别由三个控制柄，如图 1-21 所示，可以沿任意一个方向移动物体，也可以约束实体在某个固定方向移动，绕某固定轴旋转。

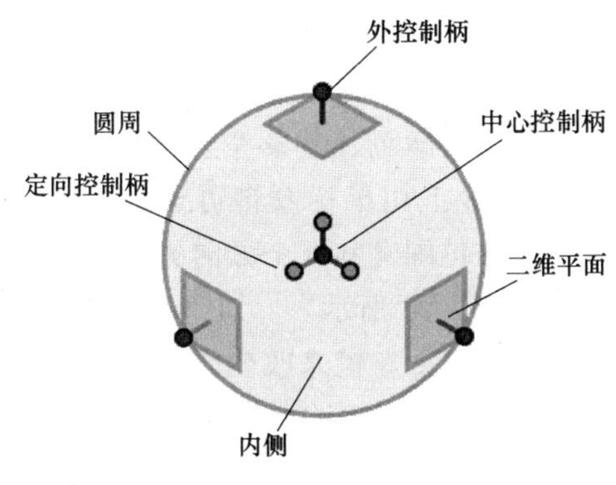

图 1-21　三维球的结构

① 外控制柄：单击它可用来对轴线进行暂时的约束，使三维物体只能进行沿此轴线上的线性平移，或绕此轴线进行旋转。

② 圆周：单击外控制柄或者单击内定向控制柄后，拖动圆周，可以围绕轴线旋转实体。

③ 定向控制柄：用来将三维球中心作为一个固定的支点，进行对象的定向。主要有 2 种使用方法：拖动控制柄，使轴线对准另一个位置，或者右击鼠标，然后从弹出的菜单中选择一个项目进行移动和定位。

④ 中心控制柄：主要用来进行点到点的移动。使用的方法是将它直接拖至另一个目标

位置，或右击鼠标，然后从弹出的菜单中挑选一个选项。它还可以与约束的轴线配合使用。

⑤ 内侧：在这个空白区域内侧拖动进行旋转。也可以右击鼠标这里，出现各种选项，对三维球进行设置。

⑥ 二维平面：拖动这里，可以在选定的虚拟平面中自由移动。

三维球拥有三个外部控制手柄（长轴），三个内部控制手柄（短轴），一个中心点。在软件的应用中它主要的功能是解决软件应用中元素、零件，以及装配体的空间点定位、空间角度定位的问题。

其中长轴是解决空间点定位、空间角度定位；短轴是解决元素、零件、装配体之间的相互关系；中心点是解决重合问题。

一般的条件下，在三维球的移动、旋转等操作中，鼠标的左键不能实现复制的功能；鼠标的右键可以实现元素、零件、装配体的复制功能和平移功能。

在软件的初始化状态下，三维球最初是附着在元素、零件、装配体的定位锚上的，显示为亮绿色。特别对于智能图素、三维球与智能图素是完全相符的，三维球的轴向与图素的边、轴向完全是平行或重合的。三维球的中心点是与智能图素的中心点完全重合的。三维球与附着图素的脱离通过单击空格键来实现。三维球脱离后显示为灰暗色，如图 1-22 所示。三维球脱离后若要移动零件到规定的位置，一定要再一次按空格键，附着三维球。

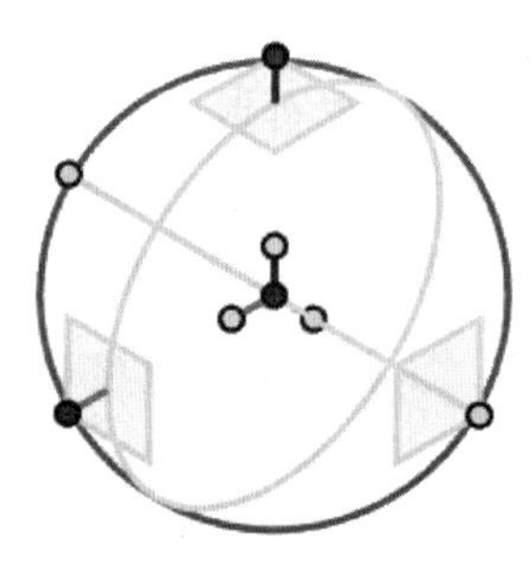

图 1-22 脱离后三维球状态

7. 零件的三种不同编辑状态

零件在设计过程中可以有三种不同的编辑状态，可以提供不同层次的修改或编辑。

① 零件状态。用鼠标左键在零件上点击一次，被点击零件的轮廓被青色加亮。注意零件的某一位置会同时显示有一个表示相对坐标原点的点标记，这时的状态为零件编辑状态。在这一状态进行的操作，如添加颜色、渲染等会影响到整个零件，如图 1-23 所示。

② 智能图素状态。在同一零件上用鼠标左键再点击一次，进入智能图素编辑状态。在这一状态下系统显示一个黄色的包围盒和 6 个方向的操作手柄可通过编辑包围盒或拖动操作手柄来改变实体的大小，如图 1-24 所示。

在智能图素编辑时，可以用按下回车键来改变交互流程，比如当选中长度方向的控制手柄，编辑长度方向尺寸，按下回车键，会自动切换到宽度方向的控制手柄，编辑宽度方

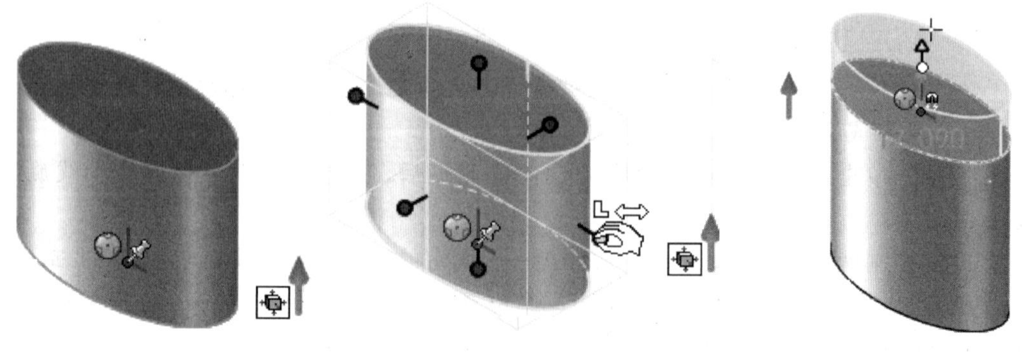

图 1-23 零件被激活状态　　图 1-24 智能图素编辑状态　　图 1-25 修改表面状态

向尺寸，按下回车键，会自动切换到高度方向的控制手柄，如此循环。鼠标点击空白处，结束编辑，从而实现对包围盒尺寸的快速修改。

③ 线/表面状态。在同一零件的某一表面上再点击一次，这时表面的轮廓被绿色加亮，表示选中了表面的编状态，这时进行的任何操作只会影响选中的表面，对于线有同样的效果。如图 1-25 所示。

四、素质拓展

可上九天揽月，可下五洋采冰；誓与风竞速，向海逐浪高。中国，正进入“惊喜不断绽放”的时代：复兴号、大飞机、国产航母、蓝鲸 1 号……一个个大国重器精彩亮相，让国人自豪、世界赞叹。

大国重器，诠释中国实力。大国重器来之不易。科研水平不够，核心技术就突破不了；工业基础不足，就会影响整体性能发挥；行业门类不全，发展就会受到制约；资金保障不到位，很可能会阻碍研制进程。一批大国重器集中涌现，背后是中国工业水平、科技水平、人才素质以及综合国力的总体提升，成为中国经济转型升级、迈向中高端的实力证明。

大国重器，凝聚中国智慧。大船、大飞机、大平台，赢得掌声不仅因为大，更在于其全球领先的核心技术。从可耐超高温、超强压力的复合材料，到精度达纳米级的作业系统，从反应灵敏的感应器，到功能强大的芯片，几乎每个大国重器都拥有一系列“世界第一”“全球首创”，成为“自主创新”“中国创造”的生动注解。大国重器的研制过程，更发挥着强大的牵引作用，带动整个中国新兴产业的崛起。

大国重器，打造中国名片。中国高铁、中国核电、中国船舶……越来越多的大国重器走出去，把中国技术、中国标准带到全球。

装备强则国强。大国重器承载着国人梦想，为民族复兴夯实发展之基、汇聚前行之力！

任务四　CAXA CAM 制造工程师 2022 三维球应用

一、任务引入

三维球是 CAD（计算机辅助设计）最有用的工具。它是 CAXA 3D 设计的一个强大而灵活的三维空间定位工具。本任务主要通过圆柱体、魔方立体模型和五角星的造型实例来介绍 CAXA CAM 制造工程师 2022 三维球工具的使用方法。

二、任务分析

三维球工具的操作难点在于各方向控制手柄及右键的使用，而三维球的中心是零件复制和移动的对称点，所以编辑和定位三维球的中心是操作重点。

三、任务实施

1. 使用三维球的定向控制手柄对零件进行定位

首先做如图 1-26 空心圆柱体和图 1-27 的水平圆柱体，然后进行定位操作。

① 单击图 1-27，将要移动的图素置于智能图素状态，按 F10 键打开三维球，按空格键让三维球脱离图素后，拖拉三维球中心点到水平圆柱体表面中心位置，再按空格键让三维球附着图素，移动鼠标到内控制手柄。

② 当出现手形时，右键点击图 1-27 所示的定向控制柄，然后从弹出的菜单中选择“与轴平行”，如图 1-28 所示。

③ 接着点击图 1-26 空心圆柱体的外表面。这将使水平圆柱体选定的轴线与空心圆柱体的轴线平行。结果如图 1-29 所示。

注意：目标必须是一个真正的圆柱形或椭圆形表面。

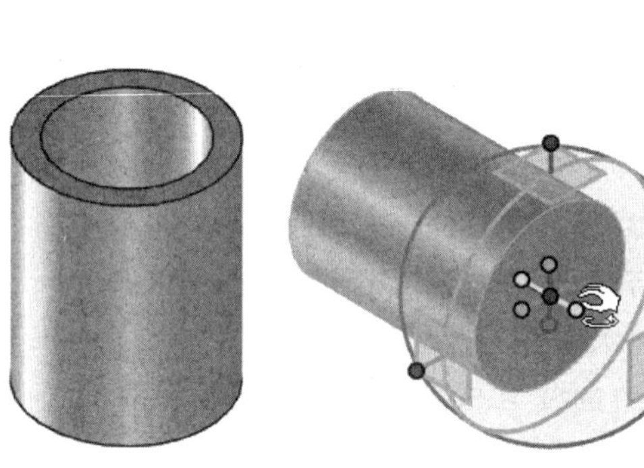

图 1-26　空心圆柱体　　图 1-27　水平圆柱体　　图 1-28　立即菜单　　图 1-29　竖直圆柱体

2. 使用三维球的中心点定位零件

要将如图 1-30 所示圆柱体移动到图 1-31 所示的空心圆柱体内，先单击圆柱体，按 F10 键打开三维球，按空格键让三维球脱离图素后，拖拉三维球中心点到圆柱体上表面中心位置，如图 1-30 所示，按空格键让三维球附着图素，右键点击三维球的中心，然后从弹出的菜单中选择“到中心点”。接着单击捕捉如图 1-31 所示的空心圆柱体上表面圆的中心点，这将使三维球中心和圆柱体一并移动到选择的目标的“虚拟”中心点。结果如图 1-32 所示。

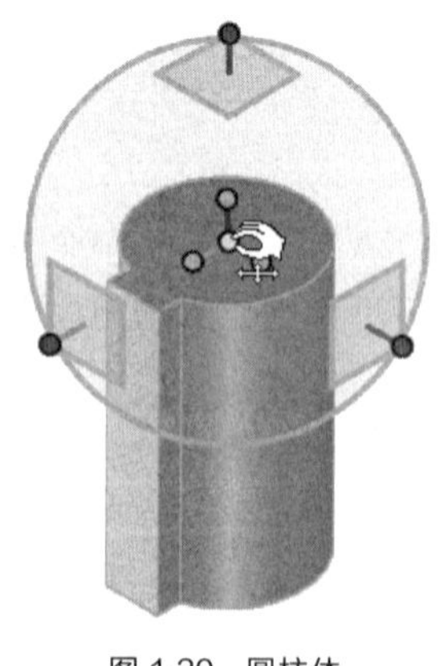

图 1-30　圆柱体

图 1-31　空心圆柱体

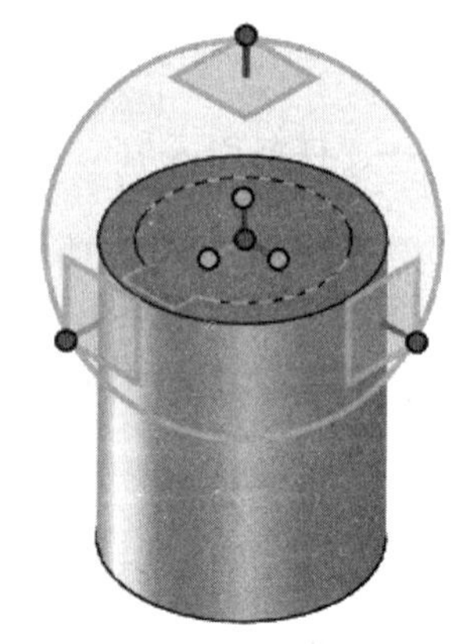

图 1-32　合并圆柱体

注意：“使用到中心点”时，以下各项均可以用于目标选择，圆形边缘、椭圆形边缘、圆柱形表面、椭圆形表面或圆球形表面。在圆柱形或椭圆形表面的情况下，三维球中心将移动到目标表面轴线上最近的点。

3. 使用三维球拷贝图素

创建魔方立体模型

利用三维球拷贝图素功能制作 220×220×220 的魔方立体模型。

① 首先创建一个 55×55×55 的小方块，各边过渡半径 $R2$。将要拷贝的小方块图素置于智能图素状态。

② 打开三维球，右键拖动要拷贝方向上的外控制手柄，松开右键弹出快捷菜单，如图 1-33，选择“拷贝”，出现如图 1-34 所示的对话框。

③ 在对话框中输入拷贝的数量 3，设置距离 55，单击“确定”，完成水平方向的图素复制，结果如图 1-35 所示。

④ 按住 Shift 键选取四个小方块，打开三维球，同理完成沿宽度方向复制图素，如图 1-36 所示。

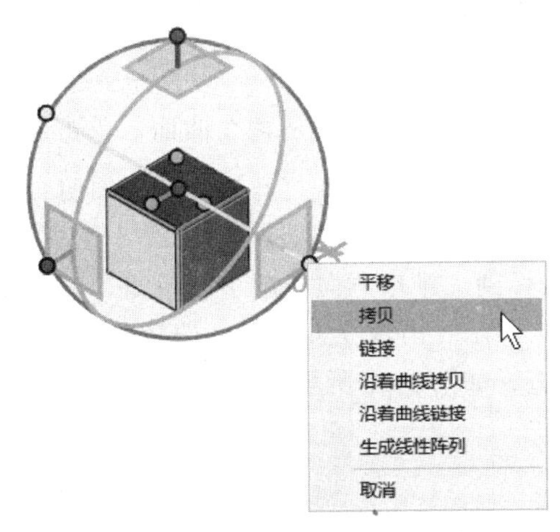

图 1-33　快捷菜单

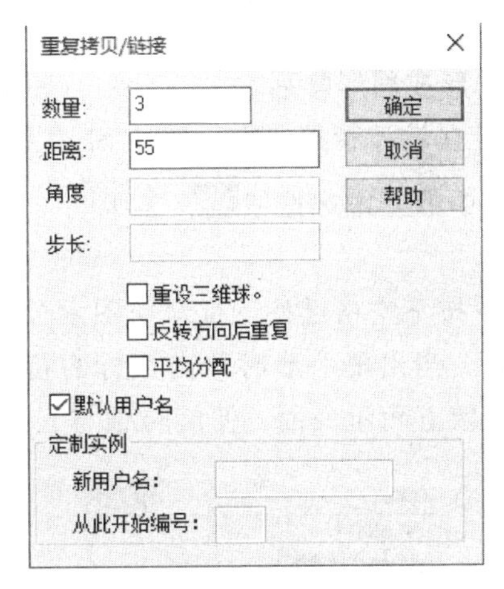

图 1-34　拷贝对话框

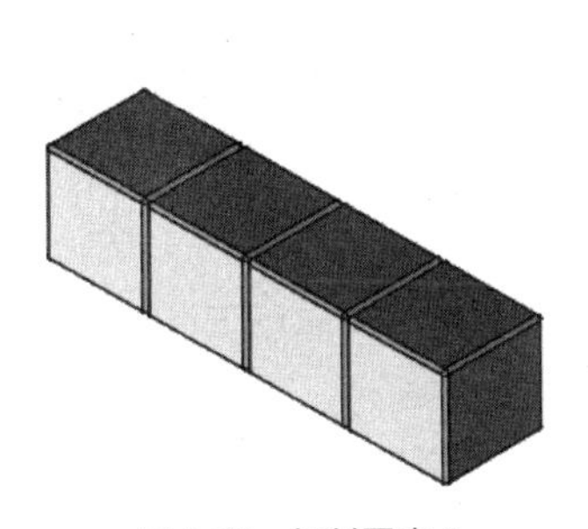

图 1-35　复制图素 1

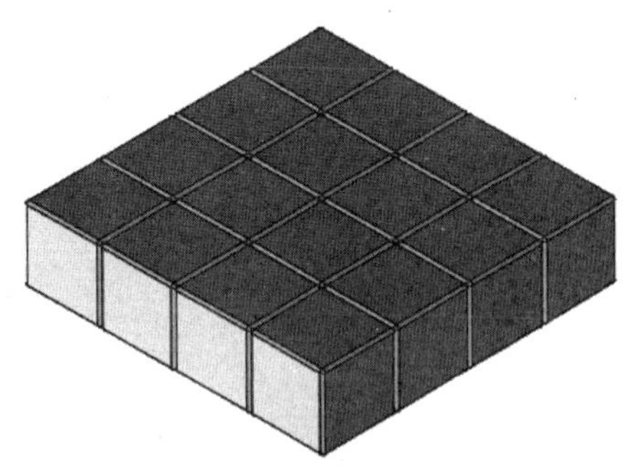

图 1-36　复制图素 2

⑤ 按住 Shift 键选取四个小方块，选择图 1-37 全部图素，打开三维球，右键拖动向上的外控制手柄，松开右键弹出快捷菜单，选择“拷贝”，在出现的对话框中设置参数。

⑥ 在对话框中输入拷贝的数量 3，设置距离 55，单击“确定”，完成竖直方向的图素复制，结果如图 1-38 所示。

如果在快捷菜单中，选择“链接”，其余操作和拷贝完全相同。链接实际上是拷贝加链接，形成链接的图素，只要对其中一个图素进行修改，其它被链接的图素也同时被修改。

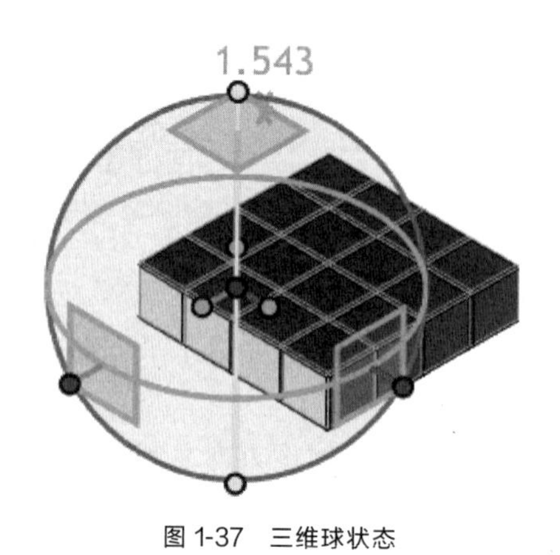

图 1-37　三维球状态

图 1-38　魔方立体模型

4. 形成圆形阵列

① 在设计管理树中，按住 Shift 键，选择五角星零件 5 和零件 6 两个曲面，单击上面标题栏中的三维球按钮，如图 1-39，打开三维球，或者按 F10 打开三维球，如图 1-40 所示。

② 按下空格键使三维球与图素分离，移动鼠标到三维球方向控制手柄单击，颜色变成黄色，当出现手形时单击鼠标右键，如图 1-41 所示。出现立即菜单，选择与面垂直，单击拾取五角星底面，使旋转轴与五角星底面垂直，如图 1-42 所示。

图 1-39　标题栏

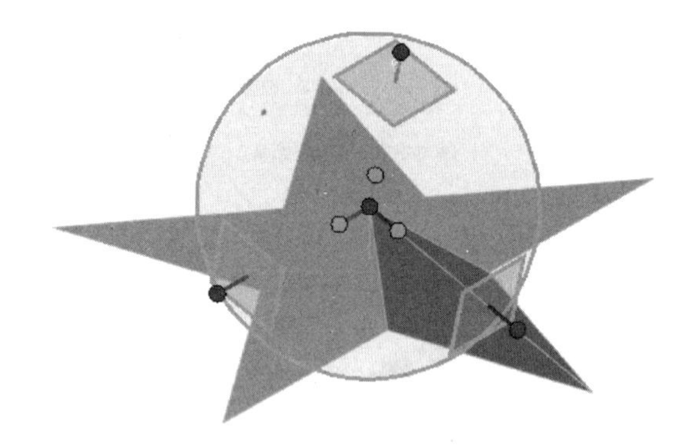

图 1-40　打开三维球

图 1-41　三维球方向控制

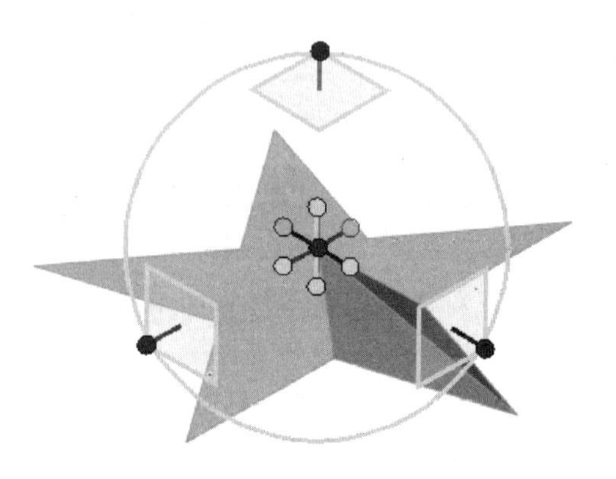

图 1-42　分离三维球

③ 设定回转轴，按下空格键使三维球重新附着图素对象，单击竖直方向的外控制手柄，移动鼠标到三维球内侧，出现手形时，如图 1-43 所示，按住鼠标右键，用右键拖动旋转，松开右键弹出快捷菜单，选择“生成圆形阵列”，出现对话框，如图 1-44 所示，在对话框文本框中输入数量 5 和角度 72，确定即可完成五角星两曲面的阵列，如图 1-45 所示。

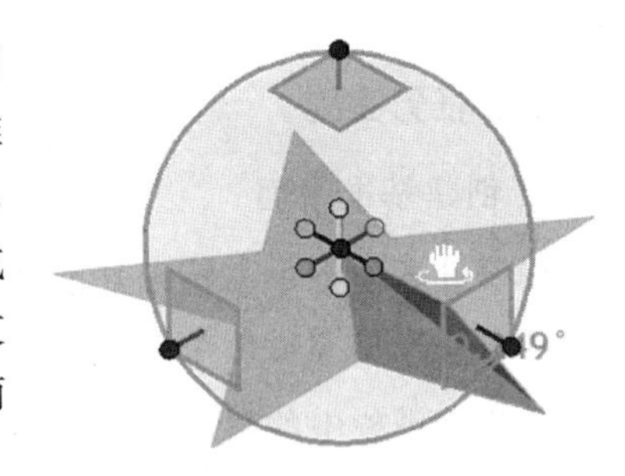

图 1-43　旋转直纹面

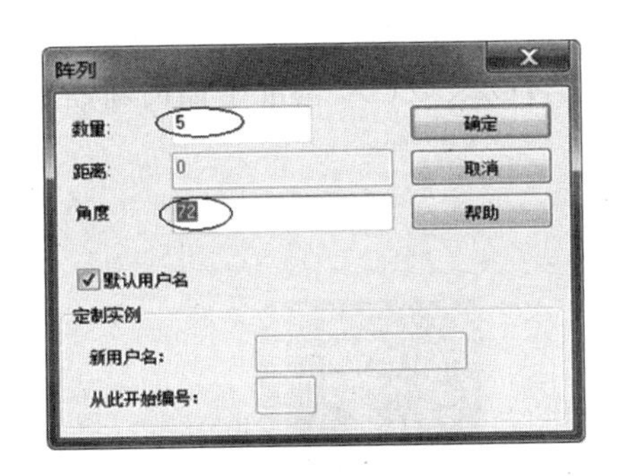

图 1-44　阵列参数设置

图 1-45　五角星曲面造型

四、素质拓展

魔方又叫魔术方块，也称鲁比克方块，是匈牙利布达佩斯建筑学院厄尔诺·鲁比克教授在 1974 年发明的。三阶魔方系由富有弹性的硬塑料制成的 6 面正方体，共有 26 块小立方体。魔方与中国人发明的“华容道”，法国人发明的“独立钻石”一块被称为智力游戏界的三大不可思议。只要有一只手空闲就可以玩魔方，不受时间地点的限制，灵活性好。且魔方的魅力是永恒的，它所带来的益处是终身的。

任务五　草图绘制与编辑

一、任务引入

草图是特征实体生成所依赖的曲线组合，草图是为特征造型准备的一个平面封闭图形。草图必须依赖于一个基准面，开始绘制一个新草图前必须选择一个基准面。在基准面上绘制二维平面草图，再利用特征生成工具将二维平面图延伸成三维实体。

本任务主要通过简单有趣的五角星实体、蜗轨实体造型、笑脸实体造型实例来介绍 CAXA CAM 制造工程师 2022 草图绘制与编辑方法。

二、任务分析

在工程模式零件下进行实体造型，首先要创建和选择基准平面，然后在基准平面上绘制草图，最后通过特征生成工具将二维平面草图拉伸成三维实体。

三、任务实施

1. 创建基准平面

在设计环境中单击特征功能选项卡，在参考功能区面板，单击“基准平面”按钮，可以进入二维草图定位类型对话框。如图 1-46 所示，提供了十种草图基准面的生成方式。按照命令管理栏中的提示，选择合适的方式定位草图平面。单击“确定”按钮，即可进入草图，开始二维草图的绘制。

单击草图选项卡，在草图功能区面板，单击“草图”按钮上方的小箭头，会出现如图 1-47 所示的基准面选择选项，可以选择直接在 XOY、YOZ、ZOX 基准平面内新建草图。

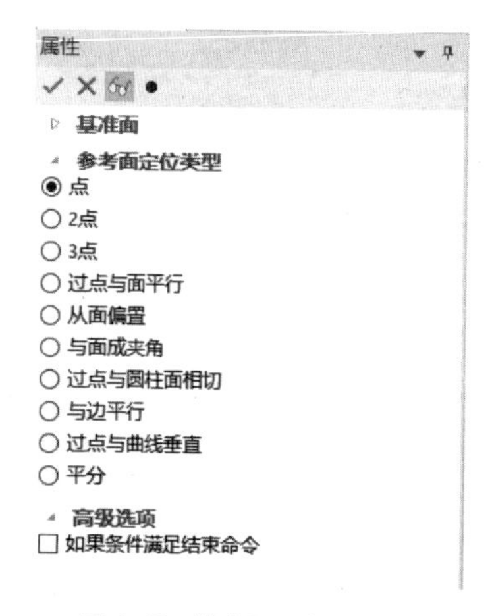

图 1-46　基准平面创建方式

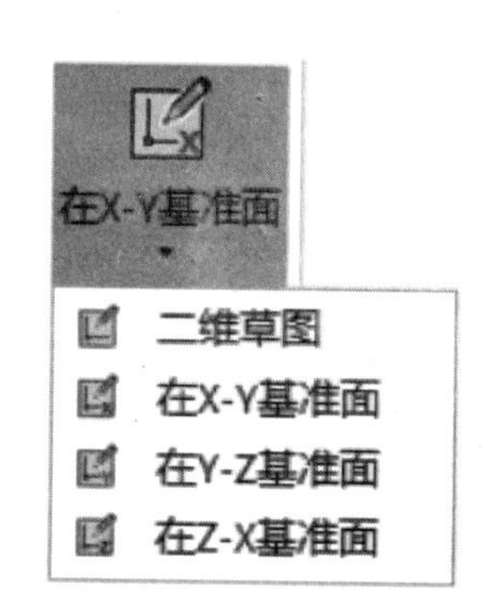

图 1-47　标准基准平面

2. 在斜面上创建五角星实体

① 在工程模式环境中，打开曲面功能区，单击“提取曲面”按钮，单击拾取图 1-48 所示的三角形 ABC 斜面，单击“确定”完成从实体上提取曲面。

② 单击草图选项卡，在草图功能区面板，单击“草图”按钮下方的小箭头，出现基准面选择选项。选择二维草图，弹出图 1-46 所示二维草图类型对话框，选择平面定位方式，单击拾取三角形 ABC 斜面中心，如图 1-49 所示，单击“确定”完成基准平面的创建，自动进入草图绘制界面。

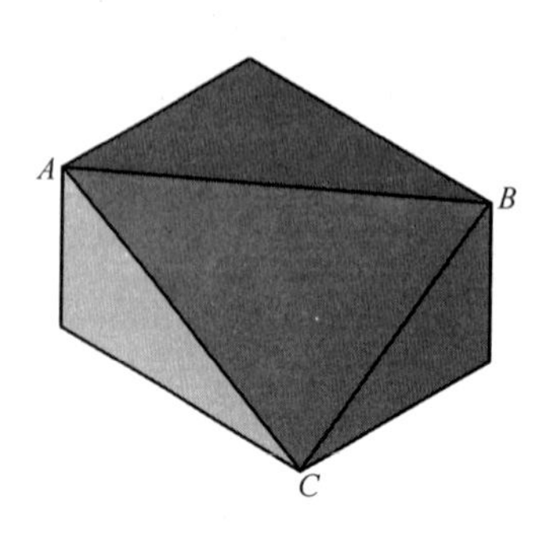

图 1-48　绘制三角形平面

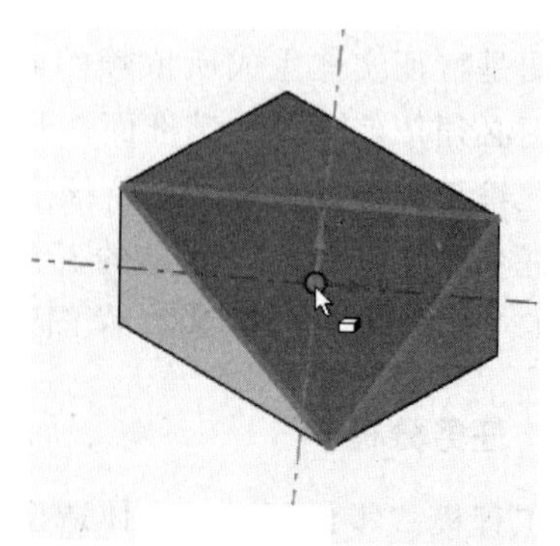

图 1-49　创建三角形基准平面

③ 在绘制功能区，单击“正多边形”按钮，捕捉坐标中心点，在左边的属性栏中选择内接于圆，边数为5，回车后，输入内接于圆半径10，回车确定退出，完成正五边形绘制。

④ 在绘制面板上，单击“直线”按钮，选择非正交方式，依次连接五边形各个顶点，如图1-50所示。

⑤ 在修改面板上，单击“裁剪”按钮，单击裁剪不需要的线，如图1-51所示。

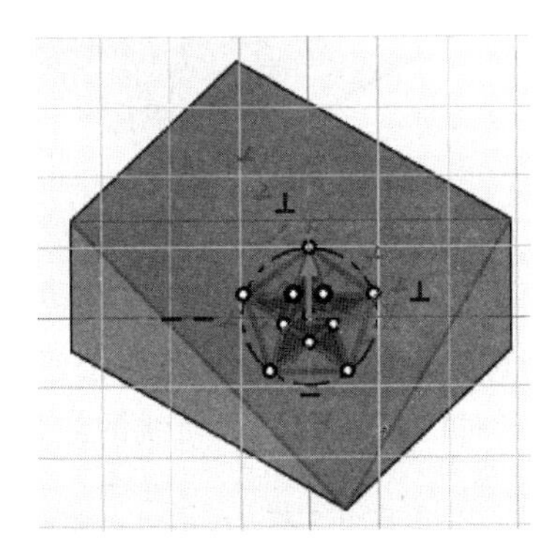
图1-50　绘制对角线

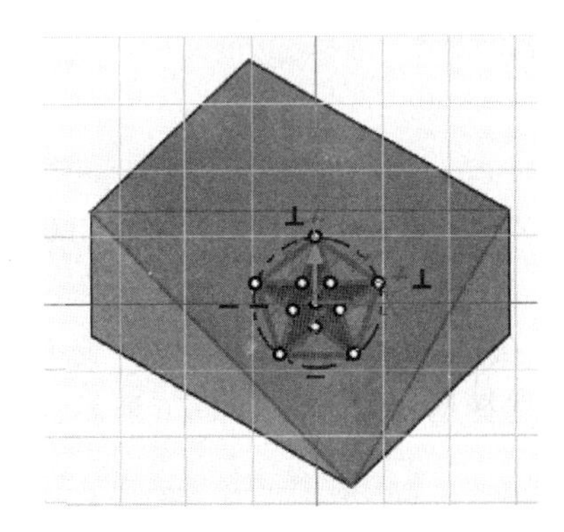
图1-51　裁剪多余线

⑥ 选择正五边形，按键盘上的删除键删除正五边形，如图1-52所示，完成五角星草图绘制。

⑦ 单击草图图标旁的下拉按钮，从中选择“完成”，完成五角星草图的绘制，退出草图绘制状态，结果如图1-53所示。

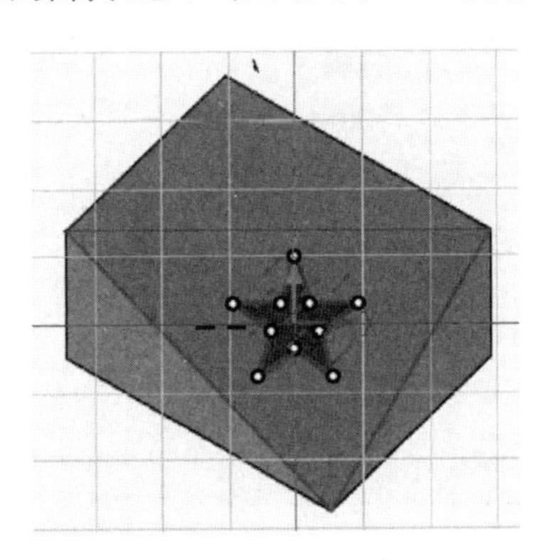
图1-52　删除正五边形

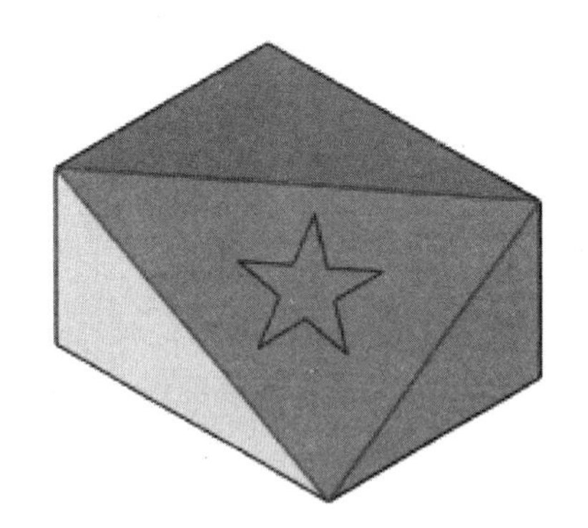
图1-53　五角星草图

⑧ 在左边的设计环境树中，单击2D草图，单击右键，在弹出的菜单中选择“生成—创建拉伸特征”，弹出图1-54所示创建拉伸特征对话框，输入距离3，选择相关零件，单击斜面体，单击“确定”即可完成五角星拉伸特征造型，如图1-55所示。

3. 蜗轨实体造型

蜗轨实体造型

① 打开草图功能区，单击“草图”按钮下方的小箭头，出现基准面选择选项。单击选择“在 *X-Y* 基准面”图标，在 *X-Y* 基准面内新建草图，进入草图绘图环境。

图 1-54　创建拉伸特征对话框

图 1-55　五角星实体造型

② 在草图绘制功能面板中，选择“公式曲线”图标 XY- 公式，在弹出的公式曲线对话框中选择蜗轨线，如图 1-56 所示。单击“确定”退出对话框，完成蜗轨线的绘制。

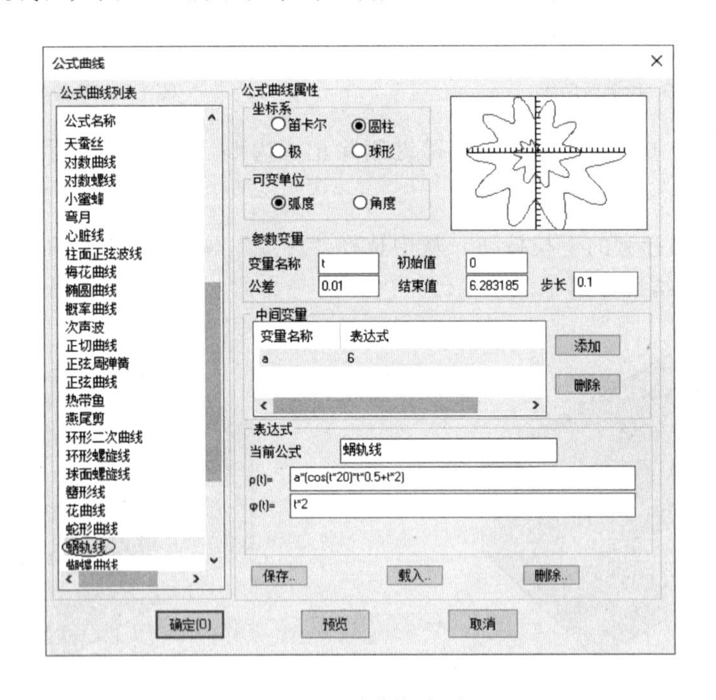

图 1-56　公式曲线对话框

③ 在草图绘制功能区面板中，选择“直线”图标 2点线，绘制一条水平直线。

④ 在修改功能面板上，单击“打断”图标 打断，将蜗轨线从平线相交处打断。

⑤ 单击移动图标 移动，采用复制方式，将中部蜗轨线向左移动 5mm。

⑥ 在修改功能区面板上，单击裁剪图标 裁剪，单击裁剪不需要的线，结果如图 1-57 所示。注意内外草图必须封闭，并且不能有重叠的线。

⑦ 单击结束草图按钮 完成，单击下拉按钮中的 ✔，完成草图绘制。

⑧ 在左边的设计环境树中，单击 2D 草图，单击右键，在弹出的菜单中选择“生成—创建拉伸特征”，弹出拉伸特征对话框，类型选择独立零件，输入距离 5，单击“确定”即可完成拉伸增料特征造型，如图 1-58 所示。

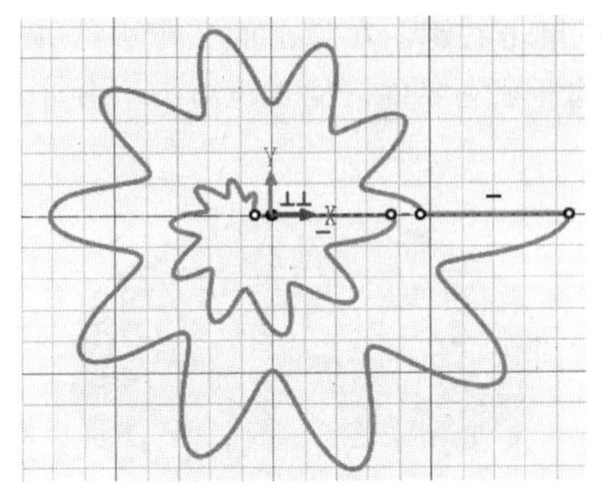

图 1-57　蜗轨线草图

图 1-58　蜗轨实体模型

4. 笑脸实体造型

① 在工程模式零件环境下，打开三维曲线选项卡，单击“三维曲线”按钮，在绘制功能区面板上，单击“圆”按钮，选择圆心-半径方式，捕捉坐标中心点，输入圆半径 55，回车确定退出，完成圆的绘制，如图 1-59 所示。在圆的中心坐标（25,20）和（−25,20）处分别绘制半径为 10 的圆。

② 在绘制面板上，单击“圆”按钮，选择圆心-半径方式，输入圆的中心坐标（26,−26），输入圆半径 8，回车确定退出，完成圆的绘制，同理，在圆的中心坐标（−26,−26）分别绘制半径为 8 的圆。单击“圆”按钮，选择两点-半径方式，捕捉左右 $R8$ 圆上的切点，输入圆半径 45，回车确定退出，完成 $R45$ 圆的绘制，如图 1-60 所示。

③ 在修改功能面板上，单击“裁剪”图标，单击裁剪不需要的线，结果如图 1-61 所示。

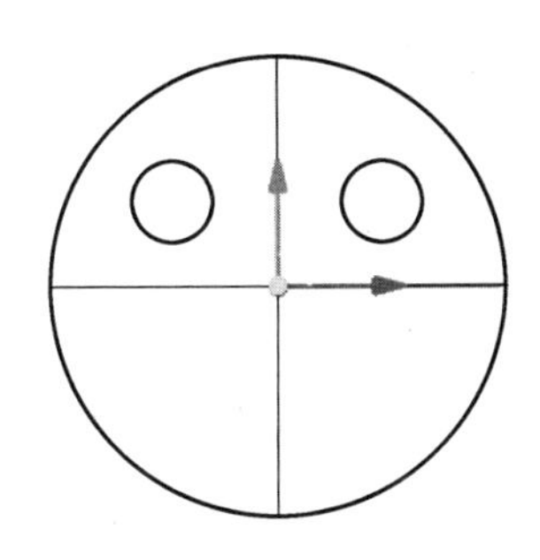

图 1-59　绘制笑脸曲线 1

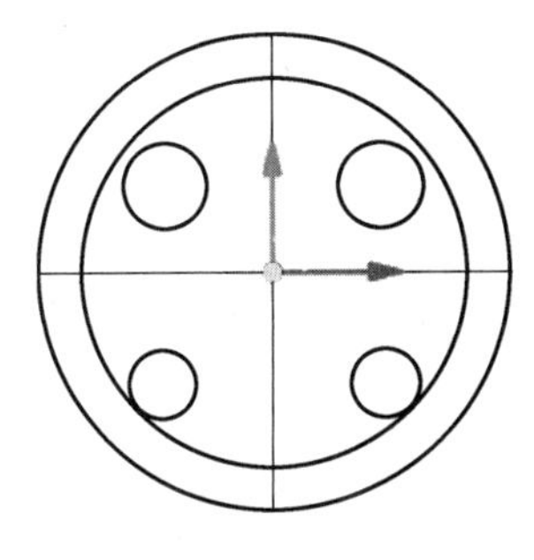

图 1-60　绘制笑脸曲线 2

图 1-61　绘制笑脸曲线 3

④ 打开草图功能区，单击“草图”按钮下方的小箭头，出现基准面选择选项。单击选择“在 X-Y 基准面”图标，在 X-Y 基准面内新建草图，进入草图绘图

环境。在草图绘制功能面板中，选择“圆心-半径”图标 圆心+半径，绘制半径为 60 的圆。单击“结束草图”按钮，单击下拉按钮中的，完成草图绘制，如图 1-62 所示。

⑤ 在左边的设计环境树中，单击 2D 草图 1，单击右键，在弹出的菜单中选择“生成—创建拉伸特征”，弹出拉伸特征对话框，类型选择独立零件，输入距离 10，单击“确定”即可完成拉伸增料特征造型，如图 1-63 所示。

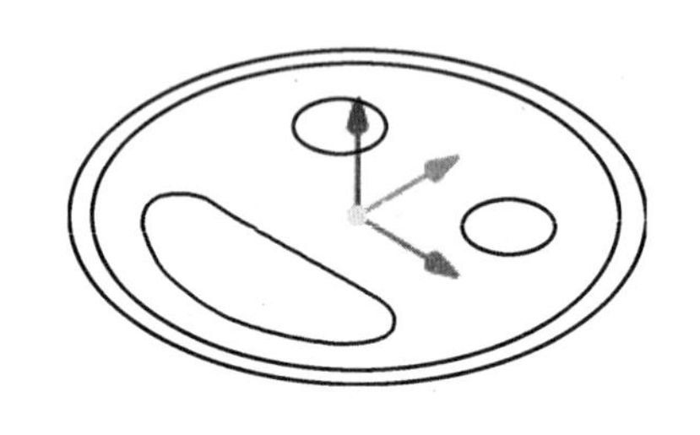

图 1-62　绘制圆草图

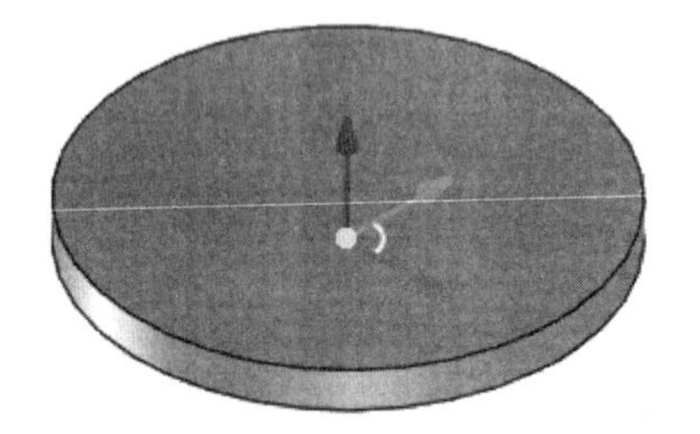

图 1-63　圆柱实体模型

⑥ 单击“草图”按钮下方的小箭头，出现基准面选择选项。选择二维草图，选择平面定位方式，单击拾取 $R60$ 圆柱体上表面，单击“确定”完成基准平面的选择，自动进入草图绘制界面。

⑦ 在草图绘制功能面板中，选择“投影”图标，拖动选择笑脸空间曲线。将其投影到基准面上，单击“结束草图”按钮，单击下拉按钮中的，完成草图绘制，如图 1-64 所示。

⑧ 在左边的设计环境树中，单击 2D 草图 2，单击右键，在弹出的菜单中选择“生成—创建拉伸特征”，弹出拉伸特征对话框，单击相关零件，单击圆柱体，选择减料，输入距离 3，单击“确定”即可完成拉伸减料特征造型，如图 1-65 所示。

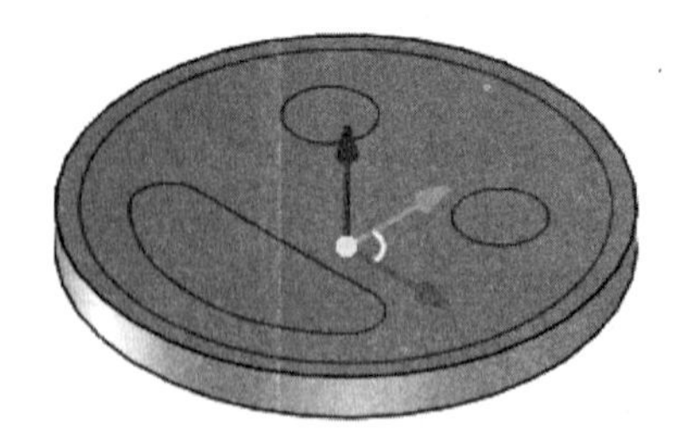

图 1-64　绘制笑脸草图

图 1-65　笑脸实体模型

四、素质拓展

勒内·笛卡尔，1596 年 3 月 31 日生于法国安德尔-卢瓦尔省的图赖讷（现笛卡尔，因笛卡尔坐标而得名），1650 年 2 月 11 日逝于瑞典斯德哥尔摩，法国哲学家、数学家、物理学家。他对现代数学的发展做出了重要的贡献，因将几何坐标体系公式化而被认为是解析几何之父。

据说有一天，法国哲学家、数学家笛卡尔生病卧床，病情很重，尽管如此他还反复思考一个问题：几何图形是直观的，而代数方程是比较抽象的，能不能把几何图形与代数方程结合起来，也就是说能不能用几何图形来表示方程呢？要想达到此目的，关键是如何把组成几何图形的点和满足方程的每一组“数”挂上钩，他苦苦思索，拼命琢磨，通过什么样的方法，才能把“点”和“数”联系起来。突然，他看见屋顶角上的一只蜘蛛，拉着丝垂了下来，一会工夫，蜘蛛又顺着丝爬上去，在上边左右拉丝。蜘蛛的“表演”使笛卡尔的思路豁然开朗。他想，可以把蜘蛛看作一个点，它在屋子里可以上、下、左、右运动，能不能把蜘蛛的每个位置用一组数确定下来呢？他又想，屋子里相邻的两面墙与地面交出了三条线，如果把地面上的墙角作为起点，把交出来的三条线作为三根数轴，那么空间中任意一点的位置就可以用这三根数轴上找到有顺序的三个数。反过来，任意给一组三个有顺序的数也可以在空间中找出一点 P 与之对应，同样道理，用一组数（x，y）可以表示平面上的一个点，平面上的一个点也可以用一组两个有顺序的数来表示，这就是坐标系的雏形。笛卡尔最为世人熟知的是其作为数学家的成就。他于 1637 年发明了现代数学的基础工具之一——坐标系，将几何和代数相结合，创立了解析几何学。同时，他也推导出了笛卡尔定理等几何学公式。右手笛卡尔坐标系在数控车床、数控铣床上得到广泛应用。

经验积累

① CAXA CAM 制造工程师 2022 中有两种设计模式，工程零件模式和创新零件模式，在工程零件模式选项卡中，单击零件类型模式功能区中的图标中的三角来切换，但是最好是开始作图时就选择好绘制设计工作模式。

② 用窗口拾取元素时，若是由左上角向右下角拉开时，窗口要包容整个元素对象才能被拾取到；若是从右下角向左上角拉开时，只要元素对象的一部分在窗口内，就可以拾取到。

项目总结

工业软件是制造业的信息化利刃，是联系传统工业生产与现代信息化的纽带。CAM 软件的应用可以大幅提高加工效率，降低成本，符合企业快速、可持续发展的需求，帮助企业实现现代化的生产与管理，提供给用户最高质量的机械产品，增强企业竞争力。

本项目主要介绍 CAXA CAM 制造工程师 2022 软件的界面、智能图素的拖放式操作、显示控制、包围盒编辑、快捷键和鼠标左右键的应用、实体设计基础知识、草图绘制及三维球应用方法，学会使用三维球工具及常用快捷键可以提高绘图造型速度。注重培养学生探索未知、追求真理、勇攀科学高峰的责任感和使命感，激发学生科技报国的家国情怀和使命担当，操作实践过程中注重培养学生的工匠精神。

项目考核

① 按图 1-66 和图 1-67 所示绘制二维平面图形。

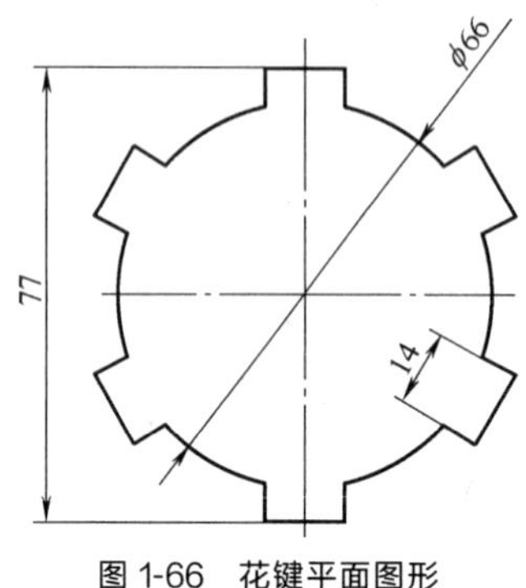

图 1-66　花键平面图形

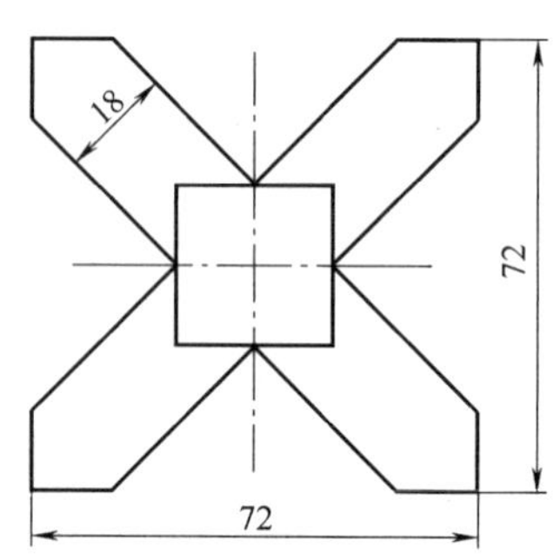

图 1-67　十字结平面图形

② 按图 1-68 所示尺寸绘制直径为 ϕ200mm，高度为 15mm 的立体五角星线架图形。

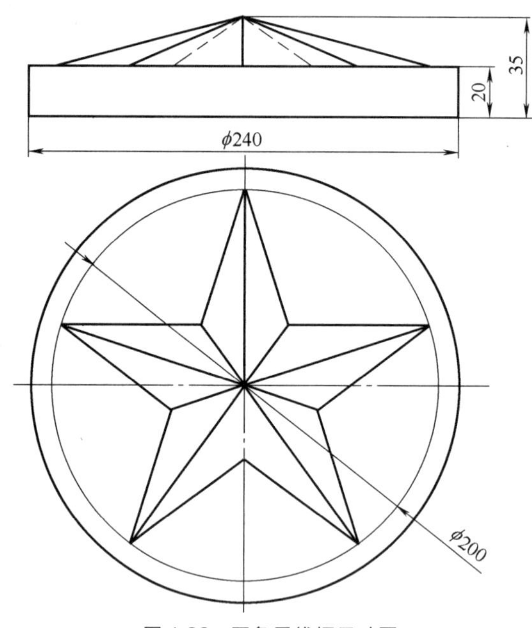

图 1-68　五角星线框尺寸图

项目二

CAXA CAM制造工程师2022曲线造型与编辑

CAXA CAM 制造工程师 2022 软件为“草图”或“线架”的绘制和编辑提供了多项功能，如三维曲线绘制功能、基本绘制功能、高级绘制功能和曲线编辑修改功能。CAM CAXA 制造工程师曲线绘制和线架造型方法是学习 CAXA CAM 制造工程师 2022 的重要基础，本项目以中国结、太极图、镂空盒、捧脸杀等零件的绘制及线架造型设计为例，介绍了 CAXA CAM 制造工程师 2022 软件的曲线造型与编辑方法，重点介绍线架造型方法，达到使读者快速掌握并熟练运用曲线造型的方法绘制简单平面图和线架立体图的目的。

◎育人目标

· 通过绘制中国结、镂空盒、太极图等平面图，引导大学生大力弘扬中华优秀传统文化精神，把传统文化理念、个人理想融入国家发展伟业，强化政治方向和思想引领，增强中国文化自信，培育民族精神和创新精神。

◎知识目标

· 掌握用空间点和空间曲线来描述零件轮廓形状的造型方法。

· 掌握常用绘图功能图标操作方法，提高作图效率。

· 掌握绘制简单二维平面图形和三维线架立体图的方法。

· 掌握三维曲线编辑修改方法。

◎能力目标

· 通过学习中国优秀传统文化知识，培养学生人文素养，弘扬社会主义核心价值观。

· 培养三维曲线及线架立体图的绘制能力。

· 培养读零件图的能力和空间想象力。

· 通过绘制中国结、镂空盒等零件模型图，以培养学生的观察能力和创新能力，陶冶学生的爱美情趣，并把所学技能应用于生活中，发现美，创造美。

任务一　绘制中国结

一、任务引入

中国结是一种手工编织工艺品，它代表着中华民族的传统文化，有着独特的中国色彩，是中国人民的智慧结晶。同心结寓意着恩爱情深，永结同心；福字结寓意着福气满堂，神星高照；双喜结寓意着喜上加喜，双喜临门；鱼结寓意着年年有余，吉庆安康；团锦结寓意着花团锦簇，前程似锦；团圆结寓意着团圆美满；双全结寓意着儿女双全；双蝶结寓意着比翼双飞；平安结寓意着一生如意，岁岁平安；吉祥结寓意着吉祥如意，祈保平安。每一种中国结都象征着人们的美好祝福和心愿，体现着对真善美的追求和渴望。本任务是绘制图 2-1 所示的中国结。

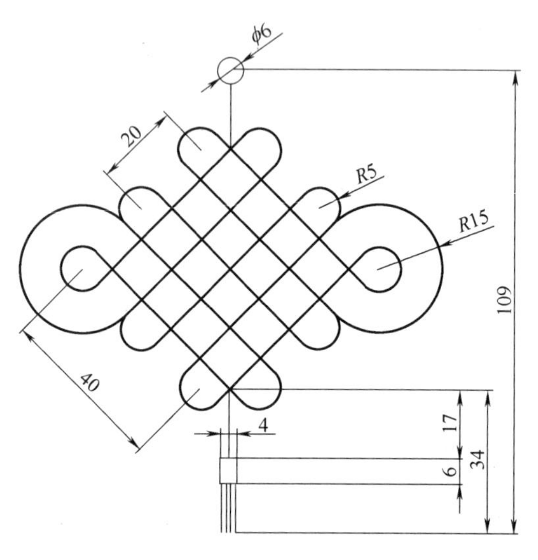

图 2-1　中国结尺寸图

绘制中国结

二、任务分析

中国结外观对称精致，可以代表汉民族悠久的历史，符合中国传统装饰的习俗和审美观念，故命名为中国结。中国结平面图主要由圆弧和平行线所组成，可以用圆、直线、阵列和旋转等功能来完成。

三、任务实施

① 打开三维曲线选项卡，单击“三维曲线”按钮，在绘制功能区面板上，单击“圆”按钮，选择圆心-半径方式，捕捉坐标中心点，输入圆半径 5，回车确定退出，完成圆的绘制，同理，在圆的中心坐标（50，0）的位置绘制半径为 5 的圆。单击“直线”按钮，在正交状态下，捕捉两圆左右两个切点作切线。

② 在修改面板上，单击裁剪曲线，单击裁剪不需要的线，如图 2-2 所示。

③ 在修改面板上，单击“阵列”按钮，在属性菜单中，输入行数 6，行间距 −10，列数 1，列间距 0，单击拾取曲线，单击右键完成曲线的阵列，如图 2-3 所示。

④ 在图形中间沿 Z 轴方向绘制一条旋转轴线，然后在修改面板上，单击“旋转”按钮，在属性菜单上选择拷贝方式，角度 90°，单击拉动框拾取曲线，单击右键，捕捉旋转轴上的两点，完成曲线的旋转复制，如图 2-4 所示。

⑤ 选择要删除线，单击右键选择删除命令，删除多余线，如图 2-5 所示。

图 2-2 绘制曲线

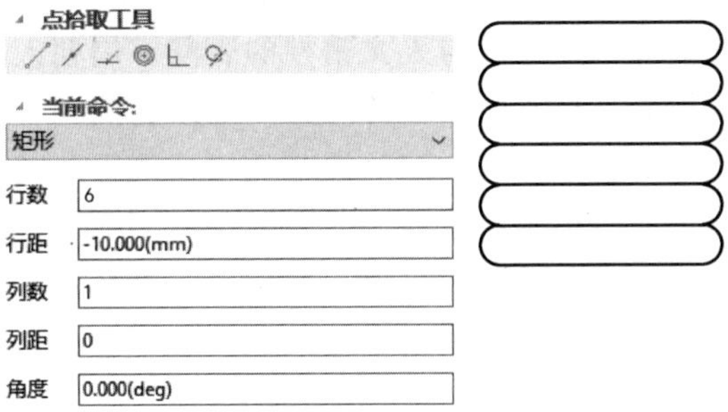

图 2-3 阵列曲线

⑥ 在修改面板上，单击“旋转”按钮，在属性菜单上输入角度 45°、移动方式，单击拉动框拾取曲线，单击右键，捕捉旋转轴上的两点，完成曲线的旋转操作，如图 2-6 所示。

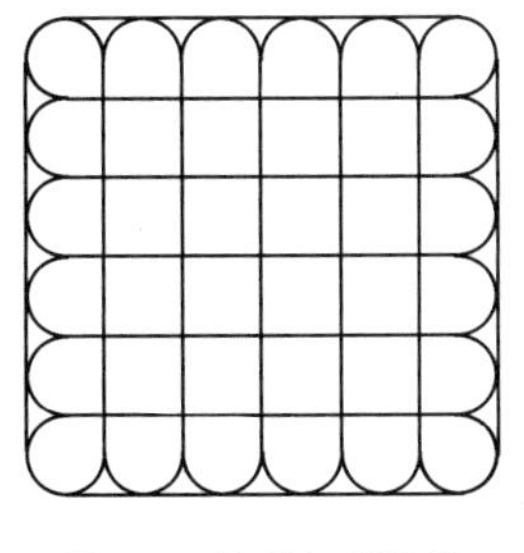

图 2-4 旋转复制曲线

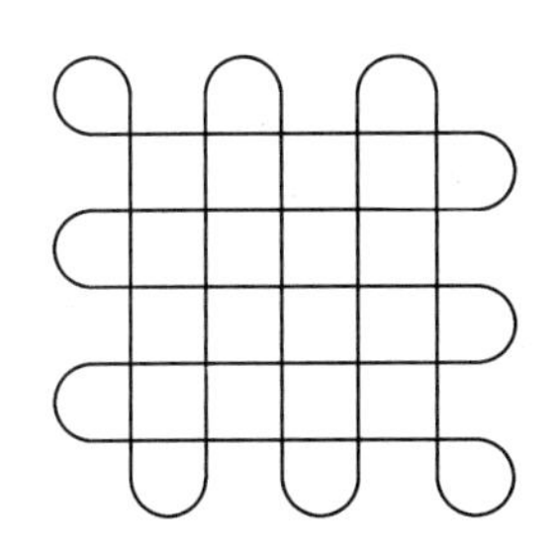

图 2-5 删除多余曲线

图 2-6 旋转曲线

⑦ 在修改面板上，单击“缩放曲线”按钮，单击拾取左边的圆弧曲线，单击右键，捕捉圆弧中心基点，输入缩放比例 3，按回车键结束圆弧曲线缩放操作，同理完成右边圆弧曲线缩放操作，如图 2-7 所示。

⑧ 利用绘制圆和直线功能绘制圆和吊穗，完成中国结平面图形绘制，如图 2-8 所示。

图 2-7 缩放圆弧

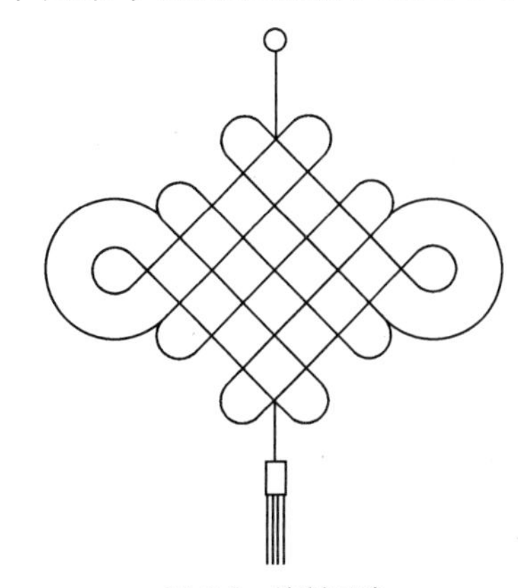

图 2-8 绘制吊穗

四、素质拓展

中国结艺是中国特有的民间手工编结艺术，它以其独特的东方神韵、丰富多彩的变化，充分体现了中国人民的智慧和深厚的文化底蕴。它不仅是美的形式和巧的结构的展示，更是一种自然灵性与人文精神的表露。周朝人随身佩戴的玉常以中国结为装饰，而战国时代的铜器上也有中国结的图案，延续至清朝中国结才真正成为盛传于民间的艺术。当代多用来装饰室内、亲友间的馈赠礼物及个人的随身饰物。因为其外观对称精致，符合中国传统装饰的习俗和审美观念，故命名为中国结。中国结中，有双钱结、纽扣结、琵琶结、团锦结、十字结、吉祥结、万字结、盘长结、藻井结、双联结、蝴蝶结、锦囊结等多种结式。中国结代表着团结幸福平安，有着独特的中国色彩，特别是在民间，它精致的做工深受大众的喜爱。

任务二　太极图的绘制

一、任务引入

太极图线条简洁、图像简单，同时又博大精深、内涵丰富、造型完美。它形象化地表达了阴阳轮转、相反相成是万物生成变化根源的哲理。本任务是创建图 2-9 所示的阴阳鱼太极图平面模型。

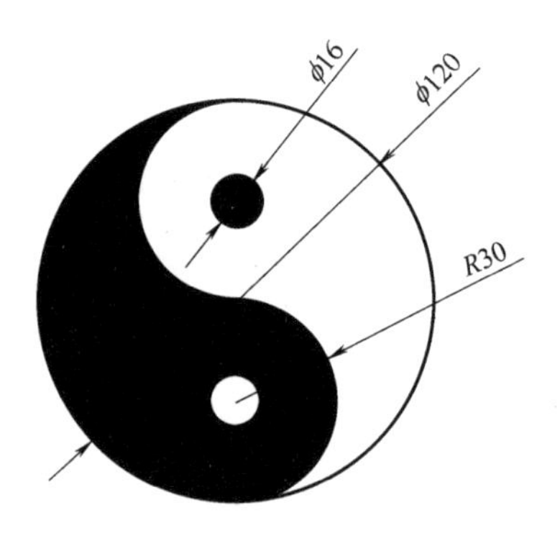

图 2-9　太极图

太极图的绘制

二、任务分析

太极图形状如阴阳两鱼互纠在一起，因而又被称为“阴阳鱼图”。太极图主要由圆弧曲线组成，可以利用 CAXA CAM 制造工程师 2022 中的圆曲线绘制方法来完成造型，主要应用三维曲线、线裁剪、填充面、面剪裁、设计元素库等功能来完成。

三、任务实施

① 打开三维曲线选项卡，单击“三维曲线”按钮，在绘制功能区面板上，单击“圆”按钮，选择圆心-半径方式，捕捉坐标中心点，输入圆半径 60，回车确定退出，完成圆的绘制，同理，在圆的中心坐标（0，30）和（0，－30）分别绘制半径为 30 的圆

和半径为 8 的圆。如图 2-10 所示。

② 在修改功能面板上，单击裁剪图标，单击裁剪不需要的线，结果如图 2-11 所示。

③ 在修改功能面板上，单击打断图标，单击拾取圆曲线，单击断点 A，将圆曲线打断，同理在 B 点将圆曲线打断，结果如图 2-12 所示。

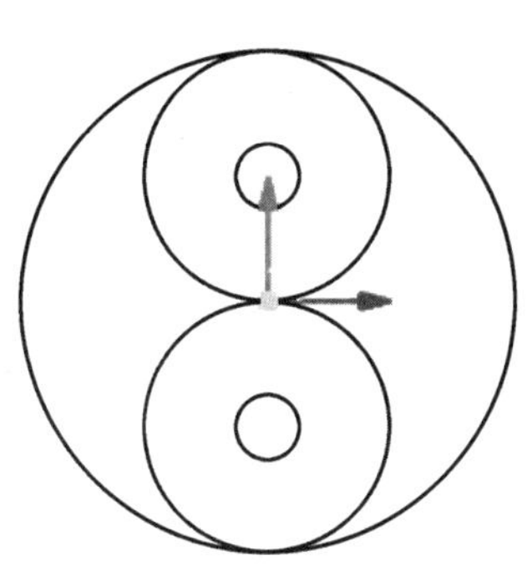

图 2-10　绘制圆曲线

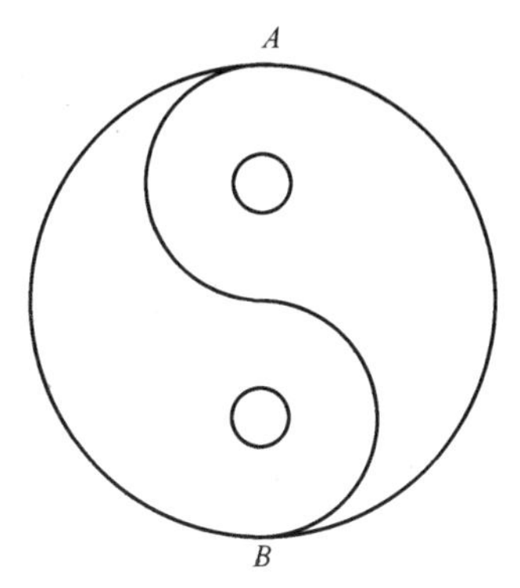

图 2-11　绘制太极曲线

④ 打开曲面功能区，在曲面编辑面板上，单击“填充面”按钮，依次拾取左边太极曲线，单击“确定”按钮退出，完成平面填充，然后单击“曲面裁剪”按钮 **裁剪**，将小圆面裁剪，在设计元素库中选择颜色图素，选中要填充的黑色图素，拖入填充面的封闭区域，结果如图 2-13 所示。

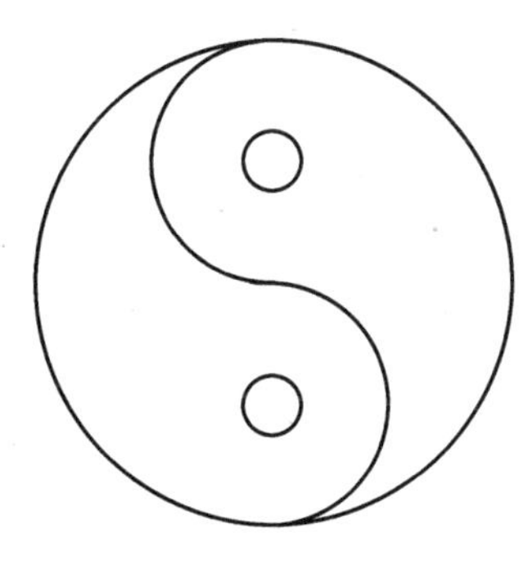

图 2-12　绘制太极曲线

图 2-13　太极图

四、素质拓展

太极图是中国文化中特有的以“图像”的方式阐释阴阳哲理的图形，以黑白两个鱼形纹组成的圆形图案，俗称阴阳鱼，是探索宇宙社会人生变化发展规律的图式。太极图是中华文化的象征，它的形成是人类认识宇宙自然规律的智慧结晶。什么是太极呢？老子在《道德经》所言：“道生一，一生二，二生三，三生万物。”这个“一”，指的就是“太极”。太极虽不是万物的究竟和本来面目，却是生发万物的枢纽。世间万事万物都是由“太极”孕育分化发展出来的，同时又包含着“太极”整体缩影。

任务三　绘制捧脸杀平面图形

一、任务引入

捧脸杀，网络流行词，于 2018 年 3 月开始火遍视频网络，是指将脸捧在手心里，具体的动作就是将对方的下巴搁在自己的手掌上。本任务是绘制图 2-14 所示的捧脸杀平面图形。

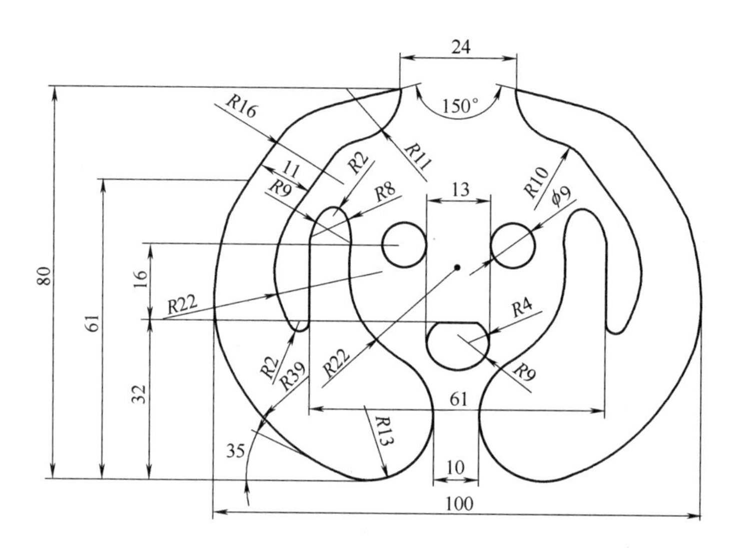

图 2-14　捧脸杀平面图

二、任务分析

绘制捧脸杀平面图形

捧脸杀平面图形主要由圆弧和直线组成，主要应用三维曲线绘制、偏移、镜像、裁剪等功能。

三、任务实施

① 打开三维曲线选项卡，单击“三维曲线”按钮，在绘制功能区面板上，单击“直线”按钮，绘制 80mm 的竖线和 50mm 的水平线；在基本修改面板上，单击“偏移线”按钮，按照图 2-14 中的尺寸偏移辅助线，如图 2-15 所示。

② 在绘制面板上，单击“圆”按钮，选择圆心-半径方式，捕捉圆的中心点坐标或者输入圆的中心点坐标（−18，−35），输入圆的半径 13，回车确定退出，完成圆的绘制，在圆的中心坐标（−2.5，−20）和（2.5，−20）分别绘制半径为 4 的圆，单击“圆”按钮，用两点半径方式画圆，在属性菜单中选择切点捕捉方式，分别捕捉左右两边的 $R4$ 圆，输入半径 9，完成 $R9$ 圆绘制，如图 2-16 所示。

③ 单击“裁剪”图标，单击裁剪不需要的线，结果如图 2-16 所示。

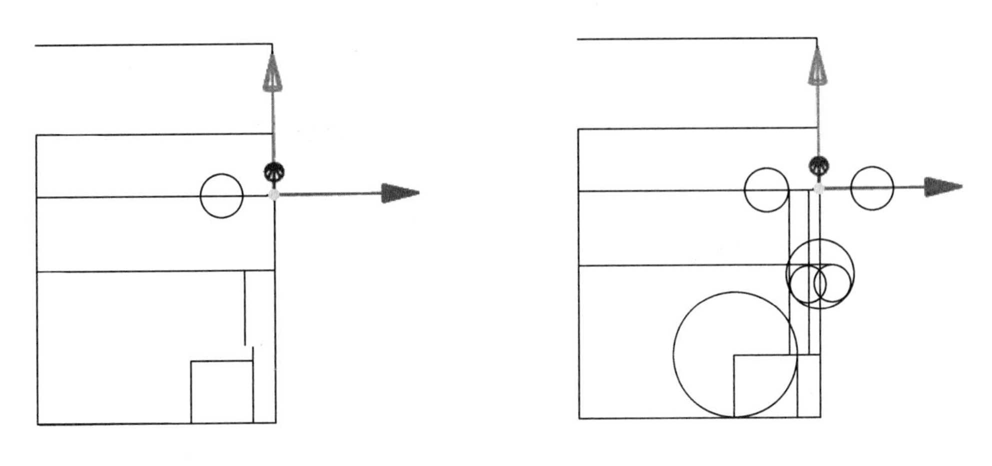

图 2-15　绘制辅助线　　图 2-16　绘制圆线

④ 在绘制面板上，单击“直线”按钮，选择角度线，在属性菜单中输入角度 145°，用切点捕捉方式捕捉 $R13$ 圆弧，绘制一条切线；单击“圆”按钮，用两点半径方式画圆，在属性菜单中选择切点捕捉方式，捕捉 35°斜线上一点，捕捉左边 50 的竖线，输入半径 39，完成 $R39$ 圆绘制，如图 2-17 所示。

⑤ 在绘制面板上，单击“直线”按钮，在右下角选择导航捕捉方式，捕捉 A 点，绘制一条 55°斜线；选择角度线，在属性菜单中输入角度 195°，捕捉 B 点，绘制一条斜线。如图 2-18 所示。

⑥ 同理绘制 $R11$、$R10$ 和 $R22$ 的圆，如图 2-19 所示。

⑦ 在修改面板上，单击“偏移线”按钮，输入偏移距离 22，将 $R13$ 圆弧向外偏移 22，与中心线的交点为 $R22$ 圆的圆心点，然后用绘圆功能绘制 $R22$ 的圆。在水平线上找 $R9$ 和 $R8$ 圆弧的圆心点，绘制 $R9$ 和 $R8$ 的圆，如图 2-20 所示。

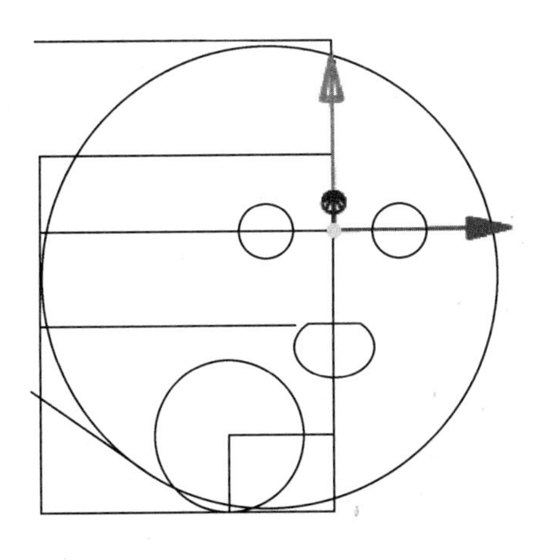

图 2-17　绘制斜线

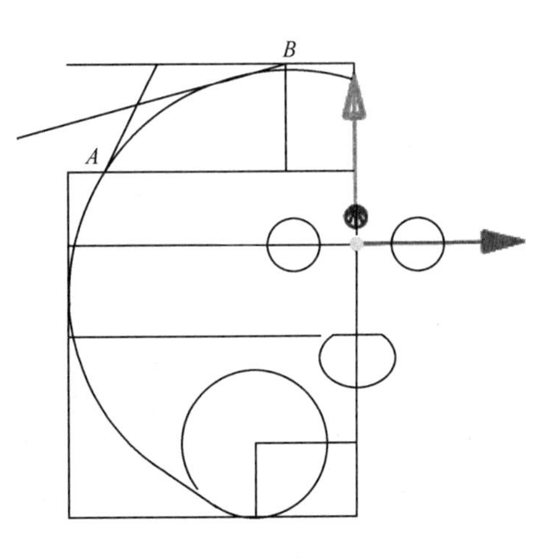

图 2-18　绘制切线

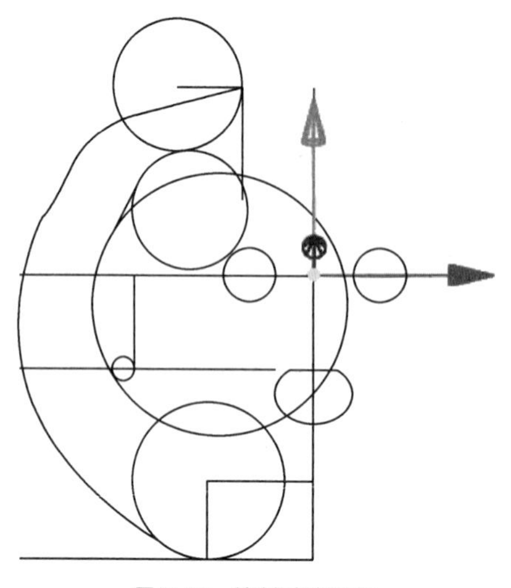

图 2-19 绘制过渡圆弧

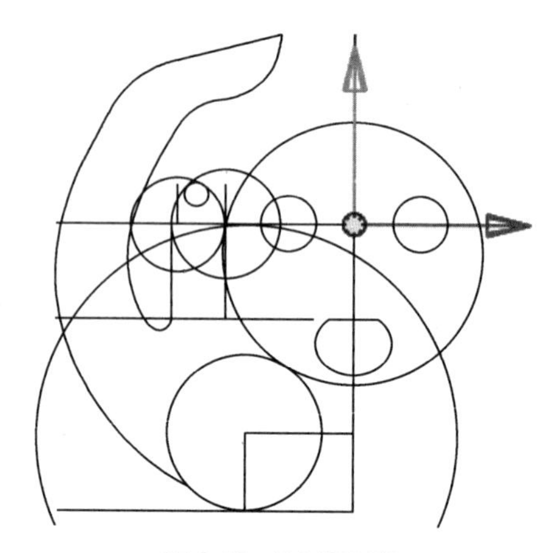

图 2-20 绘制圆弧线

⑧ 在修改功能面板上，单击“裁剪”图标，单击裁剪不需要的线，结果如图 2-21 所示。

⑨ 在修改功能面板上，单击“平面镜像”图标，单击拾取左侧的曲线，单击拾取中线的两个端点作为镜像轴，完成对称图形的绘制，结果如图 2-22 所示。

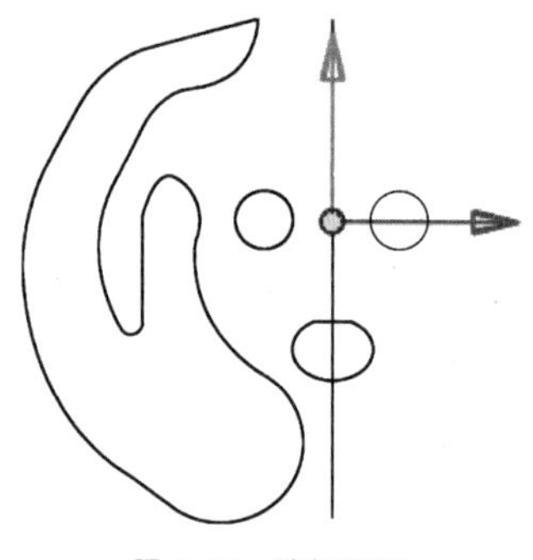

图 2-21 编辑图形

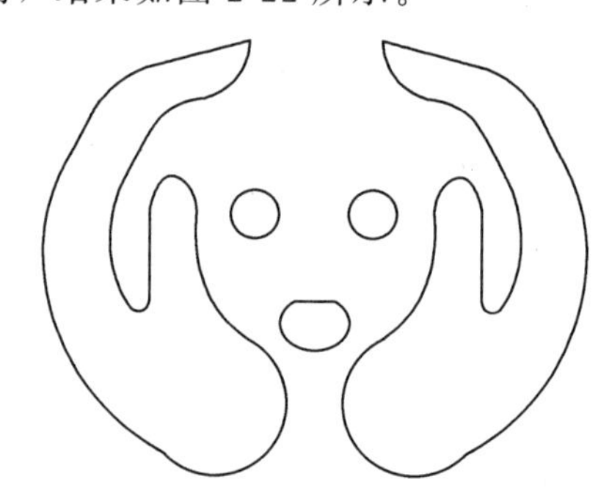

图 2-22 镜像平面图

四、素质拓展

为导弹雕刻翅膀的人——曹彦生。

曹彦生是中国航天科工二院的传奇人物，24 岁就成为最年轻的高级技师，25 岁获得第三届全国职工职业技能大赛数控铣工组亚军，26 岁成为最年轻的北京市“金牌教练”。2020 年 11 月 18 日，在第十四届航空航天月桂奖颁奖典礼上，曹彦生被授予大国工匠奖。

2005 年，刚毕业的曹彦生满怀梦想和憧憬，来到 283 厂工作。然而，当时的厂房环境不够现代化。每天，他将沉重的导轨抬上龙门铣床，穿着大头皮鞋，来回蹚在冷却液中，双脚时常被浸透。任务紧张时，他每天都主动工作 14 个小时以上。为了确保加工过程万无一失，曹彦生自学了仿真软件，将先进的五轴加工技术和仿真技术结合起来。经过他的不懈努力，最终加工出来的“翅膀”对称度达到了要求。

曹彦生首次将高速加工技术和多轴加工技术结合，发明的“高效圆弧面加工法”，为航天企业节省生产成本数千万元；他提出的多项新型加工理念，让蜂窝材料、铝基碳化硅复合材料等新材料加工瓶颈问题迎刃而解，为航天装备新材料选用提供了有力保障。

任务四 创建镂空盒线架模型

一、任务引入

以镂空元素为研究对象，对其进行提炼和整体形式的概括，融入现代包装设计，借以镂空元素的通透性，不仅能使人们看到包装的内部和外部结构，而且使包装设计具有典雅、精致之美，使消费者感受到传统文化元素的美学气息，提升现代包装设计的文化品位。本任务绘制图2-23所示的镂空盒线架造型设计。

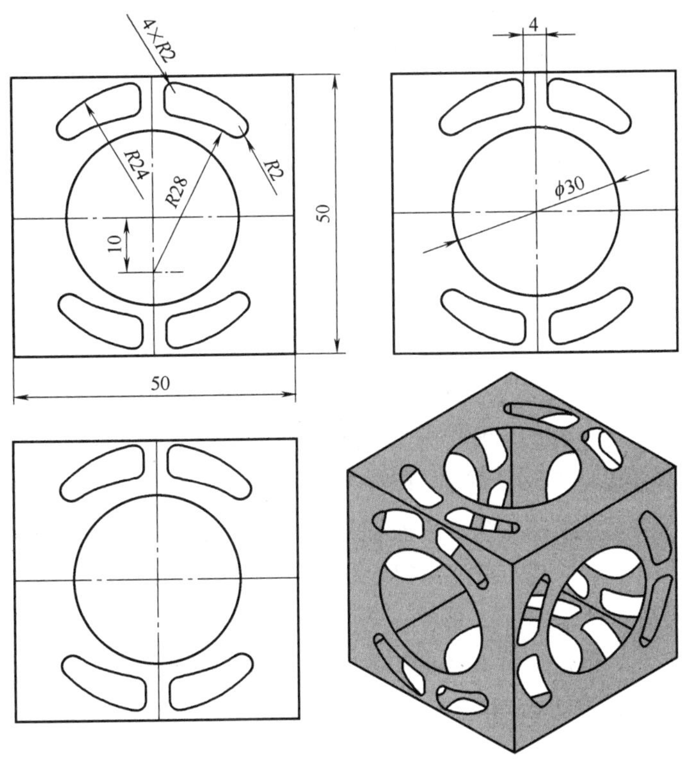

图2-23 镂空盒三视图

二、任务分析

创建镂空盒线架模型

镂空盒主要由圆弧和直线组成，主要应用三维曲线绘制、镜像、裁剪、平移复制、阵列等功能。平面图形经过旋转、空间旋转、平面填充等方法完成镂空盒立体造型设计。

三、任务实施

① 打开三维曲线选项卡，单击“三维曲线”按钮，在绘制功能区面板上，单击“矩形”按钮，在属性菜单中，选择中心定位方式，输入长度50，宽度50，捕捉坐标

中心点，回车确定退出，完成矩形的绘制。

② 在绘制功能区面板上，单击“圆”按钮，选择“圆心-半径”方式，捕捉坐标中心点，输入圆半径 15，再输入圆半径 24，回车确定退出，完成同心圆的绘制。再次单击“圆”按钮圆，选择圆心-半径方式，输入圆心坐标（0，－10），输入圆半径 28，回车确定退出，完成 $R28$ 圆的绘制。在修改面板上，单击“过渡”按钮，在属性菜单中输入半径 2，捕捉圆弧两边，完成 $R2$ 圆弧过渡。如图 2-24 所示。

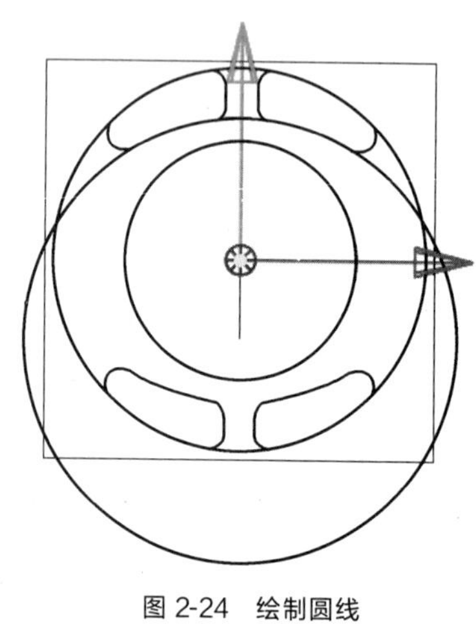

图 2-24 绘制圆线

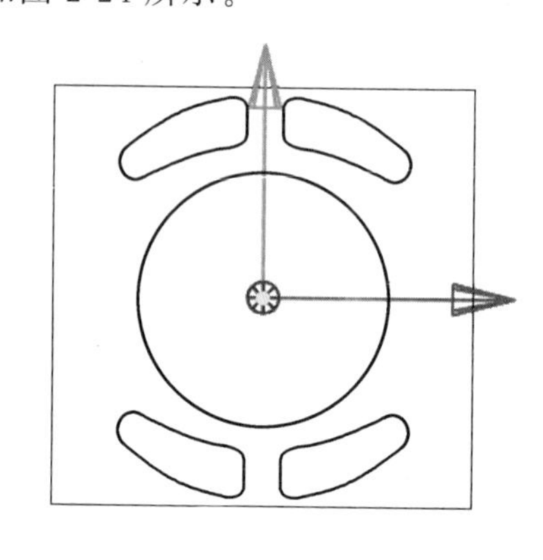

图 2-25 裁剪后的结果

③ 在修改功能面板上，单击“平面镜像”图标，选择上边要镜像的图形，单击右键，拾取水平镜像轴上的两点，完成上下镜像，如图 2-24 所示。

④ 在修改功能面板上，单击“裁剪”图标，单击裁剪不需要的线，结果如图 2-25 所示。

⑤ 按 F8 键在轴测状态下，在修改面板上，单击“移动曲线”按钮，选择复制方式，选择平面图形，单击右键，左键捕捉边线中点 A，捕捉边线中点 B，完成平面图形的复制，如图 2-26 所示。

⑥ 在修改面板上，单击“阵列曲线”按钮，在属性菜单中选择圆形阵列，输入阵列数量 4，选择要阵列的图形，单击右键，左键捕捉坐标中心点，完成平面图形的阵列，如图 2-27 所示。

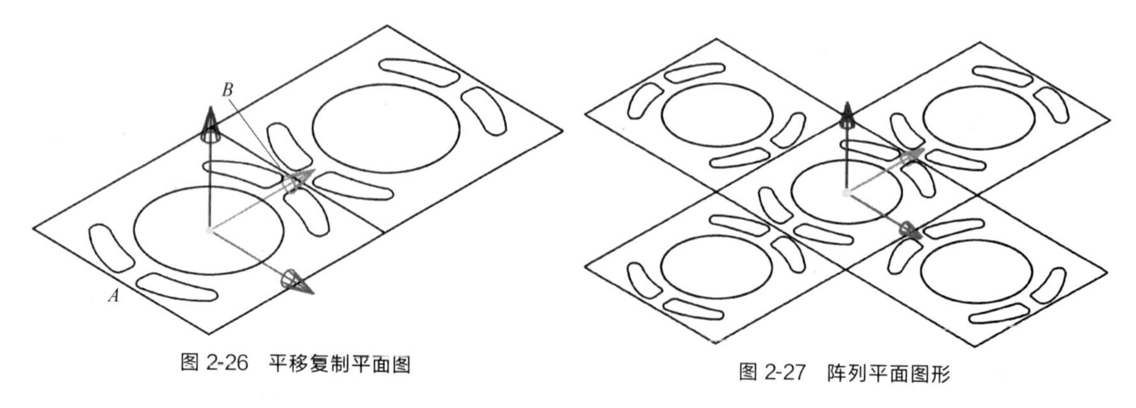

图 2-26 平移复制平面图

图 2-27 阵列平面图形

⑦ 在修改面板上，单击“旋转曲线”按钮，在属性菜单中输入旋转角度－90°，

选择要旋转的平面图形，单击右键，左键捕捉 A 点，捕捉 B 点，完成平面图形的旋转，如图 2-28 所示。单击“移动曲线”按钮，选择中间的平面图形，单击右键，左键捕捉边线中点 A，捕捉边线中点 B，完成平面图形复制，如图 2-29 所示。

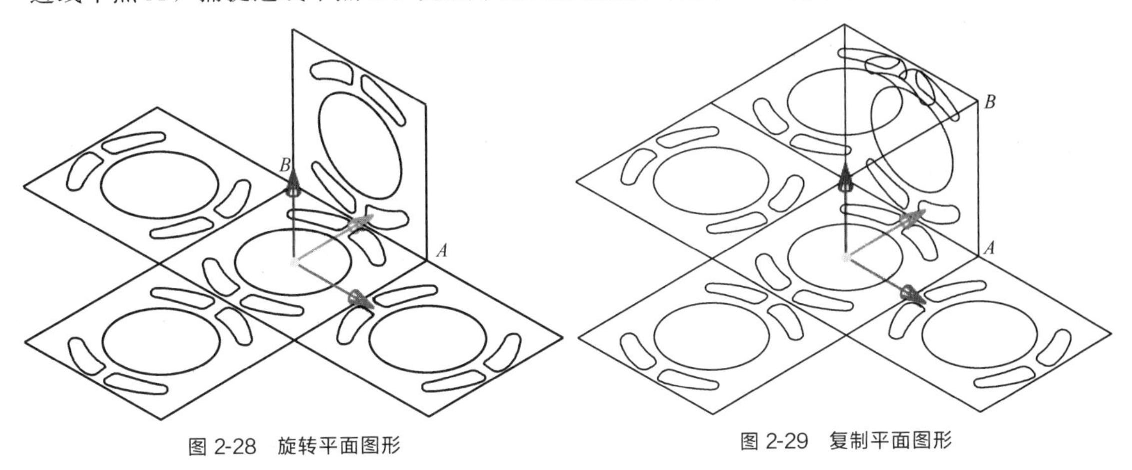

图 2-28 旋转平面图形

图 2-29 复制平面图形

⑧ 同理，单击“旋转曲线”按钮，完成其它平面图形的旋转，如图 2-30 所示。

⑨ 打开曲面功能区，在曲面编辑面板上，单击“填充面”按钮，依次拾取一面的正方形轮廓线，单击“确定”按钮退出，完成平面填充，然后单击“裁剪”按钮，单击填充面作为目标平面，然后单击圆或者圆弧零件，单击保留平面，确定退出完成曲面裁剪。同理，完成其它面的填充和裁剪，如图 2-31 所示。镂空盒裁剪面的拷贝及移动也可以用三维球工具来做。

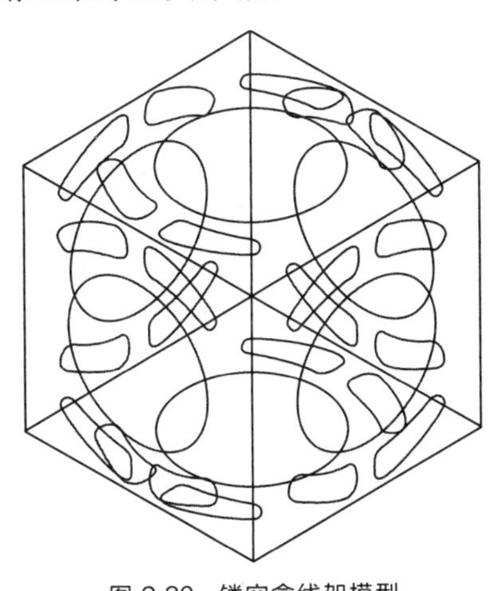

图 2-30 镂空盒线架模型

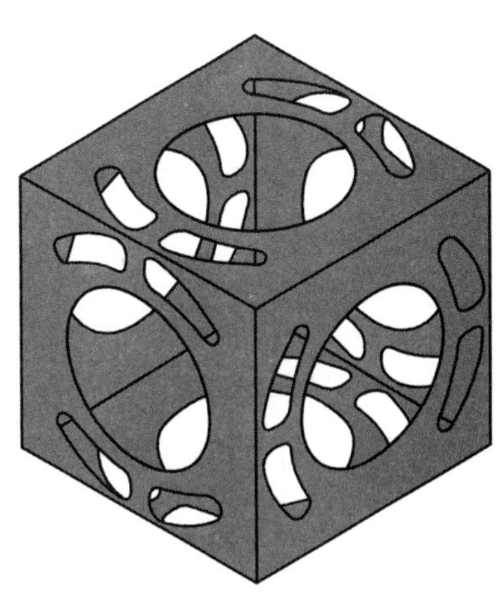

图 2-31 镂空盒曲面模型

四、素质拓展

在日常生活中，镂空装饰艺术在建筑设计、产品设计、服装设计、园林景观等领域都有应用，既呈现出视觉上的美感，又表现了传统文化的内涵和独特的美学意境。

镂空是我国具有悠久历史的工艺制作技法之一，又称打孔、开窗等，在民间服装、园艺、首饰、陶瓷、园林景观等方面中有着诸多应用。伴随新技术和新材料的出现，现代产品设计的方法和形态发生较大变化，典型的表现在传统产品设计的外观表现形式变成功能性深化和拓展的设计。镂空艺术作为传统工艺的外观表现形式，在现代产品设计中利用镂空工艺的特点，把镂空艺术从视觉效果中解放出来，从材料节约、功能优化方面考虑镂空艺术的应用。融合了镂空艺术的传统器具包含了艺术、宗教、哲学、民俗等人文因素，是自然与情感相结合的产物，具有丰富的文化内涵与精神寓意。随着产品设计的不断发展，传统的艺术表现手法在新产品设计中将会有新的意义。

经验积累

① 在 XOY 平面和 XOZ 平面中，角度是指与 X 轴正向的夹角。在 YOZ 平面中，角度是指与 Y 轴正向的夹角。逆时针方向为角度正值，顺时针方向为角度负值。

② 初学者在上机操作时，应以工具栏“图标”输入命令为主，并应时刻注意“命令行”给出的提示，可提高绘图效率。

③ 灵活利用鼠标中键缩放功能，对复杂的局部图形放大后，能更方便地进行绘制、编辑操作。

项目总结

本项目主要介绍 CAXA CAM 制造工程师 2022 软件的三维曲线绘制功能、基本绘制功能、高级绘制功能和曲线编辑修改功能，在曲面造型和实体造型中，绘制和编辑三维曲线是最基本的点、线的绘制，是线架造型、曲面造型和实体造型的基础，所以该部分内容应熟练掌握。在使用曲线编辑功能时，要注意利用空格键进行工具点的选择和使用，利用好这些功能键，可以大大地提高设计绘图效率。应注意总结操作经验，树立作图的基本思维方法，尽量简化作图过程，不断提高图形分析、曲线绘制和编辑能力，同时在实践中，学会感恩祖国，继承和感受中国优秀传统文化，提高思想品德水平、人文素养和认知能力。

项目考核

① 绘制如图 2-32 所示的平面图形。

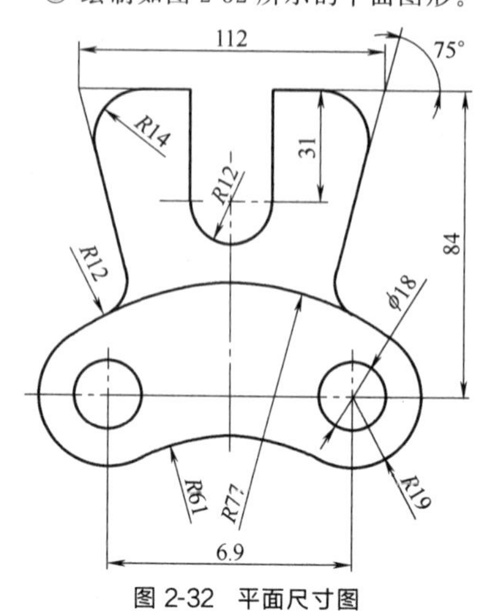

图 2-32 平面尺寸图

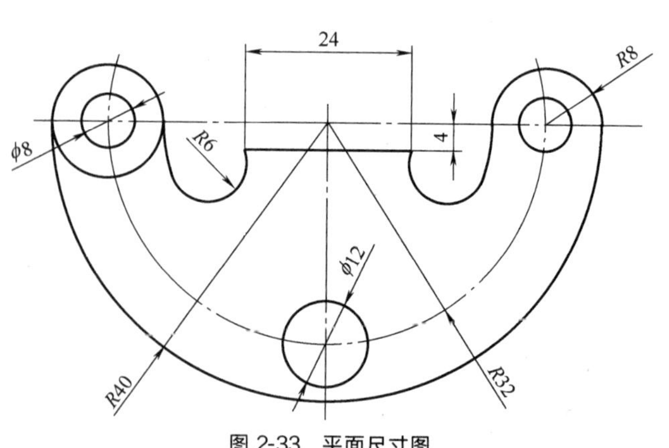

图 2-33 平面尺寸图

② 绘制如图 2-33 所示的平面图形。

③ 绘制如图 2-34 所示直角弯管的三维线架图形。

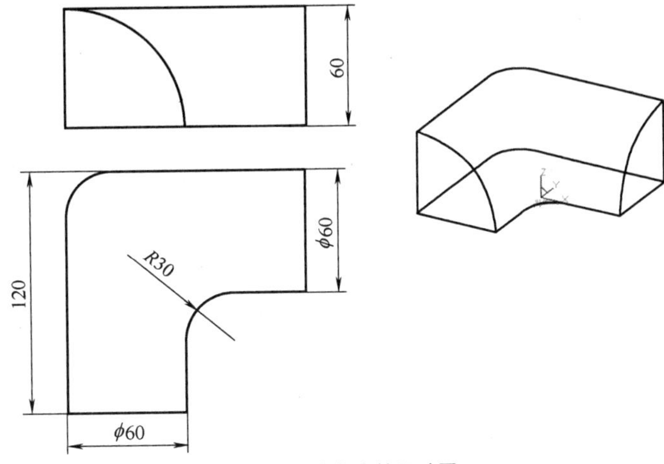

图 2-34　直角弯管尺寸图

④ 根据图 2-35 所示的三视图，绘制其线架立体图。通过该图的练习，初步掌握线架造型的方法与步骤。

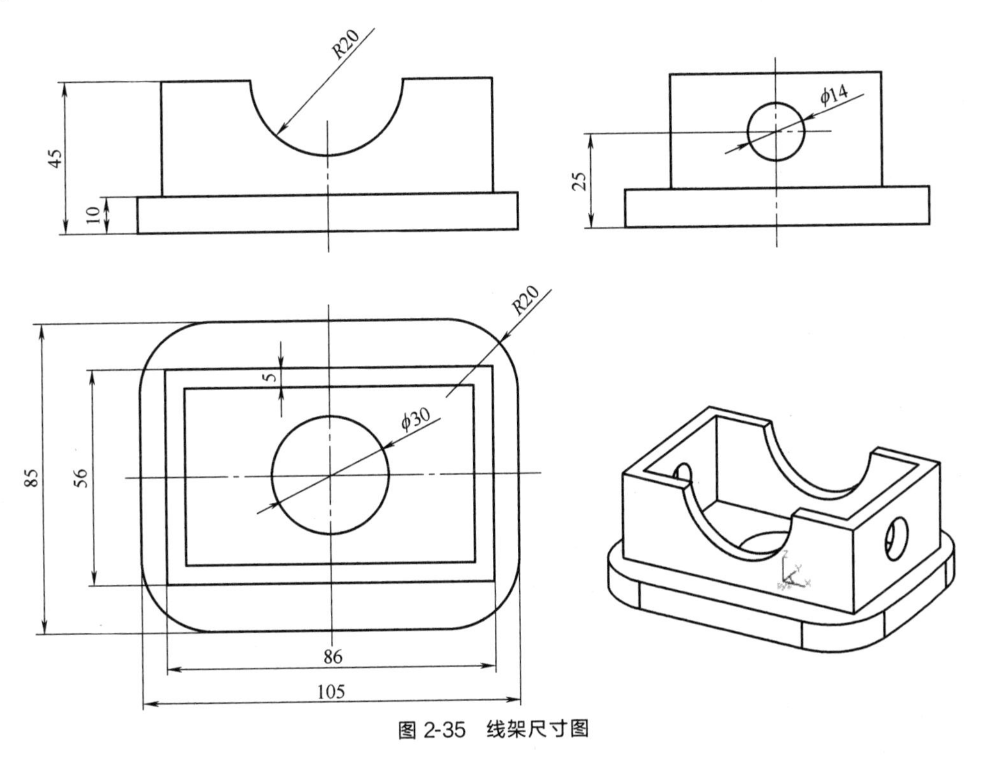

图 2-35　线架尺寸图

项目三

CAXA CAM制造工程师2022曲面造型及编辑

曲面造型是使用各种数学曲面方式表达三维零件形状的造型方法。随着计算机计算能力的不断提升和曲面模型化技术的进步，现在CAD/CAM系统使用曲面已经能够完整准确地表现一个特别复杂零件的外形，如汽车、飞机、金属模具、塑料模具等的复杂外形。CAXA制造工程师提供了丰富的曲面造型手段，构造完决定曲面形状的关键线框后，就可以在线框基础上，选用各种曲面的生成和编辑方法，在线框上构造所需定义的曲面来描述零件的外表面。本项目通过创建天圆地方、五连环、昆氏曲面、鸟巢曲面造型，介绍曲面造型和编辑的方法，重点介绍直纹面、填充面、网格面、导动面、曲面裁剪、三维球应用等曲面生成及编辑方法。

◎育人目标

• 通过创建模仿国家体育场（鸟巢）实体造型，教育引导学生培育和践行社会主义核心价值观，踏踏实实修好品德，成为有大爱大德大情怀的人。

• 通过创建天圆地方、五连环、昆氏曲面、鸟巢曲面造型，激发学生的学习兴趣，调动学生主动学习的积极性，引导学生深入了解中华优秀传统文化深厚的历史底蕴，感悟民族情怀、深化爱国意识，增强民族文化自信。

◎知识目标

• 掌握直纹面、旋转面、填充面、导动面、网格面等曲面生成的方法。

• 掌握曲面的常用编辑命令及操作方法，构建各种复杂曲面模型。

• 掌握三维球的使用方法，并能灵活运用。

◎能力目标

• 培养曲面造型设计及创新能力。

• 通过创建五连环、鸟巢曲面造型，培养学生树立学以致用理念、厚植爱国敬业情怀、弘扬大国工匠精神，提升学生的文化自信心和民族自豪感。

• 通过创建天圆地方、昆氏曲面模型，培养学生的科学思维，建立正确的科学观和唯物主义世界观。

任务一　天圆地方曲面造型

一、任务引入

天与圆象征着运动，地与方象征着静止；两者的结合则是动静互补。天圆地方的美好寓意是体现出人们一边追求发展，一边希望一切和平稳定，生活才能和谐。本任务是绘制图 3-1 所示的天圆地方曲面造型。

天圆地方曲面造型

二、任务分析

天圆地方曲面造型主要由三维曲线和直纹面组成，可以利用 CAXA CAM 制造工程师 2022 中的直纹面绘制方法来完成造型，主要应用三维曲线、直纹面、填充面、三维球、曲面实体化、抽壳等功能来完成。

三、任务实施

① 打开三维曲线选项卡，单击“三维曲线”按钮，在绘制功能区面板上，单击“圆”按钮，选择“圆心-半径”方式，输入圆心坐标（0，0，30），输入圆半径 15，回车确定退出，完成圆的绘制。

② 在绘制功能区面板上，单击“矩形”按钮，在属性菜单中，选择“中心定位”方式，输入长度 40，宽度 40，捕捉坐标中心点，回车确定退出，完成正方形的绘制，如图 3-2 所示。

③ 在修改功能面板上，单击“裁剪”图标，单击裁剪不需要的线，结果如图 3-3 所示。

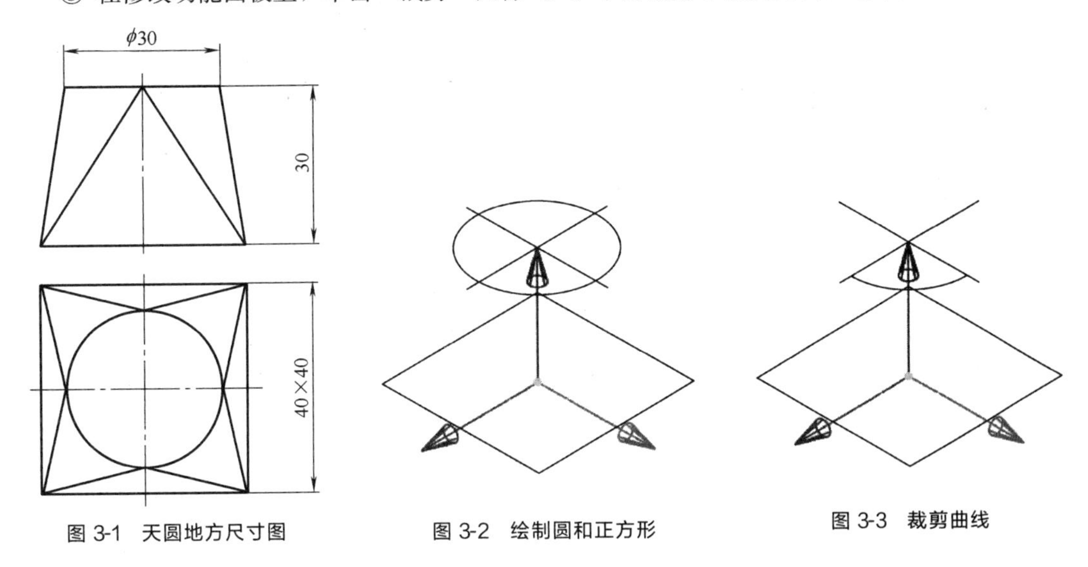

图 3-1 天圆地方尺寸图　　图 3-2 绘制圆和正方形　　图 3-3 裁剪曲线

④ 打开曲面功能区，在曲面面板上，单击“直纹面”按钮，在属性对话框中，类型选择曲线-点，先拾取曲线，再拾取点，单击“确定”按钮退出，完成一个直纹面创建，同理完成另一个直纹面创建，结果如图 3-4 所示。

⑤ 在设计管理树中，按住 Shift 键，选择两个直纹面零件，单击上面标题栏中的“三维球”按钮，打开三维球，或者按 F10 打开三维球，如图 3-5 所示。

⑥ 按下空格键使三维球与图素分离，移动鼠标到三维球中心位置，单击右键，从弹出的菜单中选择编辑位置，在弹出的编辑中心位置对话框中输入长度 0，宽度 0，高度 0，单击确定退出对话框，完成三维球中心位置的移动。

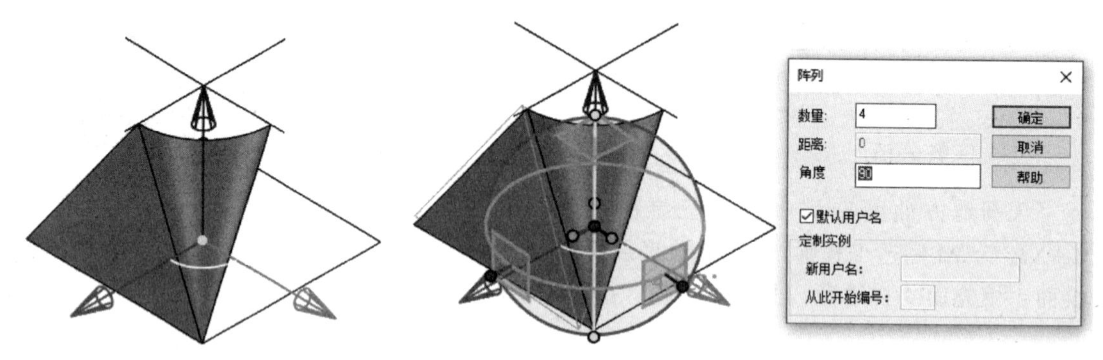

图 3-4 绘制直纹面　　图 3-5 阵列曲面设置

⑦ 按下空格键使三维球重新附着图素对象，单击竖直方向的外控制手柄，移动鼠标到三维球内侧，出现手形时，按住鼠标右键，用右键拖动旋转，松开右键弹出快捷菜单，选择“生成圆形阵列”，出现对话框，如图 3-5 所示，在对话框文本框中输入数量 4 和角度 90，确定即可完成两曲面的阵列，如图 3-6 所示。

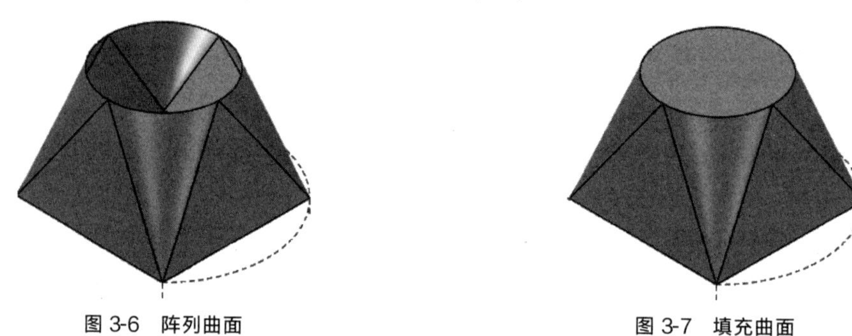

图 3-6 阵列曲面　　图 3-7 填充曲面

⑧ 打开曲面功能区，在曲面编辑面板上，单击“填充面”按钮，依次拾取圆的轮廓曲线，单击“确定”按钮退出，完成一个圆的平面填充，同理完成下面正方形的平面填充，结果如图 3-7 所示。

⑨ 在曲面编辑面板上，单击“实体化”按钮，拾取所有曲面，单击“确定”按钮退出，完成曲面实体化操作。

⑩ 在特征功能区修改面板上，单击“抽壳”按钮，在属性菜单中选择抽壳类型为内部，输入抽壳厚度 2，拾取天圆地方上面和下表面，单击确定退出，完成天圆地方实体抽壳造型，如图 3-8 所示。在显示功能区，利用渲染功能完成天圆地方实体零件的渲染，结果如图 3-9 所示。

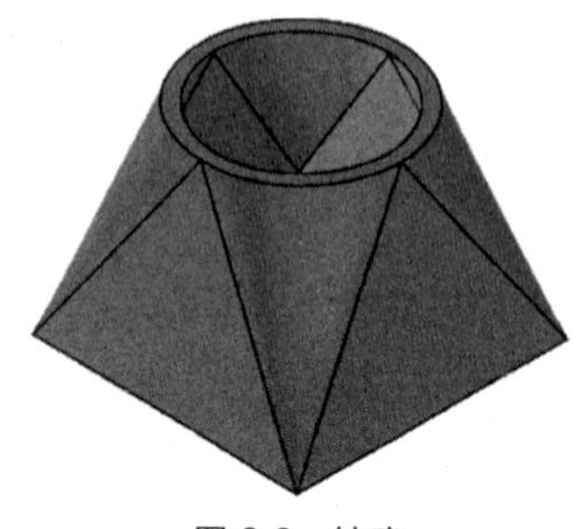

图 3-8 抽壳

图 3-9 渲染实体

四、素质拓展

“天圆地方”不是地平说，而是中国古代的一种哲学思想。天与圆象征着运动；地与方象征着静止；两者的结合则是动静互补。“天圆地方”的设计理念，在中国古代及现代建筑、货币等方面均有表现，例如天坛与地坛、四合院、怀恩堂、方孔圆钱等。这些“天圆地方”的图案与结构，把传统文化和时代精神巧妙地融为一体，体现出中国传统哲学理念的历史厚重感，传达出包容、自然、互融互通的文化古韵和人情韵味。

任务二　奥运五连环曲面造型

一、任务引入

奥林匹克会旗为白色、无边，中央有 5 个互相套连的圆环，颜色自左至右依次为蓝、黄、黑、绿、红。5 个环象征五大洲的团结和全世界的运动员以公平的比赛和友谊的精神在奥运会上相聚。本任务是绘制如图 3-10 所示的五连环曲线造型。

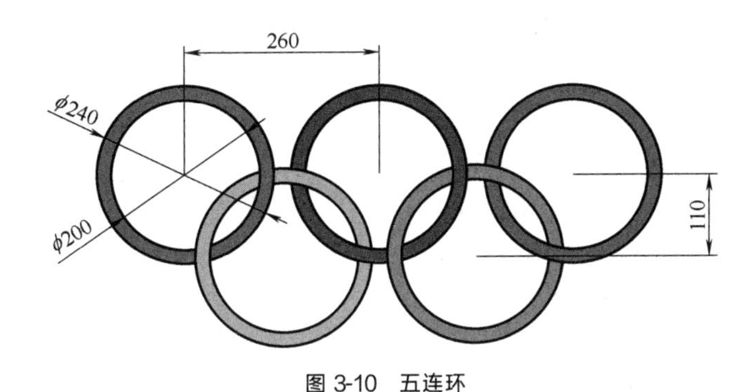

图 3-10　五连环

五连环曲面造型

二、任务分析

五连环主要由圆曲线组成，可以利用 CAXA CAM 制造工程师 2022 中的圆曲线绘制方法来完成造型，主要应用三维曲线、填充面、平移复制、裁剪、三维球、设计元素库等功能。

三、任务实施

① 打开三维曲线选项卡，单击“三维曲线”按钮，在绘制功能区面板上，单击“圆”按钮，选择圆心-半径方式，捕捉坐标中心点，输入圆半径 120，再输入圆半径 100，回车确定退出，完成同心圆的绘制。

② 单击“移动曲线”按钮，单击选择同心圆，捕捉坐标中心点为第一点，输入坐标（260，0），完成同心圆的复制；同理在坐标（520，0）、（130，－110）、（390，－110）复制同心圆，单击完成，结束三维曲线绘制，结果如图 3-11 所示。

③ 在修改功能面板上，单击裁剪图标 ，单击裁剪不需要的线，结果如图 3-12 所示。

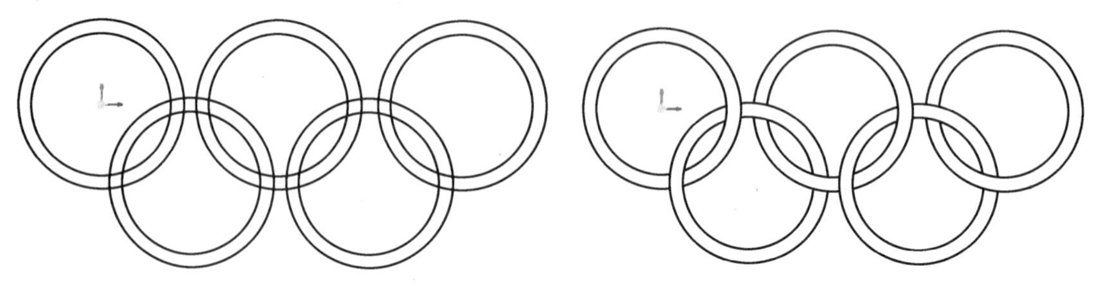

图 3-11 绘制五个同心圆　　图 3-12 绘制五连环

④ 利用裁剪等功能将每个环分开成封闭区域，便于填充平面，上面三环位置不变。

⑤ 打开曲面功能区，在曲面编辑面板上，单击“填充面”按钮 ，依次拾取圆环的轮廓曲线，单击“确定”按钮 退出，完成一个圆环的平面填充，同理，完成其它圆环的平面填充，结果如图 3-13 所示。

⑥ 在设计元素库中选择颜色图素，选中要填充的颜色图素，拖入圆环的封闭区域，如图 3-4 所示。

⑦ 选择黄色圆环零件，单击上面标题栏中的“三维球”按钮 ，打开三维球，或者按 F10 打开三维球。按空格键让三维球脱离图素后，拖拉三维球中心点到圆环中心位置，按空格键让三维球附着图素，右键点击三维球的中心，然后从弹出的菜单中选择编辑位置，在弹出的编辑中心位置对话框中输入长度 130，宽度－110，高度 0，单击确定退出对话框，完成圆环零件的中心位置移动。同理，将两个绿色圆环零件，移到坐标（390，－110，0）的位置。结果如图 3-14 所示。

图 3-13 五连环着色　　图 3-14 五连环

四、素质拓展

奥林匹克标志最早是根据 1913 年顾拜旦的提议设计的，起初国际奥委会采用蓝、黄、黑、绿、红色作为五环的颜色，是因为它能代表当时国际奥委会成员国国旗的颜色。1914 年在巴黎召开的庆祝奥运会复兴 20 周年的奥林匹克全会上，顾拜旦先生解释了他对标志的设计思想："五环——蓝、黄、绿、红和黑环，象征世界上承认奥林匹克运动，并准备参加奥林匹克竞赛的五大洲。第六种颜色白色——旗帜的底色，意指所有国家都毫无例外地能在自己的旗帜下参加比赛。"因此，作为奥运会象征、相互环扣一起的 5 个圆环，便体现了顾拜旦提出的可以吸收殖民地民族参加奥运会、为各民族间的和平事业服务的思想。

奥运五环的颜色：蓝、黄、黑、绿和红色开始成为五大洲的象征，随着时间的推移和奥林匹克运动的发展变化，对奥林匹克标志的阐释也出现了变化。根据 1991 年的最新版的《奥林匹克宪章》"奥林匹克标志"词条的附则补充解释，奥林匹克旗和五环的含义，不仅象征五大洲的团结，而且强调所有参赛运动员应以公正、坦诚的运动员精神在比赛场上相见。

任务三　昆氏曲面造型

一、任务引入

昆氏曲面，英文 coons 曲面，是由一个或多个用四条边界曲线定义的网格通过熔接的方式而形成的。有两种选取串连的方式用来定义曲面的曲面片：自动串连方式和手动串连方式。昆式曲面已广泛用于汽车、轮船和飞机机身，以及各种模具和模型的设计和造型中。本任务是绘制如图 3-15 所示的昆氏曲面造型。

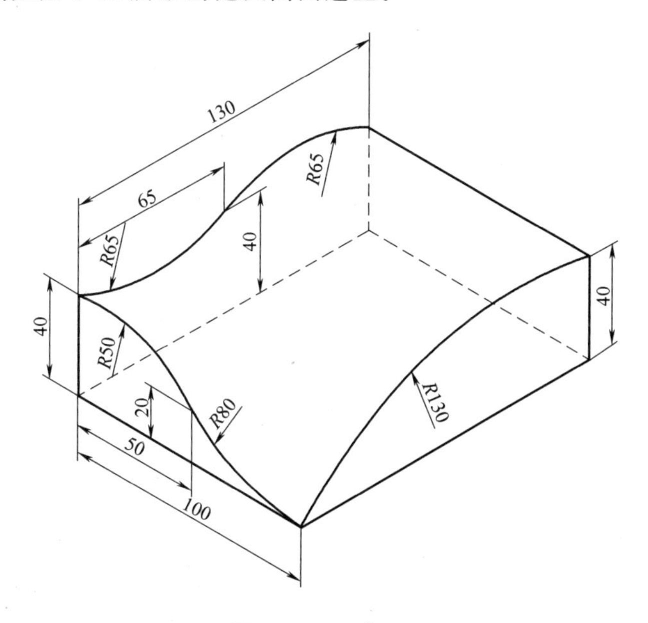

图 3-15　昆氏曲面图

二、任务分析

曲面造型是指在产品设计中对于曲面形状产品外观的一种建模方法。在构建昆氏曲面时，注意绘制线架时曲线不能重叠，定义好引导方向和截面方向，正确地计算出昆氏曲面的网格数，在选择时要注意同种类型方向图素选择的位置和箭头方向要保持一致。本任务昆氏曲面比较简单由纵横四个边组成，可以利用 CAXA CAM 制造工程师 2022 中的三维曲线、填充面等功能来完成。

三、任务实施

昆氏曲面造型

① 打开三维曲线选项卡，单击“三维曲线”按钮，在绘制功能区面板上，单击“矩形”按钮，在属性菜单中，选择中心定位方式，输入长度 100，宽度 130，捕捉坐标中心点，回车确定退出，完成矩形的绘制。

② 在绘制功能区面板上，单击“直线”按钮，按 F6 键切换坐标面，单击选择正交方式，在正交状态下，绘制高度 40 的直线，如图 3-16 所示。再按 F7 键将作图坐标面切换到 *XOZ* 面，绘制高度 20 的辅助线，如图 3-17 所示。

③ 按 F6 键切换坐标面，在绘制面板上，单击“圆弧”按钮，用两点半径方式画圆弧，捕捉圆弧两端点，输入半径 130，完成 *R*130 圆弧绘制，同理完成 *R*65 的两圆弧绘制，如图 3-18 所示。再按 F7 键切换坐标面，绘制 *R*50 和 *R*80 两圆弧，如图 3-19 所示。

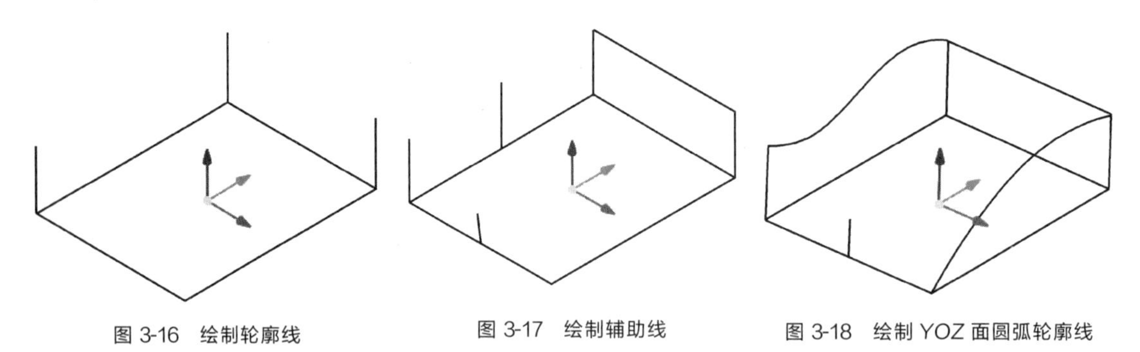
图 3-16　绘制轮廓线　　图 3-17　绘制辅助线　　图 3-18　绘制 YOZ 面圆弧轮廓线

④ 打开曲面功能区，在曲面编辑面板上，单击“填充面”按钮，依次拾取轮廓曲线，单击“确定”按钮退出，完成一个多边形的平面填充，同理，分别完成其它多边形的平面填充，结果如图 3-20 所示。单击“填充面”按钮，依次拾取上部的轮廓曲

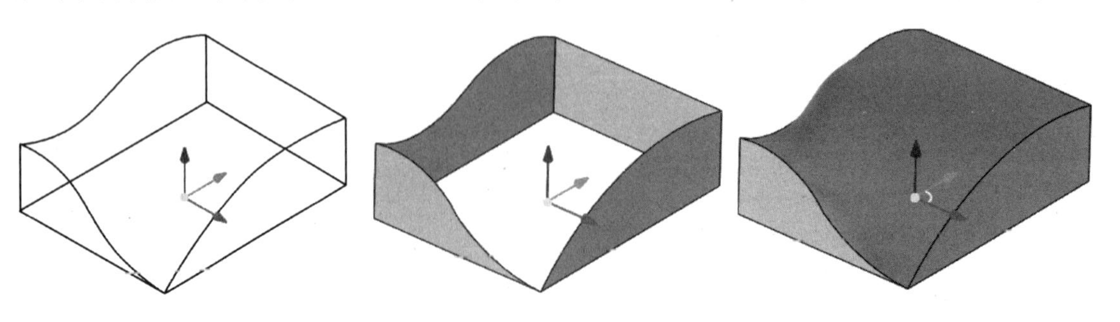
图 3-19　绘制 XOZ 面圆弧轮廓线　　图 3-20　绘制四周填充面　　图 3-21　绘制上部填充面

线，单击“确定”按钮✓退出，完成上部多边形的平面填充，如图 3-21 所示。

四、素质拓展

胡胜，1974 年出生，是中国电子科技集团公司第十四研究所数控车工，高级技师、班组长。先后荣获全国数控技能大赛职工组数控车第一名、全国五一劳动奖章、全国技术能手、中华技能大奖。从一名职业高中毕业生成长为全国技术能手，享受国务院政府特殊津贴，胡胜在车床上诠释着精益求精、追求完美极致的工匠精神。

2009 年国庆阅兵仪式上，我国自行研制的大型预警机首次亮相，机身上方安装的雷达成为万众瞩目的焦点。这个雷达关键零部件的加工生产，是由胡胜带领团队完成的。其实，胡胜和同事们平时工作时，并不知道所加工的零部件是干什么用的。“我们的工作，就是按照图纸要求进行零部件加工。”用电脑设定好程序，通过数控车对金属进行雕刻，做成各种精致的零件，被称为“在金属上进行雕刻的艺术”。

创新离不开天马行空的磅礴才气，也需要脚踏实地的匠心独具。胡胜用精湛的技艺、专注的精神，几十年如一日地为我国尖端科技项目贡献力量。他的工匠精神也引领更多人沉下心，坚守内在、坚守创造，让认真、敬业、执着、创新成为职业追求。

任务四　鸟巢曲面造型

一、任务引入

国家体育场（鸟巢）位于北京奥林匹克公园中心区南部。体育场的形态如同孕育生命的“巢”和摇篮，寄托着人类对未来的希望。本任务是绘制如图 3-22 所示的模仿鸟巢曲面造型。

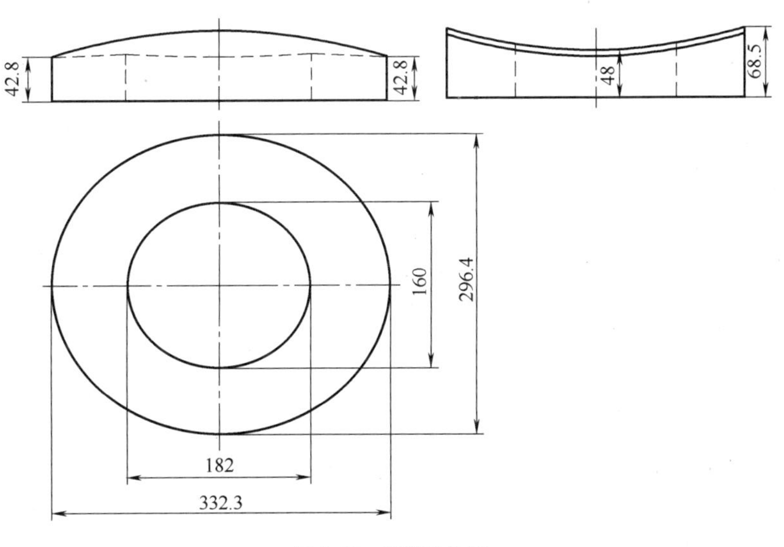

图 3-22　鸟巢零件图

二、任务分析

鸟巢一丝一丝的设计灵感来自于中国传统的镂空雕刻技术，中国剪纸雕花的手艺一直是珍贵的非物质文化遗产，这种设计理念在这里得以体现，显得鸟巢有很深的文化底蕴。本任务是创建鸟巢曲面造型，鸟巢由椭圆曲面组成，可以利用 CAXA CAM 制造工程师 2022 中的三维曲线、设计元素库、平移复制、导动面、曲面剪裁、抽壳等功能来完成。

三、任务实施

鸟巢曲面造型

① 从设计库中拖一个椭圆柱体，通过编辑包围盒将尺寸改为长 332.3，宽度 296.4，高度 68.5，如图 3-23 所示。利用三维球将椭圆柱体移到坐标中心位置，如图 3-24 所示。

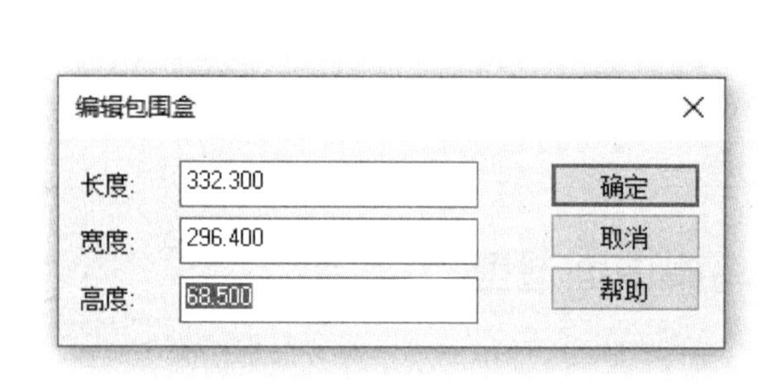

图 3-23 编辑包围盒

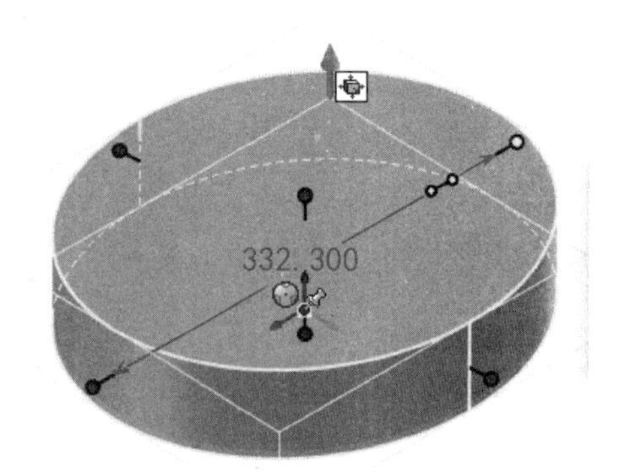

图 3-24 创建椭圆柱体

② 从设计库中拖一个孔类椭圆柱体，通过编辑包围盒将尺寸改为长度 182，宽度 160，高度 70，如图 3-25 所示。利用三维球将孔类椭圆柱体移到坐标中心位置，如图 3-26 所示。

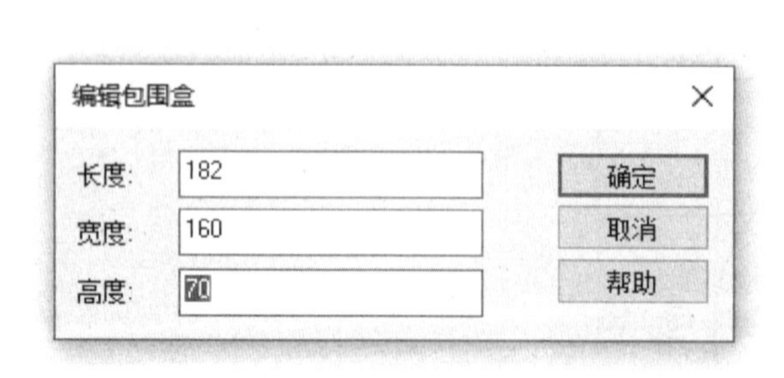

图 3-25 编辑包围盒

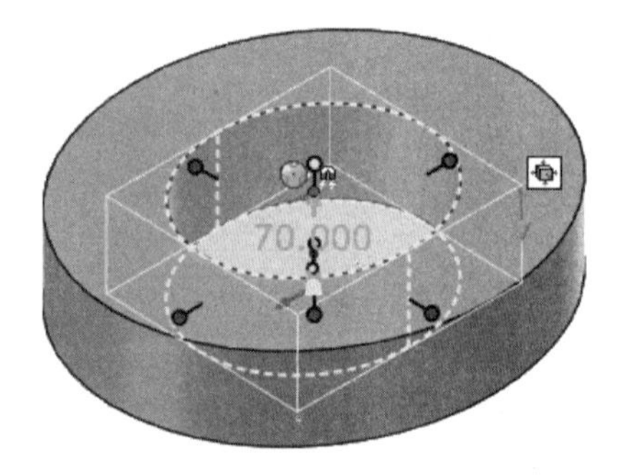

图 3-26 创建孔类椭圆柱体

③ 在左侧的设计树中，右键单击椭圆柱体零件，在弹出的立即菜单中，选择压缩，压缩零件将不显示，也不参加其它运算。

④ 打开三维曲线选项卡，单击“三维曲线”按钮，在绘制功能区面板上，单击“直线”按钮，选择水平/垂直，绘制长度为 335 的水平线，宽度为 300 的垂线，然后

用两点线方式，在水平线两端绘制高度为 68.5 的直线，在垂线两端绘制高度为 42.8 的直线，中心坐标位置绘制高度为 48 的直线，如图 3-27 所示。

⑤ 在绘制面板上，单击“圆弧”按钮，选择三点画圆弧方式，捕捉水平方向的三条竖线上端点，完成圆弧曲线的绘制，如图 3-28 所示。同理完成垂线方向上的圆弧曲线的绘制，如图 3-29 所示。

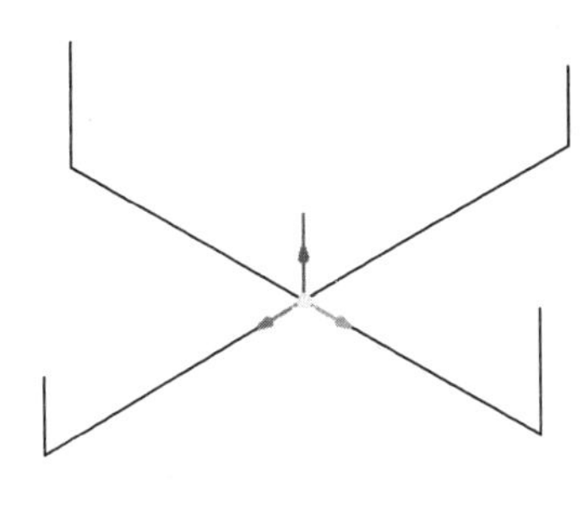

图 3-27 绘制直线

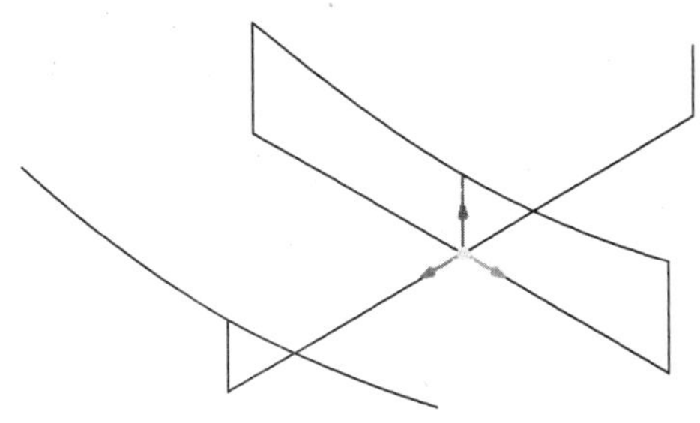

图 3-28 绘制圆弧线

⑥ 在绘制面板上，单击“移动曲线”按钮，选择垂线方向圆弧曲线，捕捉坐标中心点，捕捉左边水平方向直线端点，完成圆弧曲线的平移，如图 3-29 所示。

⑦ 单击曲面功能区，在曲面面板上，单击“导动面”按钮，类型选择平行导动，单击拾取垂线方向圆弧截面线，拾取水平方向的圆弧导动线，单击“确定”按钮退出，完成导动面的创建，如图 3-30 所示。

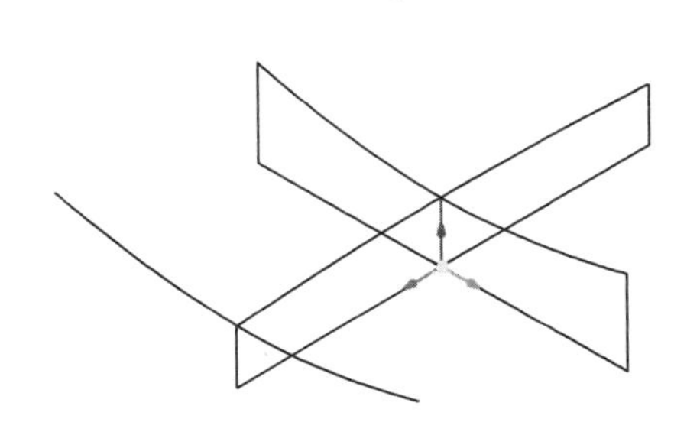

图 3-29 绘制垂线方向上的圆弧线

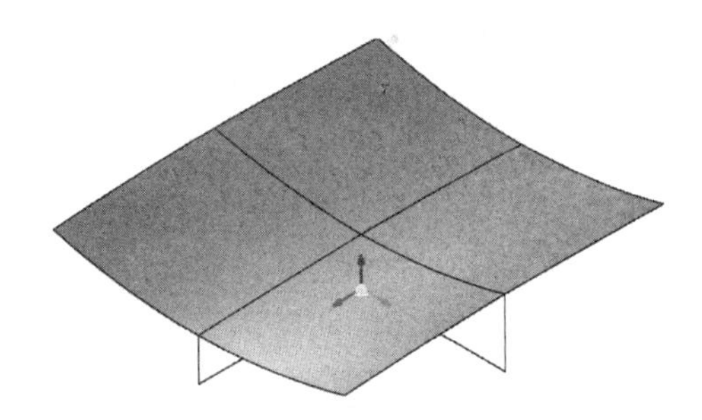

图 3-30 创建扫描面

⑧ 解压椭圆柱体零件。在曲面面板上，单击“裁剪”按钮，单击曲面剪裁属性设置，如图 3-31 所示。拾取椭圆柱体，拾取元素曲面作为裁剪工具，单击“确定”按钮退出，完成曲面裁剪操作，如图 3-32 所示。

⑨ 打开特征功能区，在修改面板上，单击“抽壳”按钮，在属性菜单中选择抽壳类型为内部，输入抽壳厚度 4，如图 3-33 所示。拾取鸟巢实体的下面和内面作为开放面，如图 3-34 所示。单击确定退出，完成鸟巢实体抽壳造型，如图 3-35 所示。

⑩ 打开特征功能区，在修改面板上，单击“圆角过渡”按钮，在左侧的属性对话框中，选择“等半径”，输入过渡半径 2，拾取鸟巢实体上边线，完成圆角过渡，如图 3-36 所示。

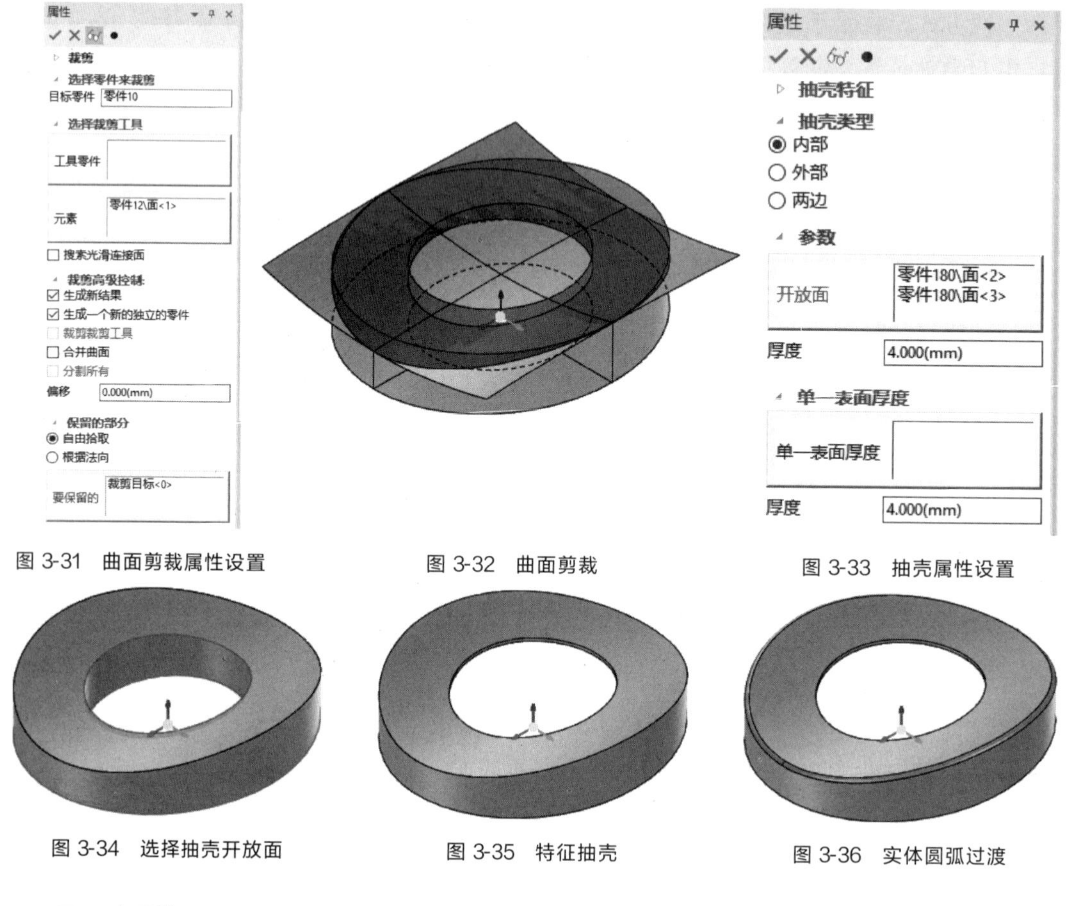

图 3-31 曲面剪裁属性设置

图 3-32 曲面剪裁

图 3-33 抽壳属性设置

图 3-34 选择抽壳开放面

图 3-35 特征抽壳

图 3-36 实体圆弧过渡

四、素质拓展

国家体育场（鸟巢）位于北京奥林匹克公园中心区南部，为 2008 年北京奥运会的主体育场，占地 $20.4\times10^4\text{m}^2$，建筑面积 $25.8\times10^4\text{m}^2$，可容纳观众 9.1 万人。奥运会后成为北京市民参与体育活动及享受体育娱乐的大型专业场所，并成为地标性的体育建筑和奥运遗产。

体育场由雅克·赫尔佐格、皮埃尔·德梅隆、李兴钢等设计，外形结构主要由巨大的门式钢架组成，共有 24 根桁架柱。国家体育场建筑顶面呈鞍形，长轴为 332.3m，短轴为 296.4m，最高点高度为 68.5m，最低点高度为 42.8m。体育场的形态如同孕育生命的“巢”和摇篮，寄托着人类对未来的希望。

经验积累

① 在创建“直纹面”时，要注意在同侧拾取截面线，并注意曲线拾取箭头方向一至，否则就会形成扭曲交叉曲面。

② 作放样面时，导动线必须和放样面截面有交点才能操作成功。

③ 在作双导动面时，在两根截面线之间进行导动时，拾取两根截面线时应使得它们方向一致，否则曲面将发生扭曲。

项目总结

本项目通过创建天圆地方、五连环、昆氏曲面、鸟巢曲面造型的任务，主要介绍曲面造型和编辑的方法，重点掌握直纹面、填充面、边界面、导动面、曲面裁剪、三维球应用等曲面生成编辑的方法，树立作图的空间思维概念，弘扬中华民族的优秀传统文化，培养学生的理性思维和正确的价值观。

项目考核

① 按如图 3-37 所示给定的尺寸，用曲面造型方法生成鼠标三维图形。样条曲线型值点坐标为：(−70，0，20)、(−40，0，25)、(−20，0，30)、(35，0，15)。

② 完成如图 3-38 所示的可乐瓶底曲面造型，可乐瓶底曲面造型和凹模型腔造型，如图 3-39 所示。

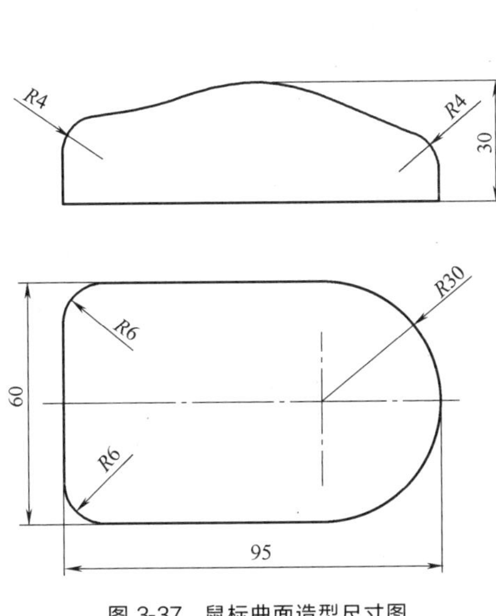

图 3-37　鼠标曲面造型尺寸图

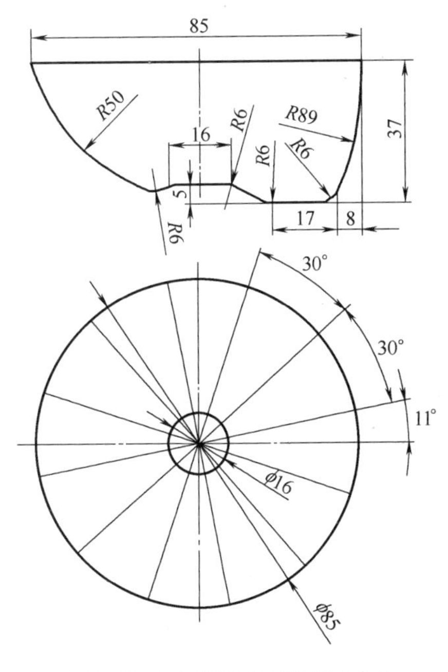

图 3-38　可乐瓶底曲面模型尺寸图

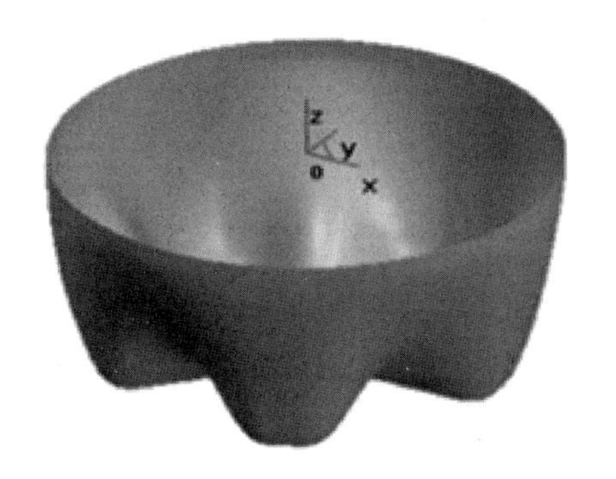

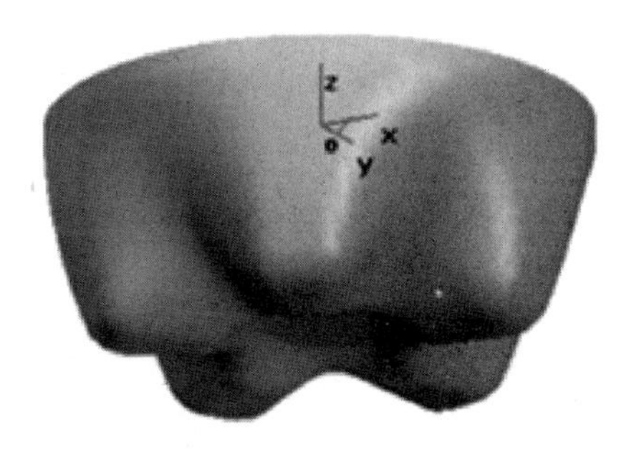

图 3-39　可乐瓶底曲面造型和凹模型腔造型

③ 按如图 3-40 所示给定的尺寸，创建其曲面造型。

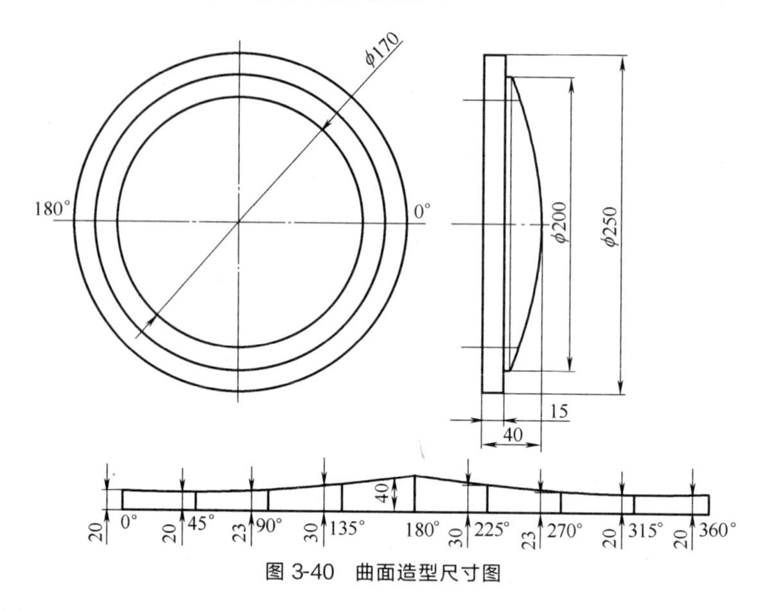

图 3-40 曲面造型尺寸图

④ 创建如图 3-41 所示的五角星曲面造型，其中大五角星高度为 15mm。

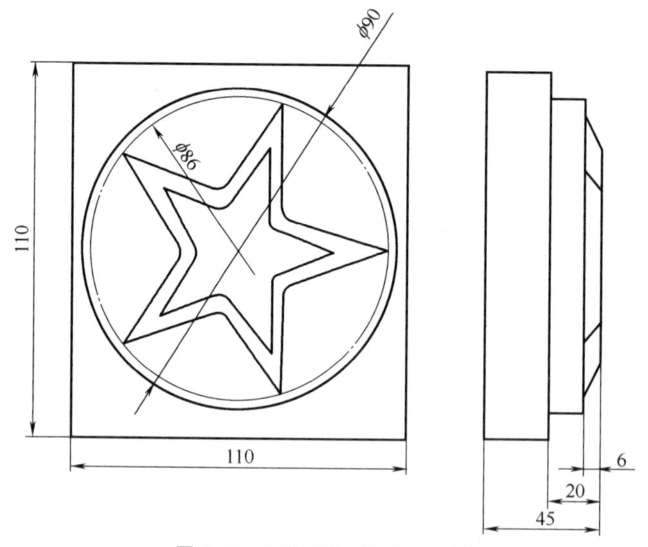

图 3-41 五角星曲面造型尺寸图

项目四

CAXA CAM制造工程师2022实体造型及编辑

实体造型是CAD/CAM软件的发展趋势，CAXA制造工程师软件具有丰富的“实体造型”功能，经过几次升级后，功能日臻完善、易用性更强，通过不断地上机实践，使设计者在进行产品设计时，可以将自己的设计思想，通过软件以三维实体的形式直接加以实现。本项目通过创建鲁班锁、奔驰车标志、篮球、中国象棋棋子实体造型实例，介绍实体造型和编辑的方法，重点介绍拉伸、旋转、扫描、镜像特征、抽壳、布尔运算、设计元素库、三维球等实体造型和编辑功能。

◎育人目标

• 通过创建奔驰车标志实体造型，教育引导学生珍惜学习时光，心无旁骛求知问学，增长见识，丰富学识，沿着求真理、悟道理、明事理的方向前进。

• 通过创建鲁班锁、中国象棋棋子等实体造型，让学生们在实践中感受中华优秀传统文化的魅力，培养学生自觉担当起传承中华美德和中华文化的使命和责任，增加学生文化传承的理性与自觉。

◎知识目标

• 掌握基准平面的构建方法、草图绘制方法。

• 掌握拉伸增料、扫描、镜像特征、抽壳、布尔运算等实体造型方法。

• 掌握并灵活运用设计元素及三维球工具等特征造型方法。

◎能力目标

• 通过创建奔驰车标志实体造型，引导学生勇于思考、乐于探索，培养学生的社会责任感、创新精神和实践能力。

• 通过创建鲁班锁、篮球、中国象棋棋子等实体造型，培养学生实事求是、尊重自然规律的科学精神，培养学生不畏困难、精益求精的工匠精神，引导学生树立科技强国的责任感和使命感。

任务一　鲁班锁实体造型

一、任务引入

鲁班锁，也叫八卦锁、孔明锁，相传是三国时期诸葛孔明根据鲁班的发明，结合八卦玄学的原理发明的一种休闲玩具，曾广泛流传于民间，它起源于中国古代建筑中首创的榫卯结构。近年来又逐渐得到人们的重视，它对放松身心，开发大脑，灵活手指均有好处，是老少皆宜的休闲玩具。本任务是创建尺寸如图 4-1～图 4-3 所示的鲁班锁实体造型。

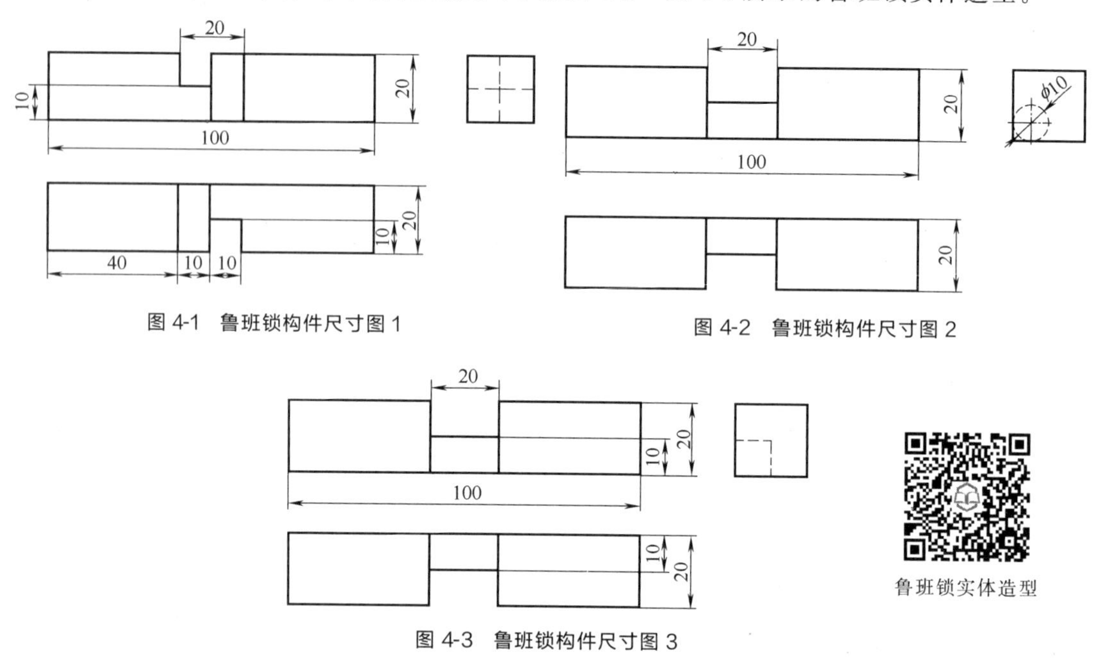

图 4-1　鲁班锁构件尺寸图 1

图 4-2　鲁班锁构件尺寸图 2

图 4-3　鲁班锁构件尺寸图 3

二、任务分析

鲁班锁的种类很多，如四季锁、十二方锁、二十四锁、小菠萝、大菠萝等，鲁班锁看上去简单，其实奥妙无穷，不得要领，很难完成拼合。本任务完成简单的三根鲁班锁实体造型，主要采用设计元素库中长方体图素完成快速造型设计，利用三维球定位及移动功能，完成鲁班锁装配操作。

三、任务实施

① 在创新模式环境下，单击选中设计元素库中的一个长方体图素，按住鼠标左键把它拖到设计环境当中，然后松开鼠标左键。在选中零件上用鼠标左键再单击一次，进入智能图素编辑状态，鼠标移向红色手柄，鼠标变成一个手形和双箭头时，单击右键弹出编辑包围盒对话框，输入要修改的尺寸数据，如图 4-4 所示，单击确定退出编辑包围盒对话框，完成长方体的创建。

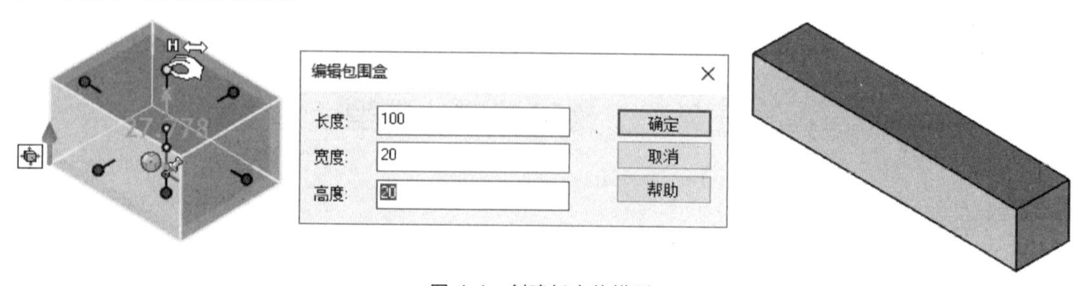

图 4-4　创建长方体模型

② 同理创建一个 10×20×10 的长方体，先单击小长方体，按 F10 键打开三维球，按空格键让三维球脱离图素后，拖拉三维球中心点到长方体左上边的中点位置，按空格键让三维球附着图素，如图 4-5 所示。按住左键拖三维球中心点到大长方体左上边的中点位置，如图 4-6 所示。松开左键，将小长方体移到大长方体指定位置上，如图 4-7 所示。

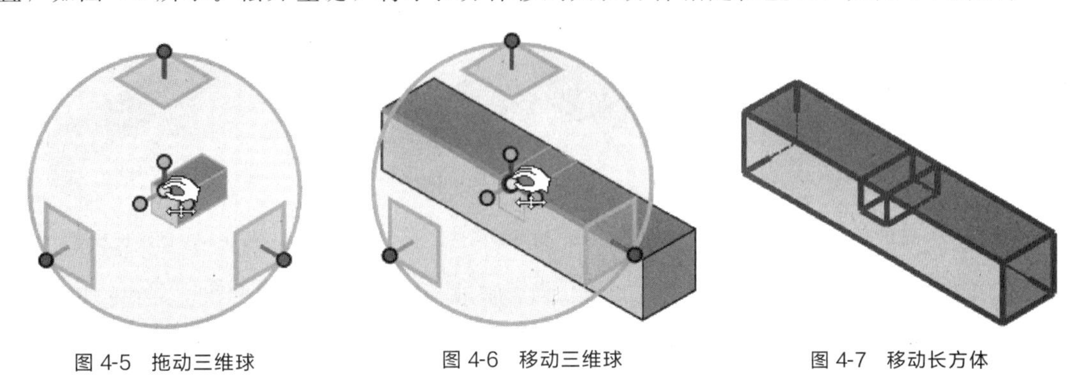

图 4-5　拖动三维球　　图 4-6　移动三维球　　图 4-7　移动长方体

③ 打开特征功能区，单击“布尔运算”按钮 布尔，弹出布尔运算属性对话框，如图 4-8 所示，操作类型选择“减”，单击选择大长方体为主体零件，小长方体为要布尔减的体，单击确定退出，完成两长方体相减运算，结果如图 4-9 所示。

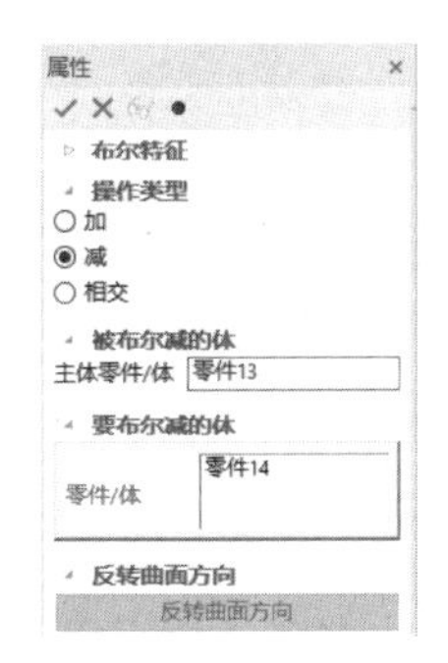

图 4-8　布尔运算属性对话框

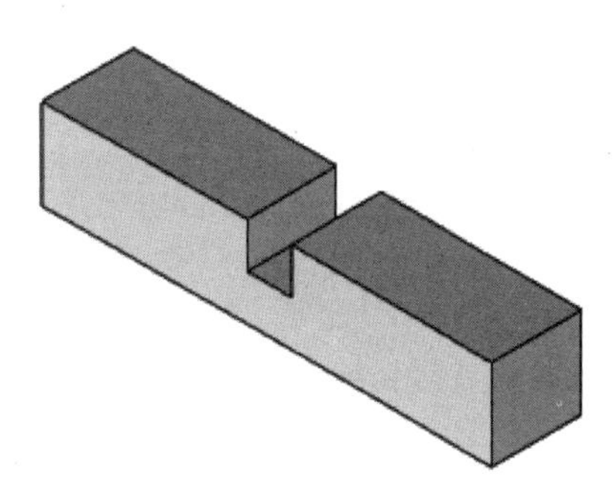

图 4-9　长方体切槽

④ 同理创建一个 10×10×20 的长方体，按住左键拖三维球中心点到大长方体左上边角点位置，如图 4-10 所示。然后利用布尔运算相减功能完成造型，如图 4-11 所示，鲁班锁构件 1 造型如图 4-12 所示。

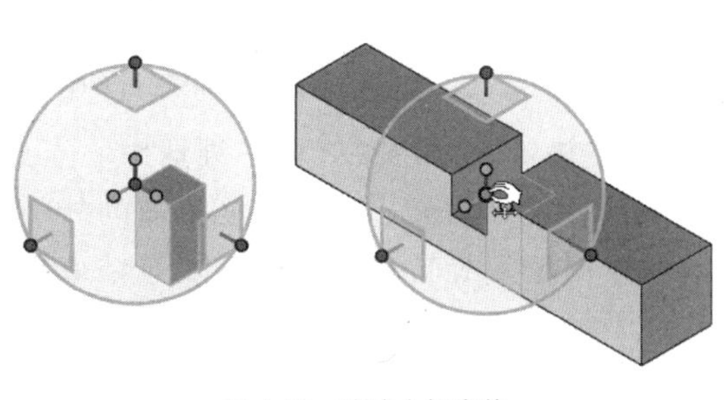

图 4-10　移动小长方体

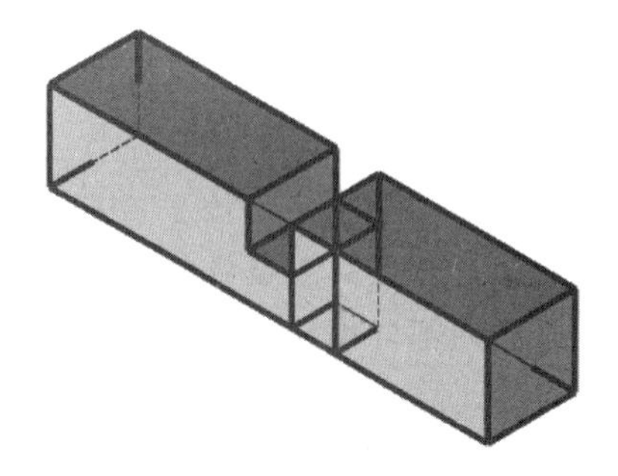

图 4-11　长方体切槽

⑤ 同理制作鲁班锁构件 2 造型，如图 4-13 所示。先创建一个 100×20×20 的长方体，如图 4-14 所示。中间部分利用布尔运算相减功能减去一个 20×20×20 的小长方体，如

图 4-15 所示，再从设计库中拖一个水平圆柱体，通过编辑包围盒将尺寸改为长 100，直径为 10 的圆柱体，利用三维球将圆柱体移到如图 4-16 所示位置，最后通过布尔运算相加功能完成合并，鲁班锁构件 2 造型。

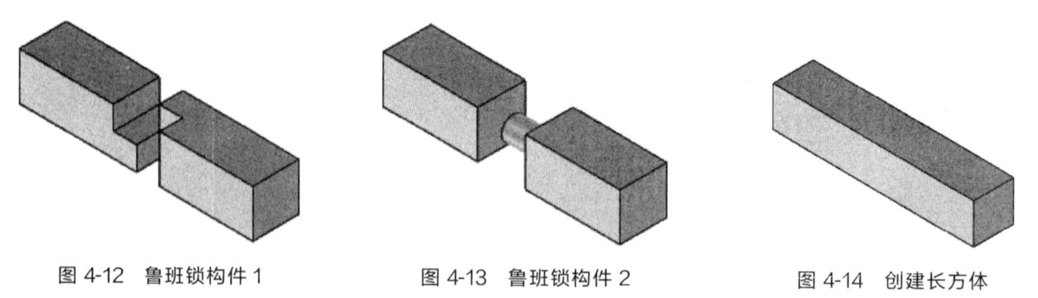

图 4-12　鲁班锁构件 1　　图 4-13　鲁班锁构件 2　　图 4-14　创建长方体

⑥ 同理制作鲁班锁构件 3 造型，如图 4-17 所示。先创建一个 100×20×20 的长方体，如图 4-18 所示。中间部分利用布尔运算相减功能减去一个 20×20×20 的小长方体，如图 4-19 所示，再从设计库中拖一个长方体，通过编辑包围盒将尺寸改为长 100，宽度 10，高度 10，利用三维球将该长方体移到如图 4-20 所示位置，最后通过布尔运算相加功能完成合并，完成鲁班锁构件 3 造型。

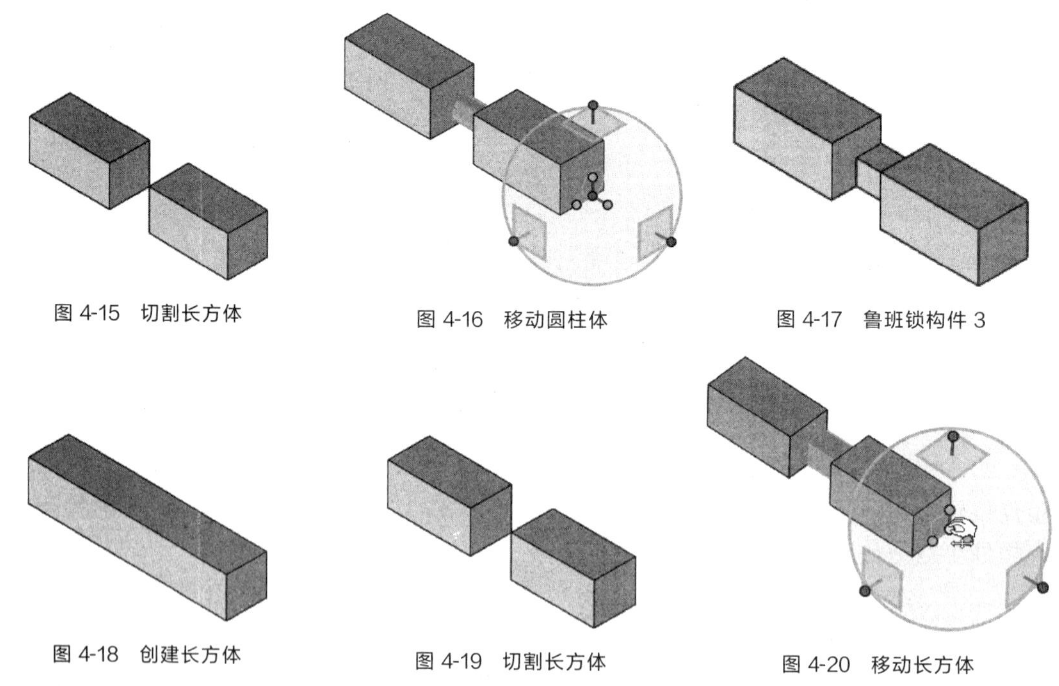

图 4-15　切割长方体　　图 4-16　移动圆柱体　　图 4-17　鲁班锁构件 3

图 4-18　创建长方体　　图 4-19　切割长方体　　图 4-20　移动长方体

⑦ 先单击构件 2，按 F10 键打开三维球，按空格键，按住左键拖三维球中心点到构件 2 侧面正方形中心点位置；按空格键让三维球附着元件图素，单击长度方向的外手柄，在三维球内部，按住左键旋转三维球，当出现手形时输入旋转角度 180°，回车结束旋转，如图 4-21 所示。同理，以三维球竖直方向的外手柄为旋转轴，让旋转构件 2 水平旋转 90°，如图 4-22 所示。

⑧ 先单击图 4-23 移动构件 2，按 F10 键打开三维球，按空格键，按住左键拖三维球中心点到构件 2 中部角点 *A* 位置，再按空格键，右键单击三维球中心点，在弹出的属性菜单中，选择到点，单击图 4-24 上的 *B* 点，完成构件 2 的移动装配。

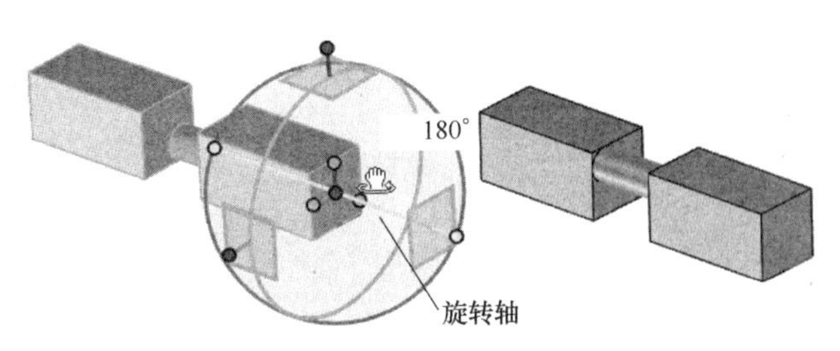

图 4-21　旋转构件 2（旋转角度 180°）

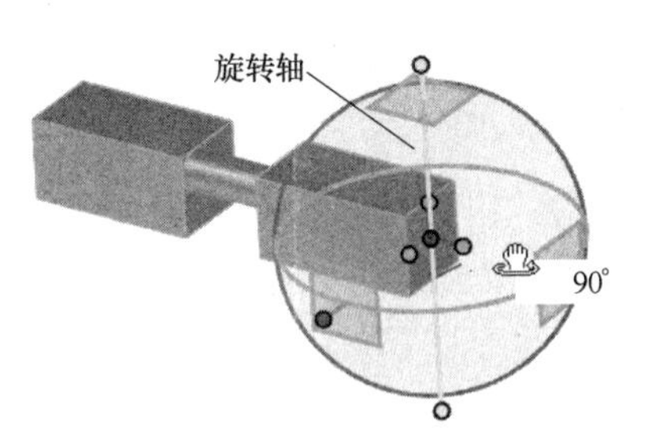

图 4-22　旋转构件 2（旋转角度 90°）

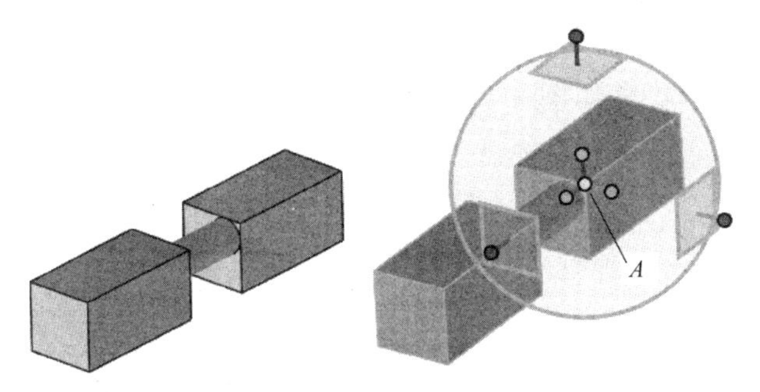

图 4-23　移动构件 2

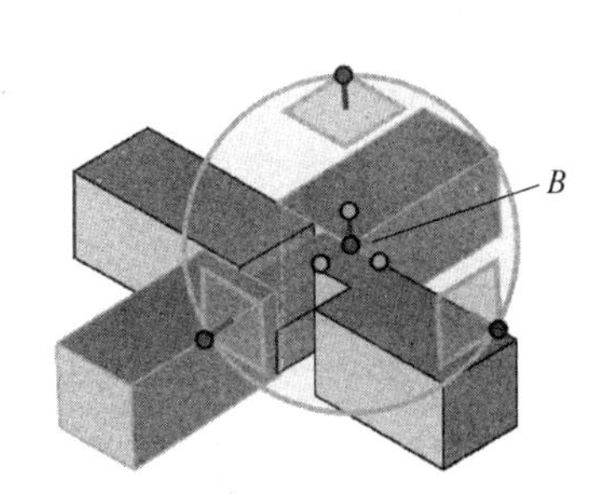

图 4-24　移动装配构件 2

⑨ 先单击构件 3，按 F10 键打开三维球，按空格键，按住左键拖三维球中心点到构件 3 侧面正方形中心点位置；按空格键让三维球附着元件图素，单击宽度方向的外手柄，在三维球内部，按住左键旋转三维球，当出现手形时输入旋转角度 90°，回车结束旋转，如图 4-25 所示。同理，以三维球竖直方向的外手柄为旋转轴，让旋转构件 3 水平旋转 90°，如图 4-26 所示。

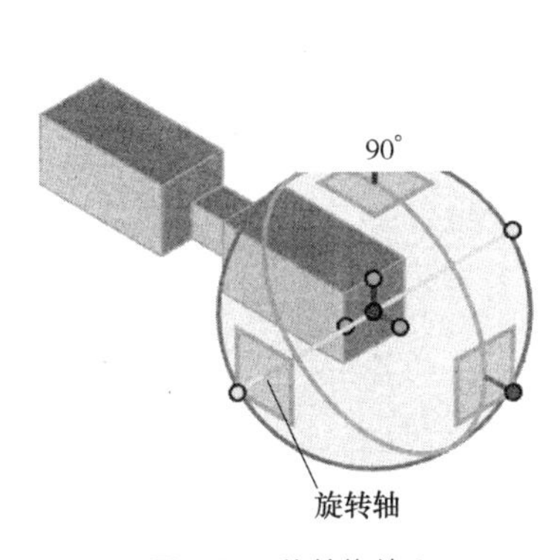

图 4-25　旋转构件 3

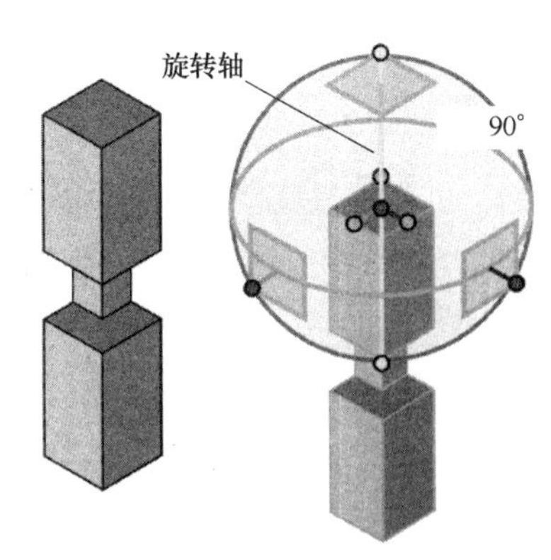

图 4-26　旋转构件 3（水平旋转 90°）

⑩ 先单击构件 3，按 F10 键打开三维球，按空格键，按住左键拖三维球中心点到构件 3 中部角点 A 位置；再按空格键，右键单击三维球中心点，在弹出的属性菜单中，选择到点，单击图 4-27 上的 B 点，完成构件 3 的移动装配。右键单击构件 3，在弹出的属性菜单中，选择隐藏选择对象，将构件 3 隐藏，如图 4-28 所示。

⑪ 先单击如图 4-29 中的构件 2，按 F10 键打开三维球，按空格键，按住左键拖三维球中心点到构件 2 右上侧面 $R5$ 圆心位置（可以提前作一个 $R5$ 的圆）；按空格键让三维球附着元件图素，单击宽度方向的外手柄，在三维球内部，按住左键旋转三维球，当出现手

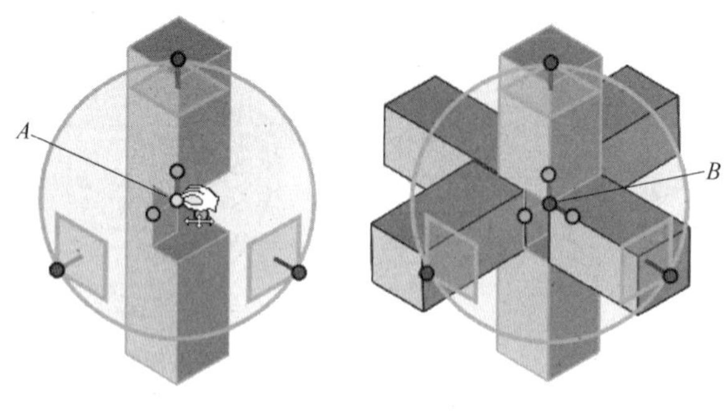

图 4-27　移动装配构件 3

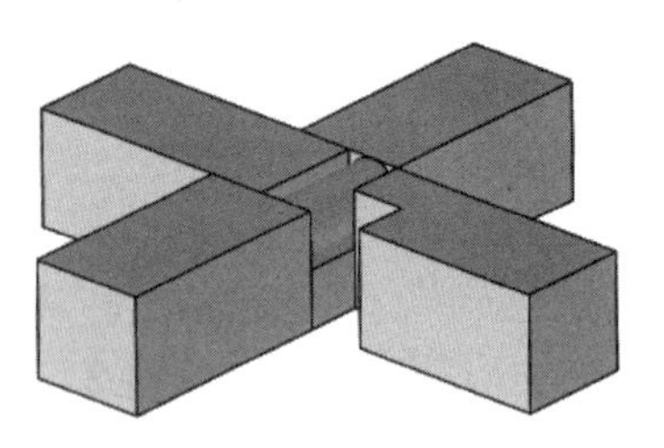

图 4-28　隐藏构件 3

形时输入旋转角度 270°，回车结束旋转，结果如图 4-30 所示。构件 1 和构件 2 装配如图 4-31 所示。

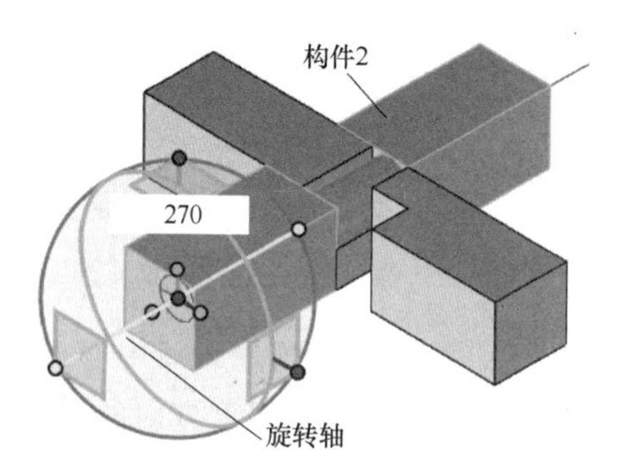

图 4-29　旋转构件 2（一）

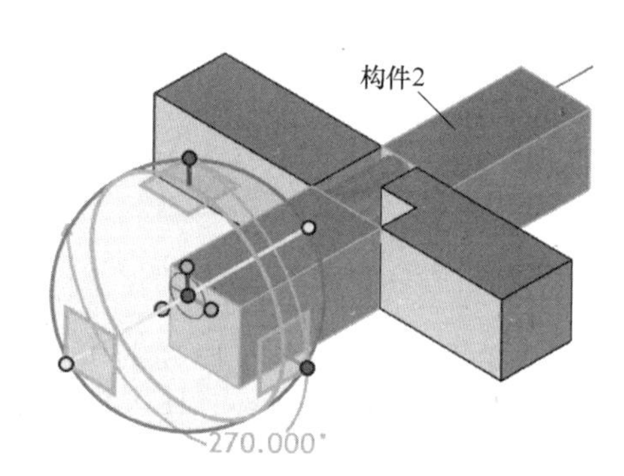

图 4-30　旋转构件 2（二）

⑫ 在左边的设计环境树中，选择前面隐藏的构件 3，右键单击构件 3，在弹出的属性菜单中，选择显示选中，将构件 3 显示出来，完成构件 1、构件 2 和构件 3 的装配，如图 4-32 所示。

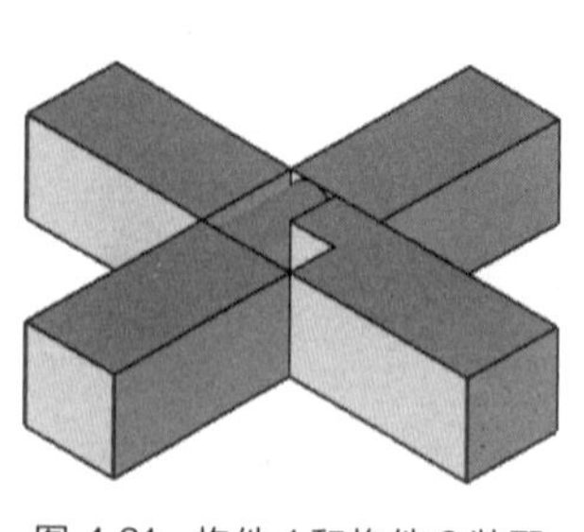

图 4-31　构件 1 和构件 2 装配

图 4-32　鲁班锁装配图

四、素质拓展

鲁班（公元前 507 年—公元前 444 年），姓公输，名般，亦作班、盘，鲁国人。春秋时著名的能工巧匠，明朝永乐年间被封为北城侯，我国古代优秀的工匠和杰出的发明家。自古以来，在人们心目中，鲁班早已是一位富于智慧、勤于思考、勇于探索、善于创新的形象大师和工匠楷模的化身。他集匠心、师道、圣德于一身。作为“匠”，他巧技制器、规矩立身，怀匠心；作为“师”，他授业解惑、至善育人，严师道；作为“圣”，他创制垂法、博施济众，怀圣德。今天，木工师傅们用的手工工具，如钻、刨子、铲子、曲尺，划线用的墨斗，据说都是鲁班发明的。而每一件工具的发明，都是鲁班在生产实践中得到启发，经过反复研究、试验出来的。鲁班文化的精髓是专注、勤奋、坚韧，我们都应该学习鲁班精神，弘扬工匠精神，传承鲁班文化，提升职业素养，养成尊师爱徒、诚实守信、尊重技艺、精益求精的良好风尚。

任务二　奔驰车标志实体造型

一、任务引入

车标大家平时比较容易忽视，但对于一个品牌来说，车标就是一个车企的灵魂，甚至是图腾所在，蕴含着一个品牌的造车理念以及精神，都有着丰富的内涵。本任务主要完成图 4-33 所示奔驰车标志实体造型。

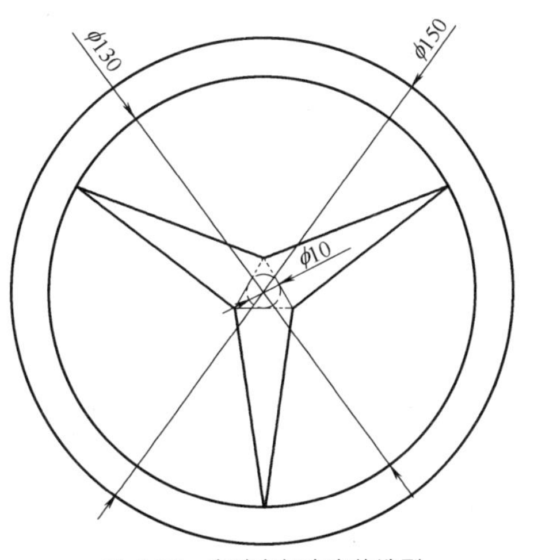

奔驰车标志实体造型

图 4-33　奔驰车标志实体造型

二、任务分析

奔驰车的三叉星标志象征着征服陆、海、空的愿望。奔驰的汽车 LOGO 设计强调自然复活传统、格调细腻。在构型上采用几何对称、象征性布局、动植物纹样装饰边框，和矫饰的维多利亚风格相比，多了几分质朴，没有过分的装饰。奔驰车标志由圆和三角叉组成，主要应用草图绘制、圆形陈列、拉伸、镜像特征等功能完成实体造型设计。

三、任务实施

① 打开草图功能区，单击“草图”按钮 下方的小箭头，出现基准面选择选项。单击选择“在 *X-Y* 基准面”图标，在 *X-Y* 基准面内新建草图，进入草图绘图环境。

② 在草图绘制功能面板中，选择“圆心＋半径”图标 圆心+半径，绘制半径为 65

的圆。单击“多边形”按钮 多边形，在属性菜单中选择“内接于圆”，边数为 3，捕捉坐标中心点，输入内接于圆半径 5，回车确定退出，完成正三角形绘制。选择“直线”图标 2点线，绘制如图 4-34（a）所示的两条直线。

③ 在草图绘制功能面板中，单击修改面板上的“圆型阵列”图标 圆型阵列，单击选择要阵列图线，阵列数目设置成 3，单击“确定”完成阵列，如图 4-34（b）所示。

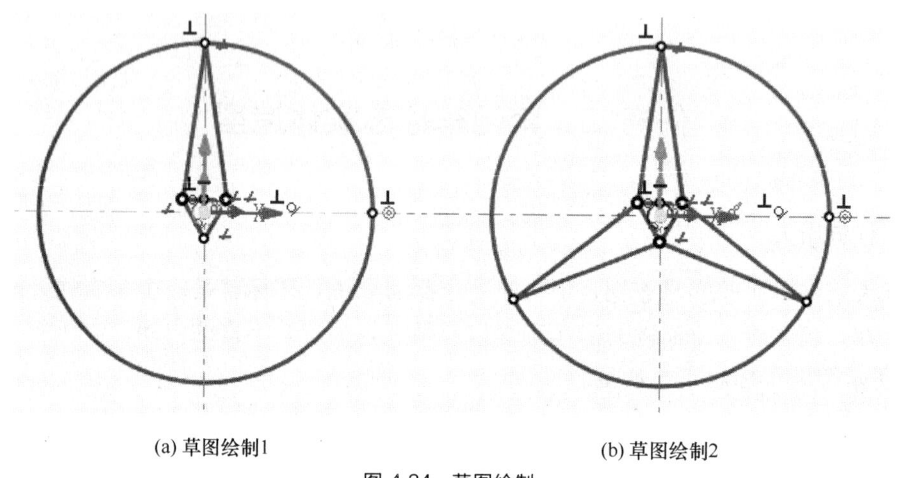

(a) 草图绘制1　　(b) 草图绘制2

图 4-34　草图绘制

④ 选择不需要的线，单击右键，在弹出的菜单中选择删除，单击“结束草图”按钮 完成，单击“下拉”按钮中的 完成，完成草图绘制。如图 4-35 所示。

⑤ 在左边的设计环境树中，单击 2D 草图 1，单击右键，在弹出的属性菜单中选择“生成—创建拉伸特征”，弹出拉伸特征对话框，类型选择独立零件，输入距离 4，单击“确定”即可完成拉伸增料特征造型。在左侧的设计环境树中，右键单击拉伸 1，在弹出的立即菜单中选择“编辑特征操作”，在属性对话框中修改拔模值为 75°，单击“确定”完成拉伸特征修改，如图 4-36 所示。

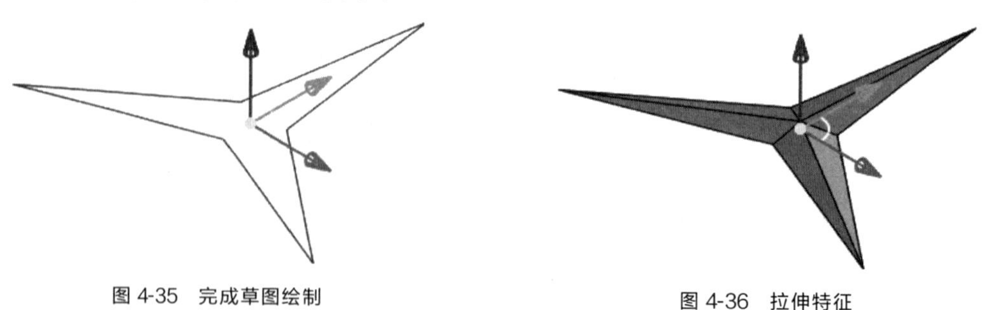

图 4-35　完成草图绘制　　图 4-36　拉伸特征

⑥ 在草图绘制功能面板中，选择“圆心＋半径”图标 圆心+半径，绘制半径为 75 和 65 的圆。单击“结束草图”按钮 完成，单击“下拉”按钮中的 完成，完成草图绘制。如图 4-37 所示。

⑦ 在左边的设计环境树中，单击 2D 草图 2，单击右键，在弹出的属性菜单中选择“生成—创建拉伸特征”，弹出拉伸特征对话框，类型选择独立零件，输入距离 5，单击拾取相关零件，单击“确定”即可完成拉伸增料特征造型，如图 4-38 所示。

⑧ 在左侧的设计环境树中，右键单击拉伸 2，在弹出的立即菜单中选择“编辑特征操

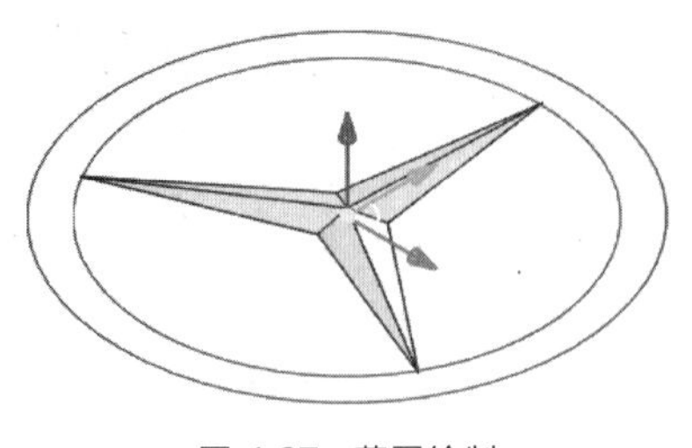
图 4-37 草图绘制

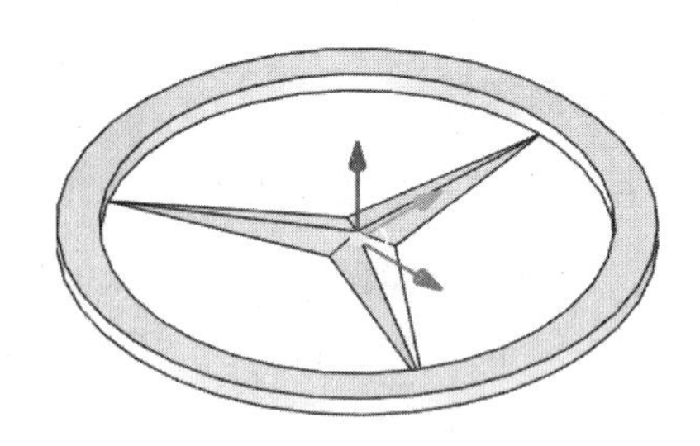
图 4-38 拉伸特征

作”，在属性对话框中修改拔模值为 45°，单击“确定”完成拉伸特征修改，结果如图 4-39 所示。

⑨ 打开特征功能区，单击变换面板上的“镜像特征”图标，在弹出属性对话框中，选择特征零件，然后单击“镜像平面”，选择图 4-39 所示实体的下表面作为镜像平面，单击“确定”完成镜像，结果如图 4-40 所示。

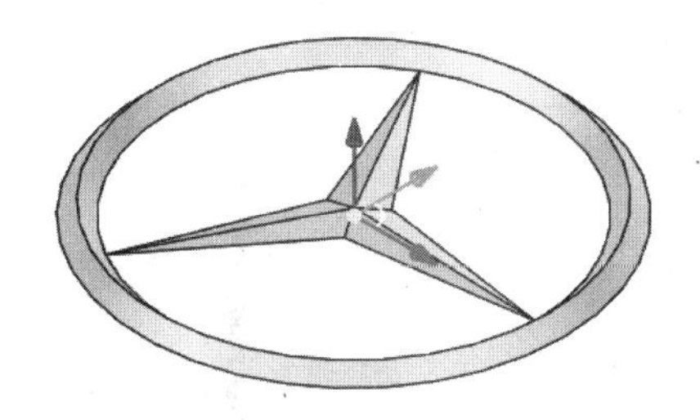
图 4-39 特征拔模

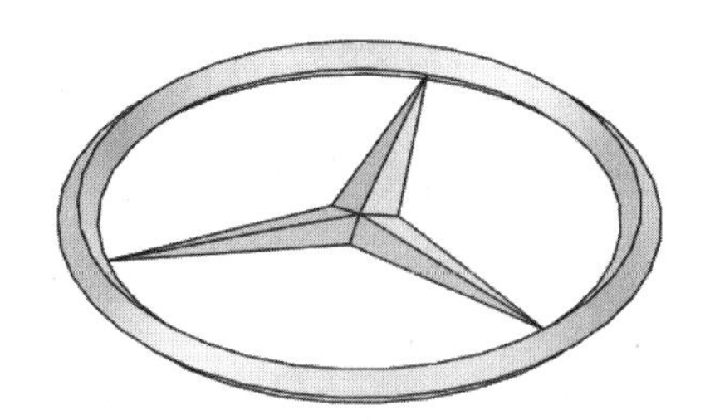
图 4-40 镜像实体

四、素质拓展

1909 年 6 月，戴姆勒公司申请登记了“三叉星”作为轿车的标志，象征着陆上、水上和空中的机械化。1916 年在它的四周加上了一个圆圈，在圆的上方镶嵌了 4 个小星，下面有梅赛德斯“Mercedes”字样。“梅赛德斯”是幸福的意思，意为戴姆勒生产的汽车将为车主们带来幸福。

任务三 篮球实体造型

一、任务引入

篮球运动是一项对体能、技能、战术能力、心理能力和智力要求颇高的集体性体育运动项目，通过打篮球锻炼自己吃苦耐劳的意志品质和拼搏竞争的精神。本任务主要完成直径为 246mm 的篮球实体造型。

二、任务分析

篮球形状为球形，主要应用三维曲线、曲面投影线、设计元素库、三维球、扫描特征、过渡、抽壳等功能完成实体造型设计。

三、任务实施

篮球实体造型

① 在创新模式环境下，打开三维曲线选项卡，单击“三维曲线”按钮，在绘制功能区面板上，单击“椭圆形”按钮 椭圆形，在属性菜单中，输入长半轴 118，短半轴 93，捕捉坐标中心点，完成椭圆的绘制，如图 4-41 所示，最好将椭圆绘制在高于球体的位置，便于后面拾取。

② 单击选中设计元素库中的一个球体图素，按住鼠标左键把它拖到设计环境坐标中心，然后松开鼠标左键。在选中零件上用鼠标左键再单击一次，进入智能图素编辑状态，鼠标移向红色手柄，鼠标变成一个手形和双箭头时，单击右键弹出编辑包围盒对话框，输入要修改的尺寸数据，长、宽、高都是 246。单击“确定”退出编辑包围盒对话框，完成球体的创建，如图 4-42 所示。

③ 在三维曲线功能区，单击“常用”面板，单击“曲面投影线”按钮 曲面投影线，在属性菜单中，选择椭圆，选择投影球面，投影方向（0.000 0.000 1.000），方向向上，确定生成并退出，完成椭圆曲线的投影。如图 4-43 所示，投影完成后删除椭圆曲线，便于后面扫描特征造型。

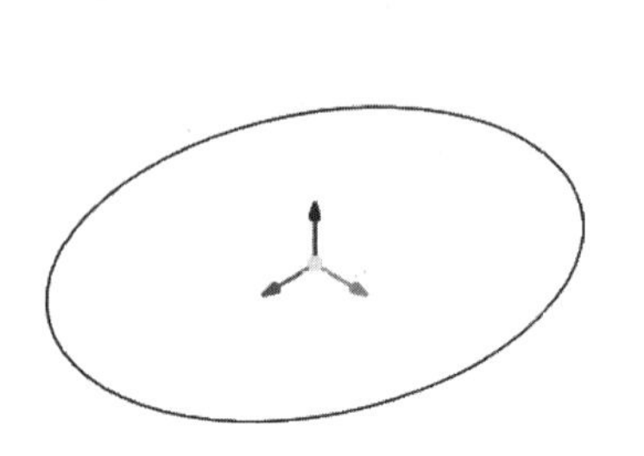
图 4-41 绘制椭圆

图 4-42 创建球体

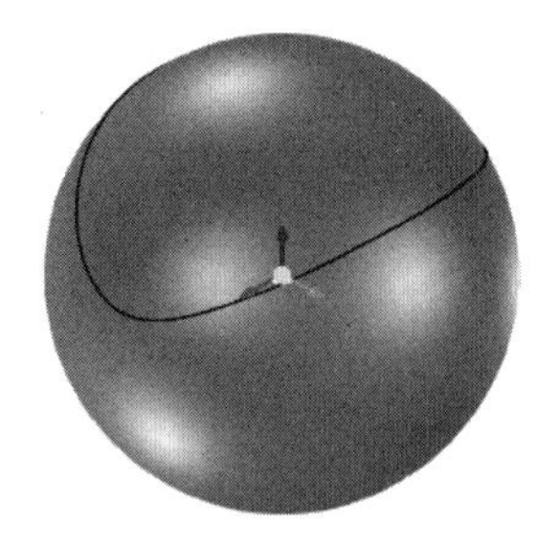
图 4-43 投影椭圆曲线

在左侧的设计树中，右键单击球体零件，在弹出的属性菜单中，选择压缩，压缩的球体零件将不显示，也不参加其它运算。

④ 打开特征功能区，单击“扫描”按钮 扫描，在属性菜单中选择新生成独立零件，选择“圆形草图”，输入直径 6，然后单击导动线，拾取椭圆投影曲线（图 4-44）。确定生成并退出，完成椭圆曲线的扫描，如图 4-45 所示。

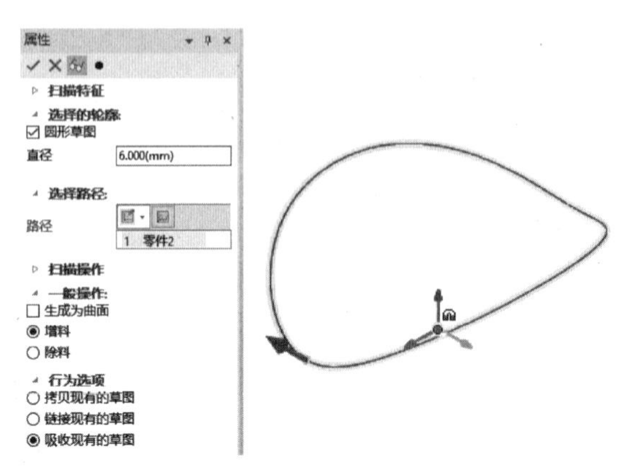

图 4-44 扫描特征设置

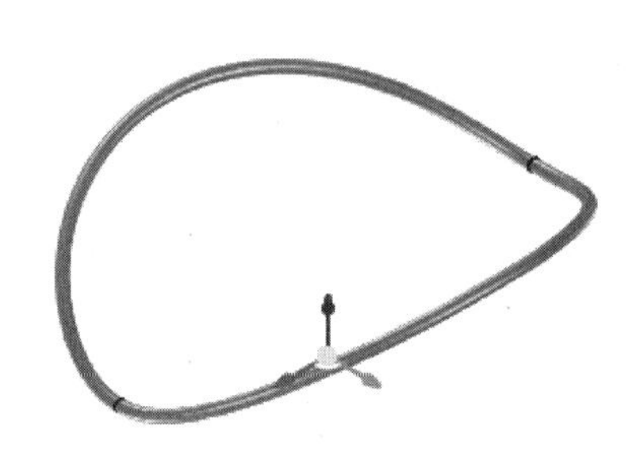
图 4-45 扫描椭圆曲线

⑤ 单击扫描特征，按 F10 键打开三维球，单击长度方向的外手柄，在三维球内部，按住右键旋转三维球，当出现手形时松开右键，在属性菜单中选择“拷贝”，在弹出的对话框中输入角度 180，如图 4-46 所示。确定结束拷贝，如图 4-47 所示。

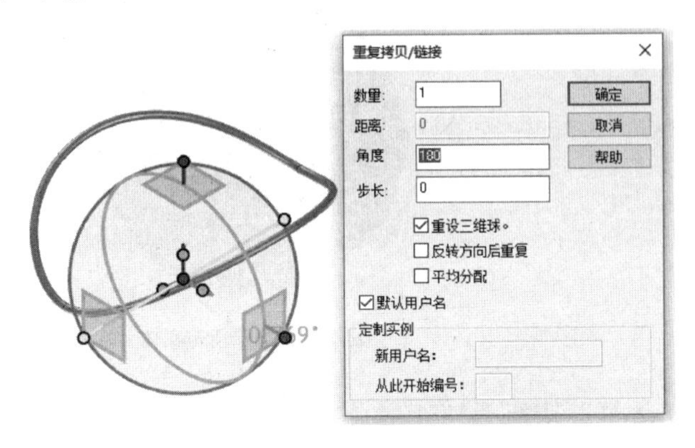

图 4-46　拷贝特征设置

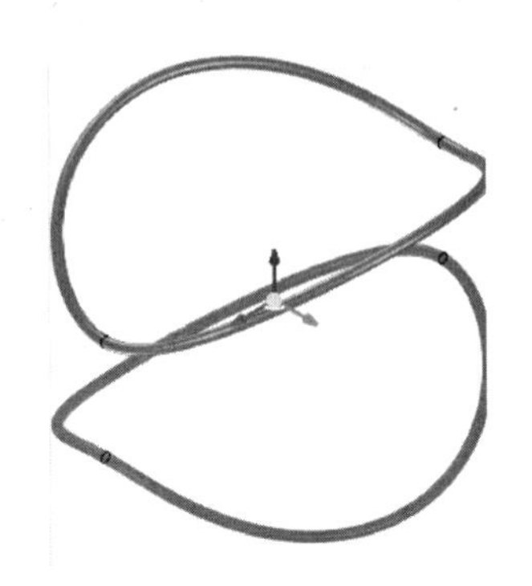

图 4-47　拷贝实体

⑥ 单击选中设计元素库中的圆环体图素，按住鼠标左键把它拖到设计环境坐标中心，然后松开鼠标左键。通过编辑包围盒，创建长度 252，宽度 252，高度 6 的圆环体，如图 4-48 所示。

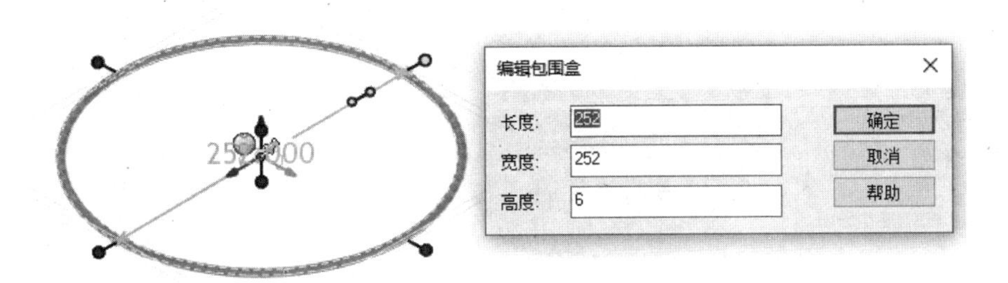

图 4-48　编辑包围盒

⑦ 单击圆环实体，按 F10 键打开三维球，单击宽度方向的外手柄，在三维球内部，按住右键旋转三维球，当出现手形时松开右键，在属性菜单中选择拷贝，在弹出的对话框中输入角度 90，如图 4-49 所示。确定结束拷贝，如图 4-50 所示。

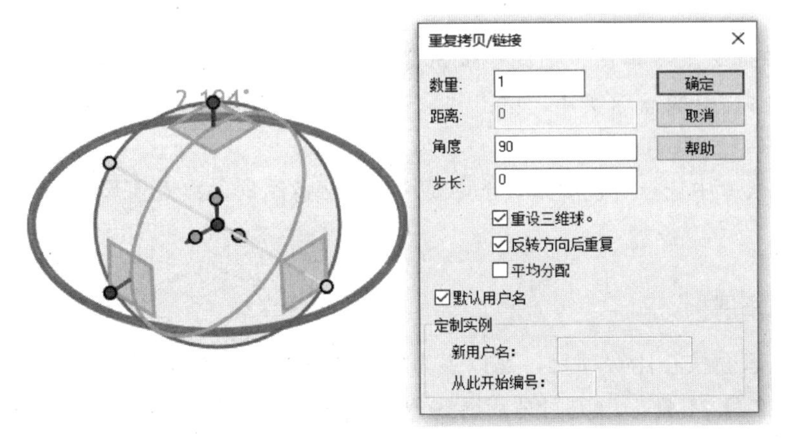

图 4-49　拷贝实体

在左侧的设计树中，右键单击零件，在弹出的属性菜单中，选择压缩，放出压缩的零件，全部显示出来，如图 4-51 所示。

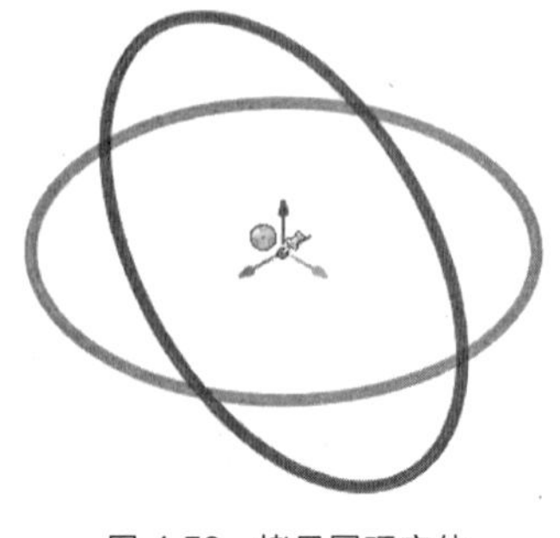

图 4-50 拷贝圆环实体

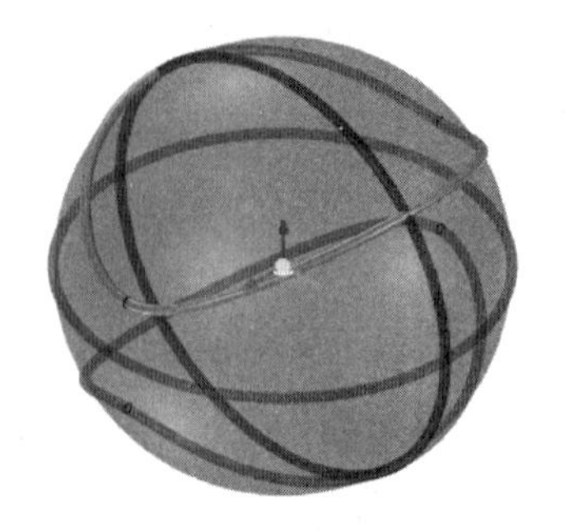

图 4-51 显示所有实体

⑧ 打开特征功能区，单击“布尔运算”按钮 布尔，弹出布尔运算属性对话框，如图 4-52 所示，操作类型选择“减”，单击选择大球体为主体零件，其它环体零件为要布尔减的体，单击“确定”退出，完成零件实体相减运算，结果如图 4-53 所示。

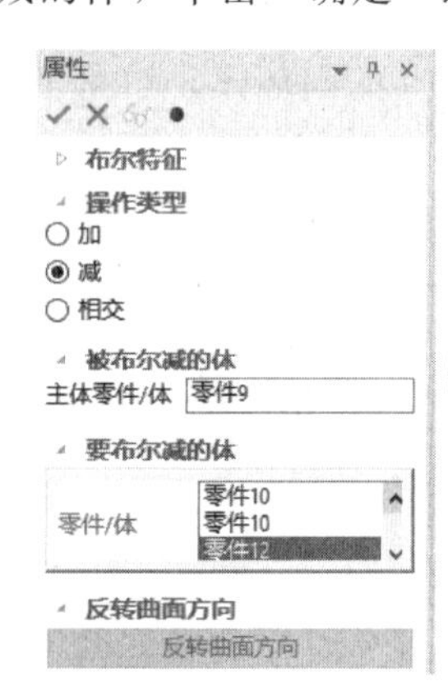

图 4-52 布尔运算对话框

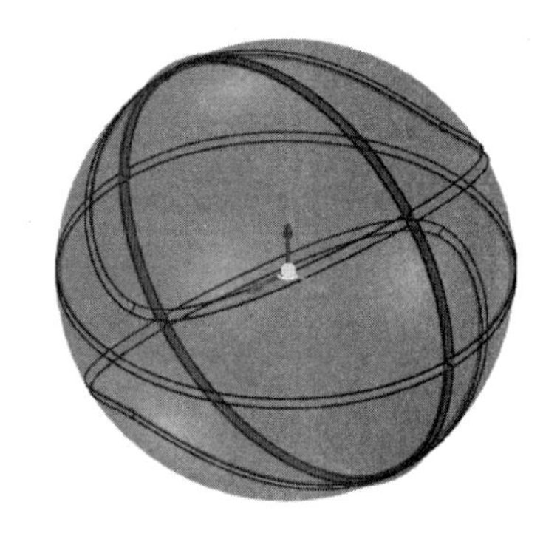

图 4-53 实体求差

⑨ 打开特征功能区，在修改面板上，单击“圆角过渡”按钮，在左侧的属性对话框中，选择等半径，输入过渡半径 1.5，拾取所有环槽边线，完成圆角过渡，如图 4-54 所示。

⑩ 在修改面板上，单击“抽壳”按钮 抽壳，在属性菜单中选择抽壳类型为内部，输入抽壳厚度 4，拾取篮球实体，单击“确定”退出，完成篮球实体抽壳造型。如图 4-54 所示。

在设计元素库中选择颜色图素，选中要填充的颜色图素，拖入到蓝球面。结果如图 4-55 所示。

四、素质拓展

篮球是奥运会核心比赛项目，是以手为中心的身体对抗性体育运动。

1891 年 12 月 21 日，由美国马萨诸塞州斯普林菲尔德基督教青年会训练学校体育教师詹姆士·奈史密斯发明。1896 年，篮球运动传入中国天津。1904 年，圣路易斯奥运会

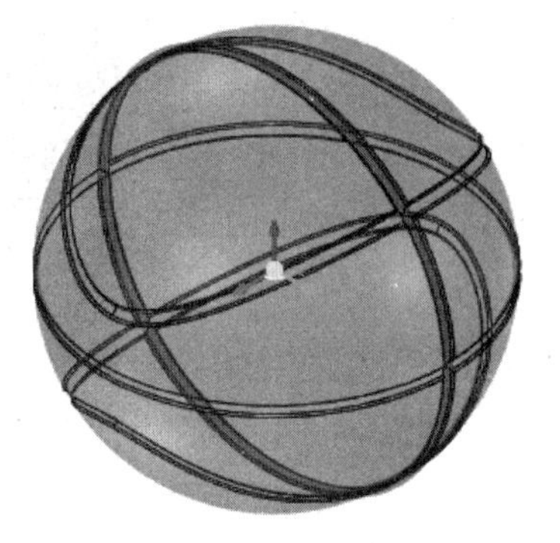

图 4-54 特征过渡

图 4-55 篮球实体

上第 1 次进行了篮球表演赛。1936 年，篮球在柏林奥运会中被列为正式比赛项目，中国也首次派出篮球队参加奥运会篮球项目。1992 年，巴塞罗那奥运会开始，职业选手可以参加奥运会篮球比赛。

篮球总共分为 4 个型号：3 号、5 号、6 号、7 号，而每个型号都有专用处。

篮球尺寸分类：

① 3 号篮球：儿童比赛用球，重量 300～340g，圆周 56～57cm，直径 18.1cm。

② 5 号篮球：青少年比赛用球，重量 470～500g，圆周 69～71cm，直径 22.0cm。

③ 6 号篮球：标准女子比赛用球，重量 510～550g，圆周 70～71cm，直径 22.6cm。

④ 7 号篮球：标准男子比赛用球，重量 600～650g，圆周 75～76cm，直径 24.6cm。

标准篮球直径为 24.6cm。

任务四 中国象棋棋子实体造型

一、任务引入

象棋也叫作中国象棋，中国传统棋类益智游戏，在中国有着悠久的历史，属于二人对抗性游戏的一种，由于用具简单，趣味性强，成为流行极为广泛的棋艺活动。中国象棋使用方形格状棋盘，圆形棋子共有 32 个，红黑两色各有 16 个棋子，摆放和活动在交叉点上。双方交替行棋，先把对方的将（帅）“将死”的一方获胜。本任务主要完成象棋棋子帅的实体造型。图 4-56 为象棋棋子尺寸图。

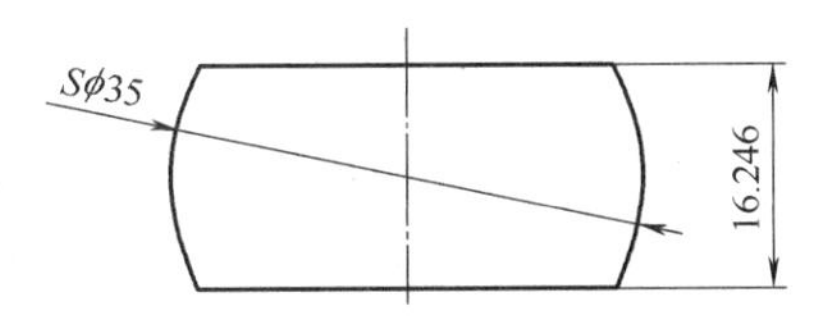

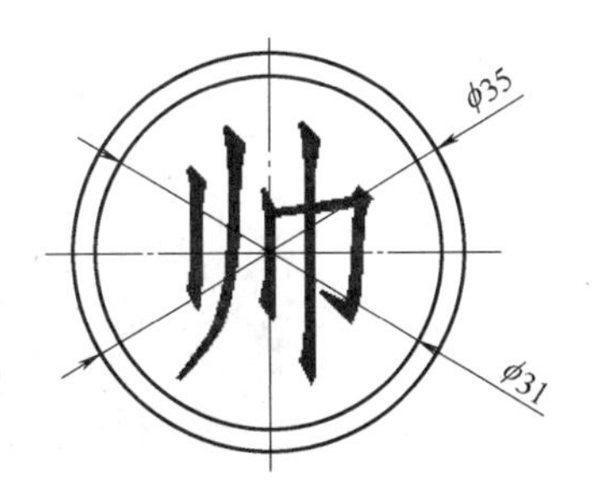

图 4-56 象棋棋子尺寸图

二、任务分析

象棋棋子形状为鼓形，主要应用绘制草图、设计元素库、三维球、拉伸减料等功能完成实体造型设计。

三、任务实施

象棋棋子实体造型

① 在创新模式环境下，单击选中设计元素库中的一个球体图素，按住鼠标左键把它拖到设计环境坐标中心，然后松开鼠标左键。在选中零件上用鼠标左键再单击一次，进入智能图素编辑状态，鼠标移向红色手柄，鼠标变成一个手形和双箭头时，单击右键弹出编辑包围盒对话框，输入长度35，宽度35，高度35，单击“确定”退出编辑包围盒对话框，完成球体的创建，如图4-57所示。

② 同样，单击选中设计元素库中的一个圆柱体图素，按住鼠标左键把它拖到设计环境中，然后松开鼠标左键。通过编辑包围盒创建直径31mm、高度40mm的圆柱体。先单击圆柱体，按F10键打开三维球，按空格键让三维球脱离图素后，拖拉三维球中心点到圆柱体下表面中点位置，按空格键让三维球附着图素，把鼠标移到三维球中心点单击右键，在弹出的属性菜单中选择编辑中心，输入长度0，宽度0，高度−20，完成圆柱体的移动，如图4-58所示。

③ 打开特征功能区，单击“布尔运算”按钮 布尔，弹出布尔运算属性对话框，操作类型选择“减”，单击选择大球体为主体零件，圆柱体零件为要布尔减的体，单击“确定”退出，完成零件实体相减运算，结果如图4-59所示。

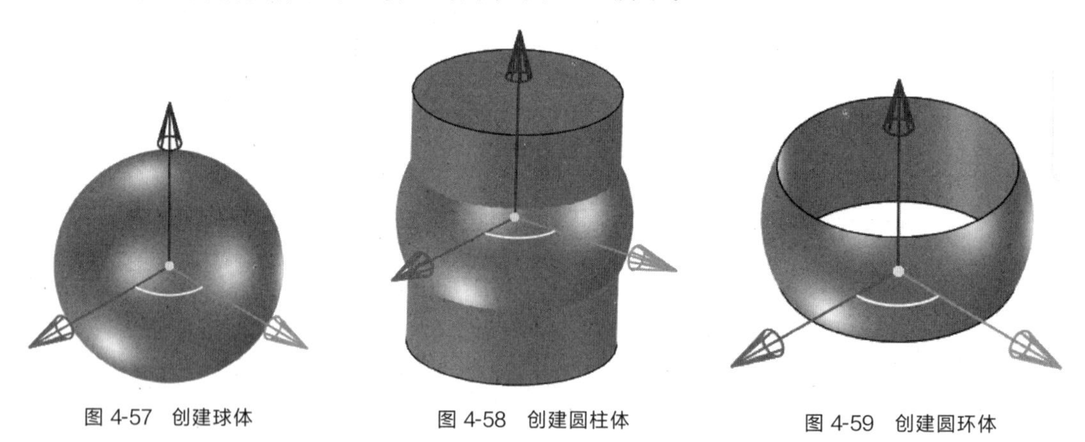

图4-57 创建球体　　图4-58 创建圆柱体　　图4-59 创建圆环体

④ 单击选中设计元素库中的一个圆柱体图素，按住鼠标左键把它拖到设计环境中，然后松开鼠标左键。通过编辑包围盒创建直径31mm、高度20mm的圆柱体，如图4-60所示。

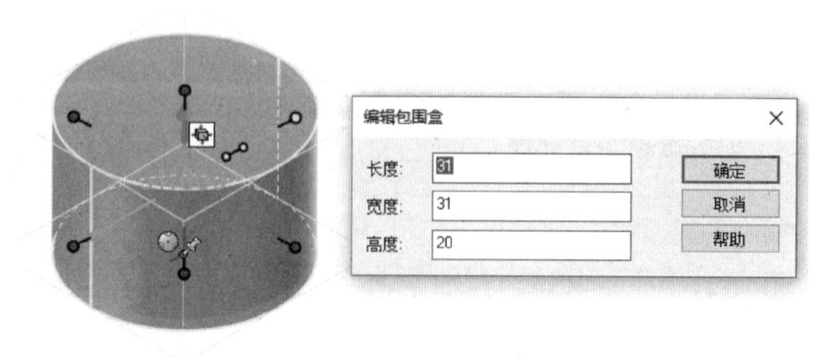

图4-60 创建圆柱体

⑤ 先单击圆柱体，按 F10 键打开三维球，把鼠标移到三维球中心点单击右键，在弹出的属性菜单中选择编辑中心，输入长度 0，宽度 0，高度−8.124，完成圆柱体的移动。先单击圆柱体，鼠标移向中间上部的红色手柄，鼠标变成一个手形和双箭头时，单击右键，在弹出的属性菜单中选择“到中心点”，然后捕捉圆环上圆边线，将圆柱体高度缩小，如图 4-61 所示。

⑥ 打开特征功能区，单击“布尔运算”按钮 布尔，弹出布尔运算属性对话框，操作类型选择“加”，单击选择球环体零件，圆柱体零件，单击“确定”退出，完成零件实体相加运算，结果如图 4-62 所示。

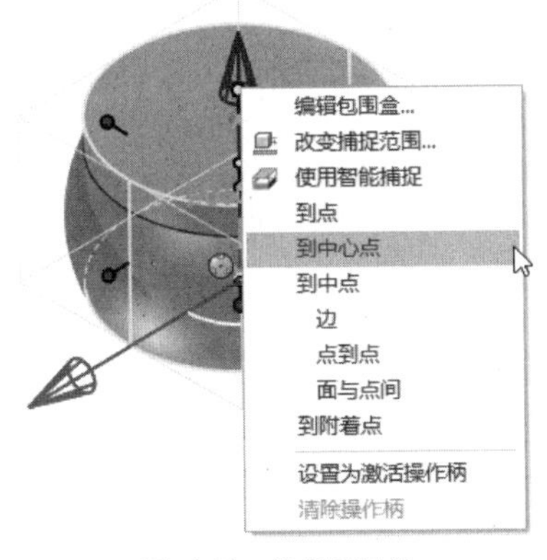

图 4-61　编辑圆柱体

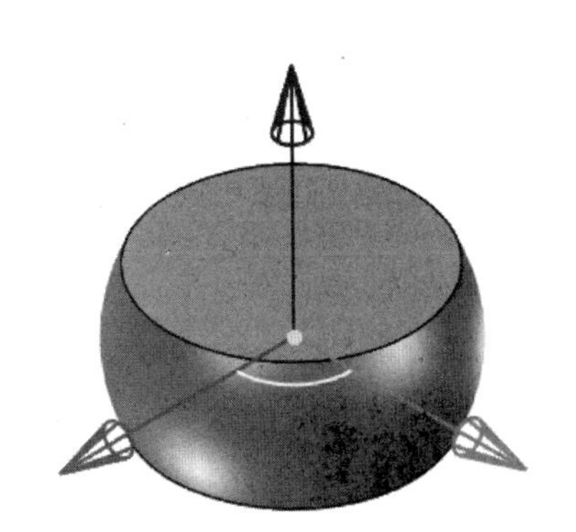
图 4-62　合并特征

⑦ 打开草图功能区，单击“草图”按钮 下方的小箭头，出现基准面选择选项。单击选择“二维草图”图标，单击图 4-62 所示上表面中心，进入草图绘制环境。在草图绘制功能面板中，选择“A 文字”图标 A 文字，弹出文字属性对话框，如图 4-63 所示。在文字属性栏中输入“帅”字，设置字高为 16，文字位置选择“中心”，角度 90°，单击坐标中心，单击“确定”退出文字属性对话框，完成文字草图，如图 4-64 所示。

⑧ 在左边的设计环境树中，单击 2D 草图，单击右键，在弹出的菜单中选择“生成—创建拉伸特征”，弹出拉伸特征对话框，单击相关零件，选择减料，输入距离 0.6，反向向下拉伸，单击“确定”即可完成拉伸减料特征造型，如图 4-65 所示。

⑨ 打开曲面功能区，在曲面面板上，单击“提取曲面”按钮 提取曲面，单击拾取帅字凹模内的曲面，单击“确定”退出。在左边的设计树中，右键单击象棋棋子零件，在弹出的属性菜单中选择压缩，隐藏棋子零件，在设计元素库中选择颜色图素，选中要填充的红色图素，拖入到文字曲面上，结果如图 4-66 所示。

⑩ 在左边的设计树中，右键单击象棋棋子零件，在弹出的属性菜单中选择压缩，显示棋子零件，在设计元素库中选择颜色图素，选中要填充的颜色图素，拖入到棋子零件上，结果如图 4-67 所示，完成象棋棋子零件模型的创建。

四、素质拓展

陈亮，中国共产党党员，无锡微研股份有限公司加工中心班组副班长。他靠着自己的

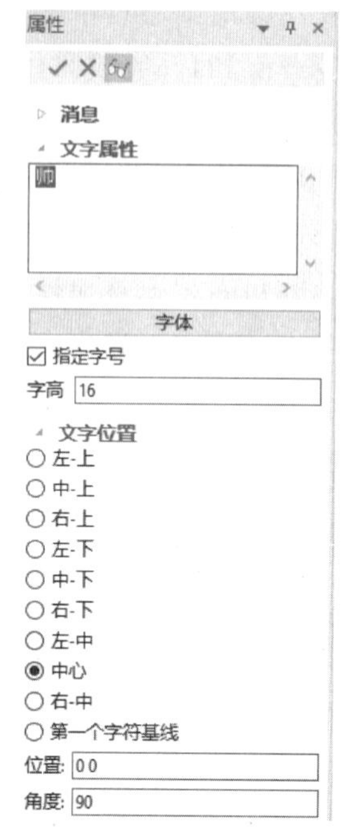

图 4-63　文字属性对话框

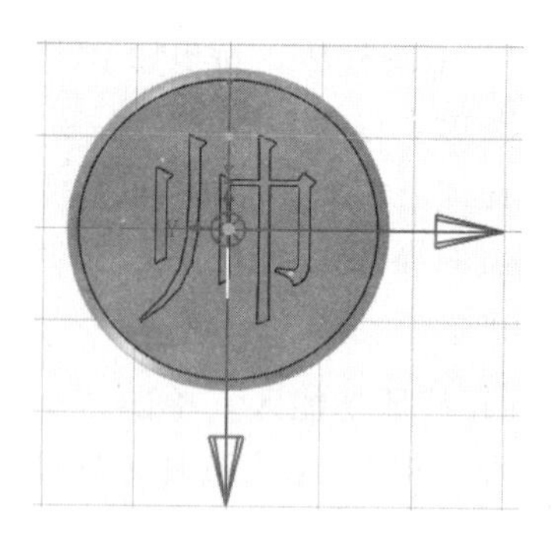

图 4-64　绘制文字草图

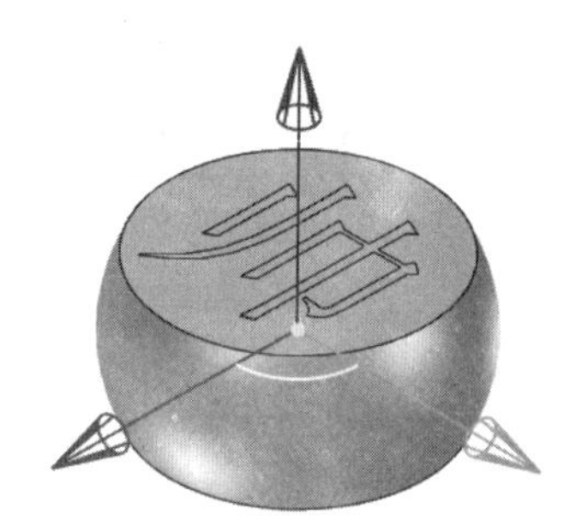

图 4-65　创建文字模型

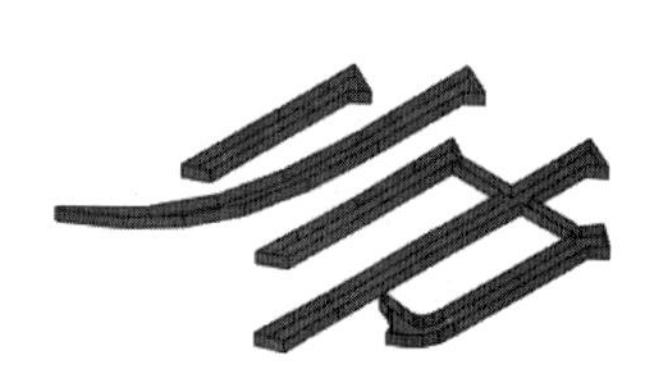

图 4-66　曲面着色

图 4-67　象棋棋子模型

勤奋和刻苦钻研，掌握了模具制作的精湛技术，经他之手研制出来的模具，精度可以控制在一微米左右，相当于一根头发丝直径的 1/60。

陈亮 1984 年出生在江苏的一个农民家庭，14 岁的时候他来到技校求学，毕业后他来到了无锡微研股份有限公司，开始当一名学徒工，他觉得在这里也能有发展，怀揣着梦想来到这里。

在公司与清华大学联合开展的倒锥微细孔电加工装备研发项目中，陈亮担任装备核心机构的加工工艺攻关负责人，解决了薄壁主轴的高精度加工工艺难题，为设备批量化生产做出了重要贡献。基于这项技术，陈亮团队和清华大学又成功研制用于国产航空发动机喷油嘴喷孔、发动机叶片气膜冷却孔的特种加工装备，助力国产大飞机生产，突破“卡脖子”技术。

新冠病毒引发的肺炎疫情期间，在 N95 口罩生产中，熔喷布模具研制至关重要，陈亮临危受命，带着一队研发人员昼夜兼程，累了就在机器旁打的地铺上，轮流休息 1～2 个小时。功夫不负有心人，陈亮和研发团队在 48 小时内成功研发出高精度的熔喷布模具，给口罩的生产和疫情防护抢下更多的时间。

从学徒工成长为省级技能大师，再到全国最美职工、全国五一劳动奖章获得者，他的成长之路验证了一句话："劳动成就梦想，技能改变人生！"

经验积累

① 在创新设计模式下，建模可以使用布尔运算功能，在工程模式下，建模不能用布尔运算功能。

② 通过修改设计树上复制的草图，便可以修改拉伸特征，修改后两者保持关联关系。通过修改拉伸实体自身的草图。拉伸实体随之改变，但复制的草图轮廓不随之修改，且与实体零件分离，关联关系丢失。

③ 生成旋转特征时，草图轮廓可以为非封闭轮廓。在轮廓开口处，轮廓端点会自动作水平延伸，生成旋转特征。

项目总结

CAXA CAM 制造工程师 2022 是基于 CAXA 3D 实体设计 2022 平台全新开发的 CAD/CAM 系统，采用全新的 3D 实体造型、线架曲面造型等混合建模方式，拥有丰富的实体设计元素，让造型设计变得简单有趣。本任务主要通过鲁班锁、奔驰车标志、篮球、中国象棋棋子实体造型实例，帮助读者通过实际操作掌握拉伸、镜像、导动、扫描、倒角、过渡、抽壳、拔模、设计元素库、三维球等特征造型及编辑方法，重点介绍实体设计元素和三维球的使用方法。在学习实践中，引导学生正确认识、感悟工匠精神，培养学生践行工匠精神的自觉意识。

项目考核

① 根据图 4-68 所示的尺寸建立其三维实体造型。

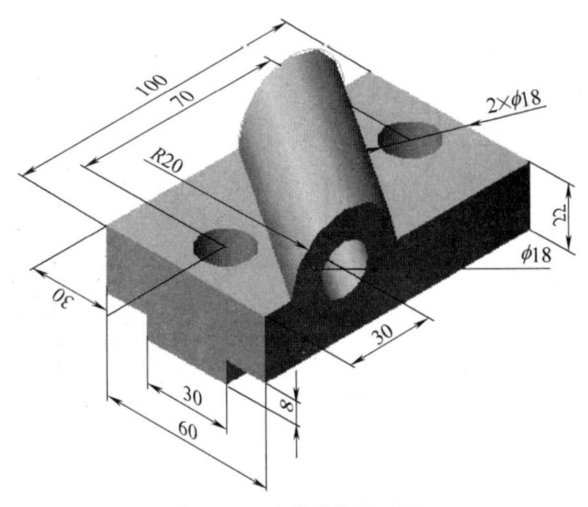

图 4-68　实体造型尺寸图

② 用“旋转增料”“旋转除料”方法生成如图 4-69 所示的实体。

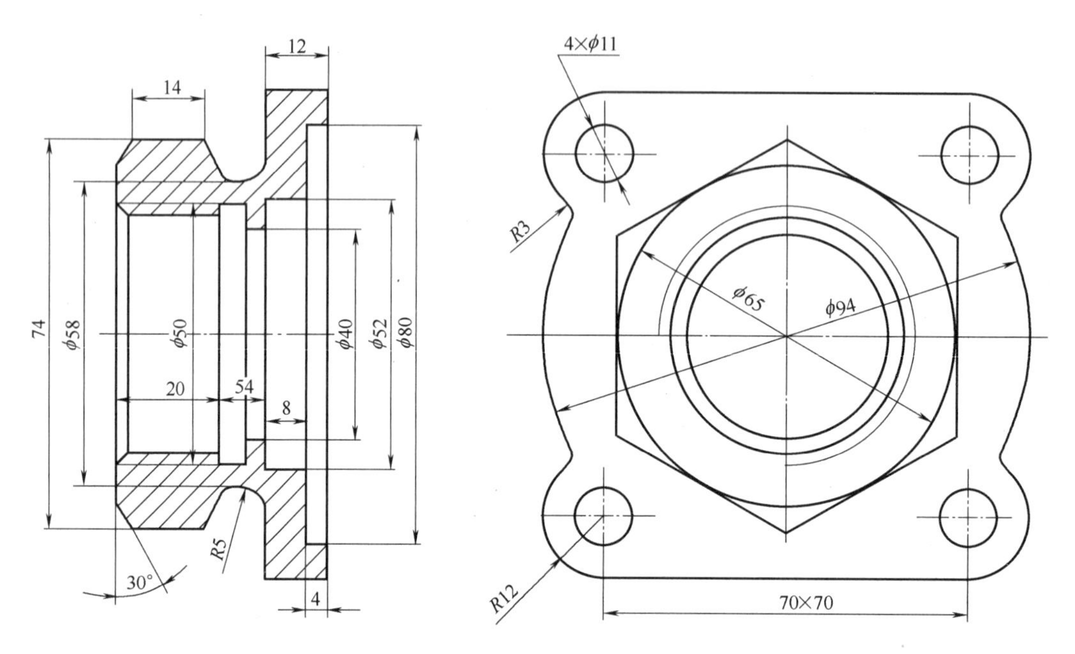

图 4-69 螺盖实体造型

③ 完成图 4-70 梅花印零件的实体造型。

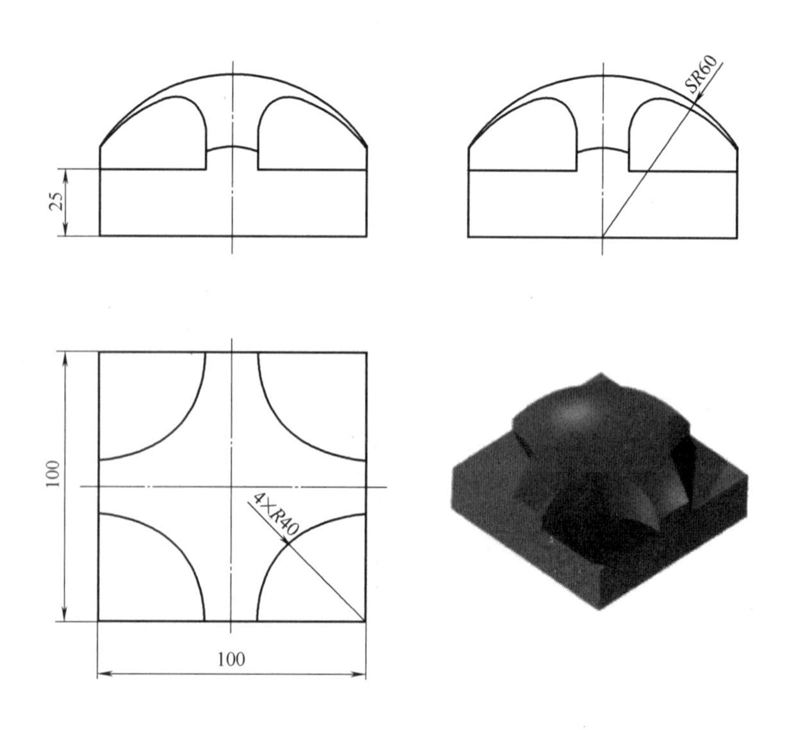

图 4-70 梅花印零件图

④ 完成图 4-71 果盘零件的实体造型。

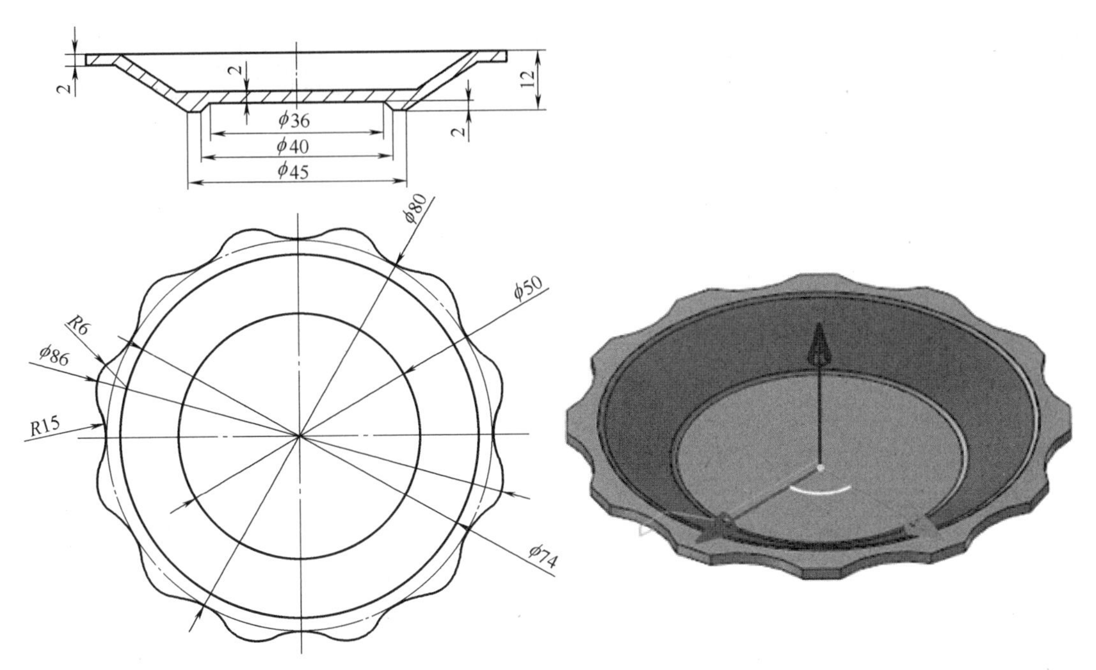

图 4-71　果盘零件尺寸图

项目五

CAXA CAM制造工程师2022自动编程加工基础

数控加工程序能根据零件的复杂程度，通过手工编程或计算机自动编程来获得，目前最先进的数控加工编程方法是 CAM 编程。这种编程操作过程简单、效率高、出错率低，是利用计算机用人机交互图形方式、完成零件几何形状计算、轨迹生成与加工仿真、数控程序生成的全过程。CAXA CAM 制造工程师 2022 新增 6 种加工策略，提高了粗加工效率，使加工更加灵活便捷。

本项目主要通过数控铣削加工工艺基础、平面型腔零件的造型设计与加工、三全育人影像浮雕加工、空间一号主舱体的造型设计与加工、球轴零件的造型设计与车削加工实例，介绍 CAXA CAM 制造工程师 2022 中的毛坯创建、平面区域粗加工、平面轮廓精加工、平面自适应加工、影像浮雕加工、五轴参数线加工、平面光铣加工、铣圆孔加工、孔加工、高线粗加工、等高线精加工、数控车外轮廓粗加工、数控车切槽加工、数控车螺纹加工等加工策略和编辑功能。

◎育人目标

• 通过空间一号主舱体的造型设计与加工、平面型腔零件的造型设计与加工、三全育人影像浮雕加工、球轴零件的造型设计与车削加工，教育引导学生树立高远志向，历练敢于担当、不懈奋斗的精神，具有勇于奋斗的精神状态、乐观向上的人生态度，做到刚健有为、自强不息。

◎知识目标

• 了解数控铣削加工基础知识，学会根据零件的结构特点和技术要求，设计正确的加工工艺方案。

• 掌握数控加工自动编程的一般方法和操作步骤。

• 掌握 CAXA CAM 制造工程师 2022 基本绘图和草图绘图功能。

• 掌握 CAXA CAM 制造工程师 2022 提供的多种加工轨迹生成方法。

• 掌握加工轨迹仿真、轨迹编辑和后处理的操作方法。

◎能力目标

• 学习中国共产党百年党史所承载的奋斗精神和理想追求，激发奋进动力，树立远大志向。

• 培养学生敬业、精益、专注、创新的大国工匠精神。

• 教育引导学生务必以求真的态度，规范操作，养成良好的职业素养和文明素养，培养综合能力，培养创新思维。

• 培养学生团队合作意识，提高团队协作能力；鼓励学生勇于探索和创新，提升逻辑思维能力和辩证思维能力。

任务一　数控铣削加工工艺基础

一、任务引入

数控编程是获得数控加工程序的过程，这个过程需要从零件图纸到获得合格的程序，其任务就是利用计算机计算加工中的刀位点，刀位点一般是刀具轴线和刀具表面的交点，多轴加工中要给出刀轴矢量。数控编程的主要内容是分析零件图样、确定加工工艺过程、数学处理、编写零件加工程序、输入数控系统、程序检验及首件试切，所以分析零件图样、确定加工工艺参数是数控自动编程的基础。

二、任务分析

加工方案与加工参数的合理选择能影响数控加工的效率和质量，满足加工要求以及机床正常运行和刀具寿命的前提是刀具、刀轴控制方式，走刀路线和进给速度的合理选择。

三、任务实施

1. 数控加工自动编程的步骤

（1）零件的几何建模

建立被加工零件的几何模型，是对于基于图纸以及型面特征点测量数据的复杂形状零件数控编程的首要环节。对零件图样要求的形状、尺寸、精度、材料及毛坯进行分析，明确加工内容与要求。

（2）加工方案与加工参数的合理选择

确定加工方案、走刀路线、切削参数，以及选择刀具及夹具等。加工方案与加工参数的合理选择能影响数控加工的效率和质量，满足加工要求以及机床正常运行和刀具寿命的前提是刀具、刀轴控制方式，走刀路线和进给速度的合理选择。

（3）数值计算

根据零件的几何尺寸、加工路线，计算出零件轮廓上的几何要素的起点、终点及圆弧的圆心坐标等。

（4）刀具轨迹生成

复杂形状零件数控加工中最重要的内容是刀具轨迹的生成，是不是能生成有效的刀具轨迹直接决定了加工的可能性、加工质量与加工效率。刀具轨迹生成的首要目标是使所生成的刀具轨迹能满足无干涉、无碰撞、轨迹光滑、切削负荷光滑并满足要求、代码质量高。刀具轨迹生成还要通用性好、稳定性好、编程效率高、代码容量小。

（6）数控加工仿真

要保证生成的加工程序不存在任何问题很困难，因为零件形状的复杂多变以及加工环境的复杂性。最主要的就是加工过程中的过切与欠切、机床各部件之间的干涉碰撞等。在高速加工中这些问题很要命，故要对加工程序进行检验并修正再进行加工。数控加工仿真通过软件模拟加工环境、刀具路径与材料切除过程来检验并优化加工程序，其特点是柔性好、成本低、效率高且安全可靠。

（6）通过后置处理生成加工程序

数控加工编程技术的重要内容就是后置处理。它将通过前置处理生成的刀位数据转换成适合于具体机床数据的数控加工程序。其技术内容包括机床运动学建模与求解、机床结构误差补偿、机床运动非线性误差校核修正等。故要保证加工质量提高加工效率，保证机床可靠运行，后置处理非常重要。

（7）检验程序与首件试切

将程序输入数控系统，利用数控系统提供的图形显示功能，检查刀具轨迹的正确性。对工件进行首件试切，分析误差产生的原因，及时修正，直到试切出合格零件。

2. 数控加工工艺参数的确定

（1）刀具的选择

在数控铣削加工中，刀具的选择直接影响着零件的加工质量、加工效率和加工成本，因此正确选择刀具有着十分重要的意义。在数控铣削加工中，常用的刀具有平端立铣刀、圆角立铣刀、球头刀等，如图 5-1 所示。

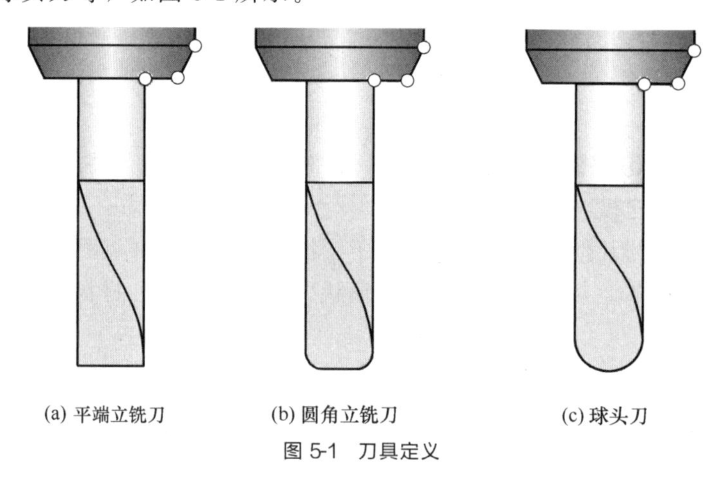

(a) 平端立铣刀　(b) 圆角立铣刀　(c) 球头刀

图 5-1　刀具定义

对于凹形表面，在半精加工和精加工时，应选择球头刀，以得到好的表面质量，但在粗加工时宜选择平端立铣刀或圆角立铣刀，这是因为球头刀切削条件较差；对凸形表面，粗加工时一般选择平端立铣刀或圆角立铣刀，但在精加工时宜选择圆角立铣刀，这是因为圆角立铣刀的几何条件比平端立铣刀好；对带拔模斜度的侧面，宜选用锥度铣刀。

在精加工时，所用最小刀具的半径应小于或等于被加工零件上的内轮廓圆角半径，尤其是在拐角加工时，应选用半径小于拐角处圆角半径的刀具，并以圆弧插补的方式进行加工，这样可以避免采用直线插补而出现过切现象。

（2）走刀方式的确定

走刀方式是指加工过程中刀具轨迹的分布形式。切削方式是指加工时刀具相对工件的运动方式。在数控加工中，切削方式和走刀方式的选择直接影响着零件的加工质量和加工效率。其选择原则是根据被加工零件表面的几何特征，在保证加工精度的前提下，使切削时间尽可能短，切削过程中刀具受力平稳。

在数控铣削加工中，常用的走刀方式包括单向走刀、往复走刀和环切走刀三种形式，如图 5-2 所示。其中，图 5-2（a）为单向走刀方式，在加工中切削方式保持不变，这样可以保证顺铣或逆铣的一致性，但由于增加了提刀和空走刀，切削效率较低。粗加工中，由于切削量较大，一般选用单向走刀，以保证刀具受力均匀和切削过程的稳定性。图 5-2（b）是往复走刀方式，在加工过程中不提刀进行连续切削，加工效率较高，但逆铣和顺铣交替进行，加工质量较差。一般在粗加工时由于切削量大不宜采用往复走刀，而在半精加工和表面质量要求不高的精加工时可选用往复走刀。图 5-2（c）是环切走刀方式，其刀具路径由一组封闭的环形曲线组成，加工过程中不提刀，采用顺铣或逆铣切削方式，是型腔加工常用的一种走刀方式。

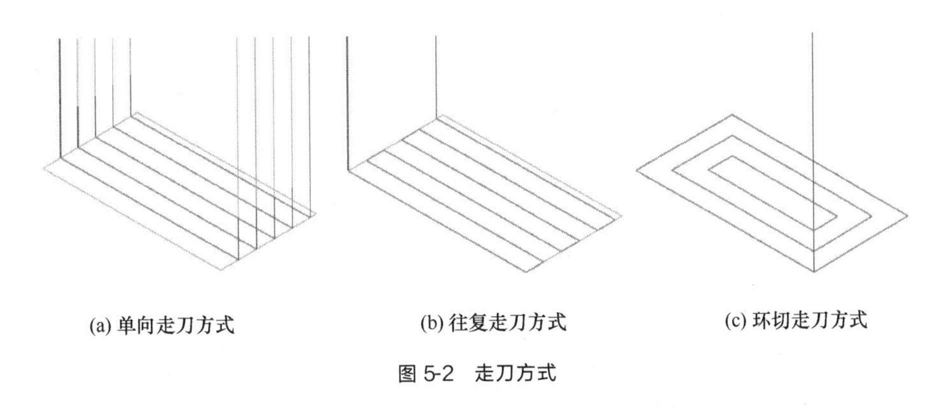

(a) 单向走刀方式　(b) 往复走刀方式　(c) 环切走刀方式

图 5-2　走刀方式

（3）铣削方式的确定

铣削方式的选择直接影响到加工表面质量、刀具耐用度和加工过程的平稳性。在采用圆周铣削时，根据加工余量的大小和表面质量的要求，要合理选用顺铣和逆铣，一般地，粗加工过程中余量较大，应选用逆铣加工方式，以减小机床的震动；精加工时，为达到精度和表面粗糙度的要求，应选择顺铣加工方式。在采用端面铣削时，应根据所加工材料的不同，选用不同的铣削方式。

（4）刀具的切入与切出

在粗加工时，每次加工后残留余量形成的几何形状是在变化的，在下次进刀时如果切入方式选择不当，很容易造成刀具扎入工件事故。在精加工时，切入和切出时切削条件的变化往往会造成加工表面质量的差异。因此，合理选择刀具切入、切出方式具有非常重要的意义。刀具垂直切入和切出工件是最简单、最常用的方式，适用于可以从工件外部切入的凸模类工件的粗加工和精加工，以及模具型腔侧壁的精加工；刀具以斜线或螺旋线切入工件常用于较软材料的粗加工；通过预加工工艺孔切入工件是凹模粗加工常用的下刀方式；圆弧切入、切出工件由于可以消除接刀痕而常用于曲面的精加工。

四、素质拓展

工匠精神是一种职业精神，它是职业道德、职业能力、职业品质的体现，是从业者的一种职业价值取向和行为表现。“工匠精神”的基本内涵包括敬业、精益、专注、创新等方面的内容。

① 敬业。敬业是从业者基于对职业的敬畏和热爱而产生的一种全身心投入的认认真真、尽职尽责的职业精神状态。敬业是中国人的传统美德，也是当今社会主义核心价值观的基本要求之一。早在春秋时期，孔子就主张人在一生中始终要执事敬、事思敬、修己以敬。执事敬是指行事要严肃认真不怠慢；事思敬是指临事要专心致志不懈怠；修己以敬是指加强自身修养保持恭敬谦逊的态度。

② 精益。精益就是精益求精，是从业者对每件产品、每道工序都凝神聚力，精益求精，追求极致的职业品质。所谓精益求精是指已经做得很好了，还要求做得更好，正如老子所说，“天下大事，必作于细”。能基业长青的企业，无不是精益求精才获得成功的。

③ 专注。专注就是内心笃定而着眼于细节的耐心、执着、坚持的精神，这是一切“大国工匠”所必须具备的精神特质。工匠精神都意味着一种执着，即一种几十年如一日的坚持与韧性。术业有专攻，一旦选定行业，就一门心思扎根下去，心无旁骛，在一个细分产品上不断积累优势，在各自领域成为“领头羊”。在中国早就有“艺痴者技必良”的说法，如《庄子》中记载的游刃有余的“庖丁解牛”、《核舟记》中记载的奇巧人王叔远等。

④ 创新。“工匠精神”还包括追求突破、追求革新的创新内蕴。新中国成立初期，我国涌现出一大批优秀的工匠，如倪志福、郝建秀等，他们为社会主义建设事业做出了突出贡献。改革开放以来，“汉字激光照排系统之父”王选，“中国第一、全球第二的充电电池制造商”王传福，从事高铁研制生产的铁路工人和从事特高压、智能电网研究运行的电力工人等都是“工匠精神”的优秀传承者，他们让中国创新重新影响了世界。

任务二　平面型腔零件的造型设计与加工

一、任务引入

型腔是指具有封闭边界轮廓的平面底或者曲面底凹坑。型腔是 CNC 铣床、加工中心中常见的铣削加工结构。铣削型腔时，需要在由边界线确定的封闭区域内去除材料，该区域由侧壁和底面围成，其侧壁和底面可以是斜面、凸台、球面以及其他形状。型腔内部可以全空或有孤岛。对于形状比较复杂或内部有岛的型腔则需要使用计算机辅助（CAM）编程。本任务主要完成如图 5-3 所示的平面型腔零件的造型设计与加工。

二、任务分析

在 CAXA CAM 制造工程师 2022 软件坐标中，蓝色为 Z 坐标轴，正方向向上，红色为 X 坐标轴，正方向向左，绿色为 Y 坐标轴，正方向向后。工件坐标系建在上表面 $\Phi 28$ 半圆弧中心位置，如图 5-3 所示。

本任务完成平面型腔零件的造型设计与加工，主要通过使用设计图素及三维球来快速完成实体建模，利用平面区域粗加工、平面自适应粗加工、平面轮廓精加工、孔加工等功能，完成平面型腔零件的加工。

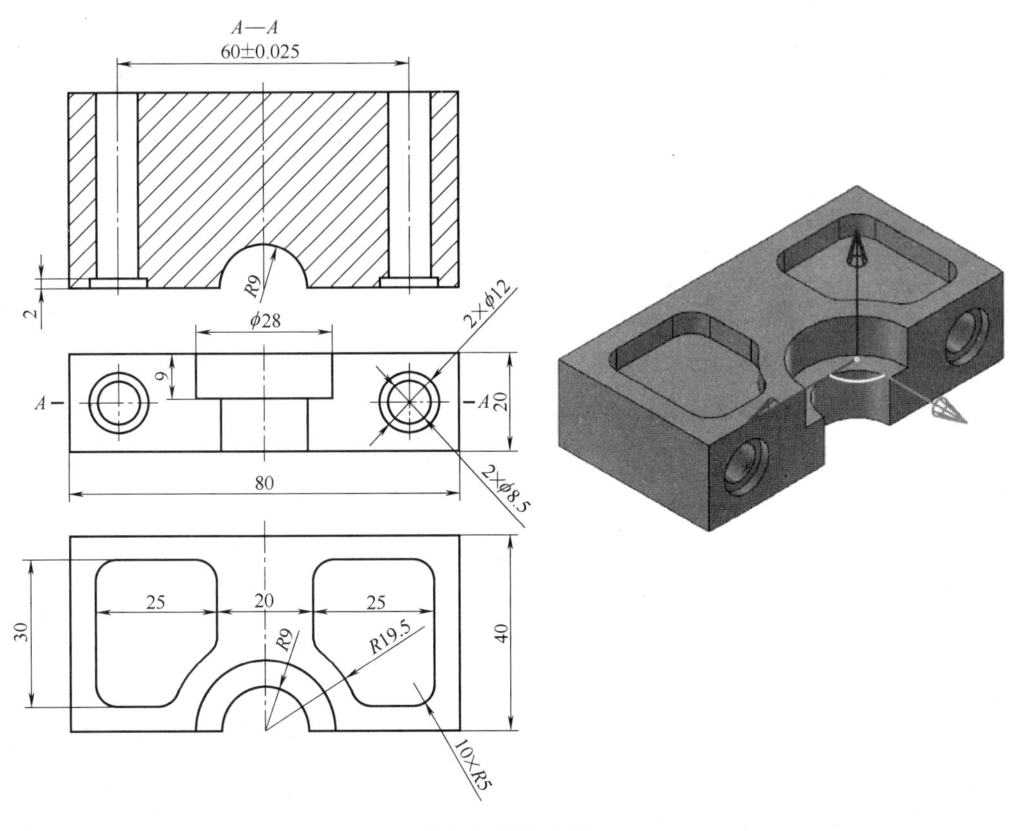

图 5-3　零件尺寸图

三、任务实施

1. 平面型腔零件造型设计

① 在创新模式环境下，单击选中设计元素库中的一个长方体图素，按住鼠标左键把它拖到设计环境当中，然后松开鼠标左键。在选中零件上用鼠标左键再单击一次，进入智能图素编辑状态，鼠标移向红色手柄，鼠标变成一个手形和双箭头时，单击右键弹出编辑包围盒对话框，输入要修改的尺寸数据，如图 5-4 所示，单击“确定”退出编辑包围盒对话框，完成长方体的创建。

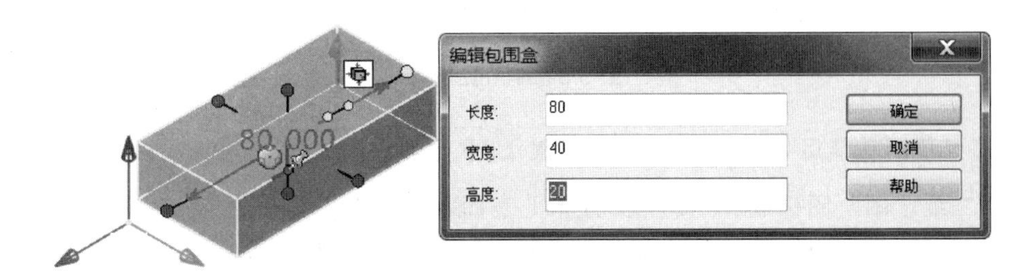

图 5-4　编辑包围盒

② 单击长方体零件，按 F10 键打开三维球，按空格键让三维球脱离图素后，拖拉三维球中心点到长方体零件上边的中点位置 A，如图 5-5 所示；按空格键让三维球附着图

素，把鼠标移到三维球中心点单击右键，在弹出的立即菜单中选择编辑中心，输入长度 0，宽度 0，高度 0，完成坐标系的移动，如图 5-6 所示。

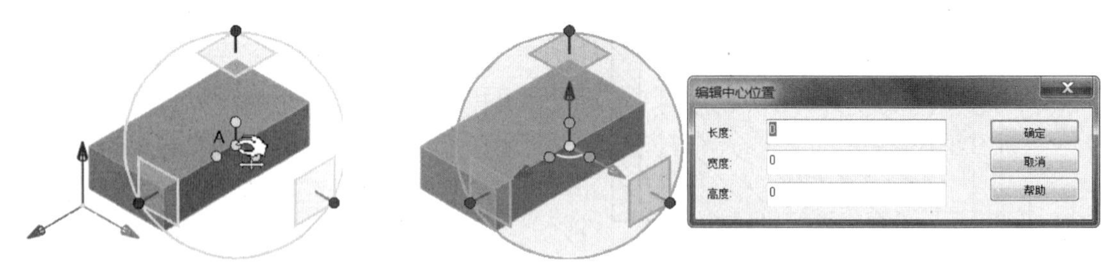

图 5-5 移动三维球到 A 点位置　　　　图 5-6 编辑坐标中心位置

③ 单击选中设计元素库中的一个孔类圆柱体图素，按住鼠标左键把它拖到设计环境当中的零件中心点 A 位置，然后松开鼠标左键。在选中零件上用鼠标左键再单击一次，进入智能图素编辑状态，鼠标移向红色手柄，鼠标变成一个手形和双箭头时，单击右键弹出编辑包围盒对话框，输入要修改的尺寸数据，如图 5-7 所示，单击“确定”退出编辑包围盒对话框，完成 Φ18 圆孔的创建。同理完成 Φ28 圆孔的创建，如图 5-8 所示。如果孔圆心不在坐标中心位置，可以用编辑三维球中心的方法来移动圆心位置。

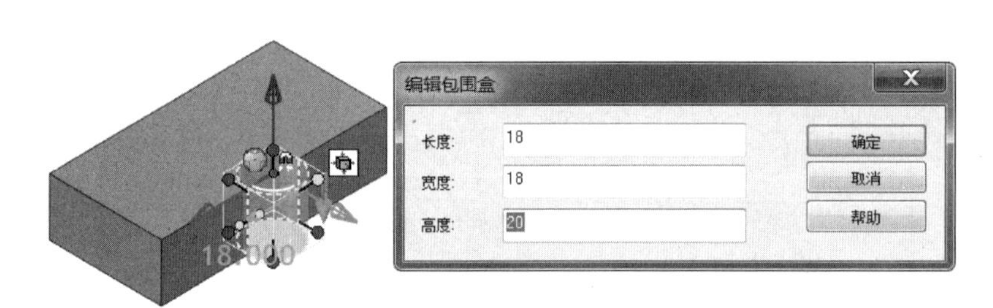

图 5-7 编辑包围盒

图 5-8 编辑包围盒

④ 打开草图功能区，单击“草图”按钮下方的小箭头，出现基准面选择选项。单击选择“二维草图”图标，单击长方体上表面，进入草图绘图环境。在草图绘制功能面板中，利用等距、中心矩形等功能绘制如图 5-9 所示的草图，

⑤ 单击修改面板上的“镜像”图标，在弹出属性对话框中，选择要镜像的草图，拾取中间的镜像轴线。单击“确定”完成镜像，结果如图 5-10 所示。然后删除镜像轴线，完成草图绘制。

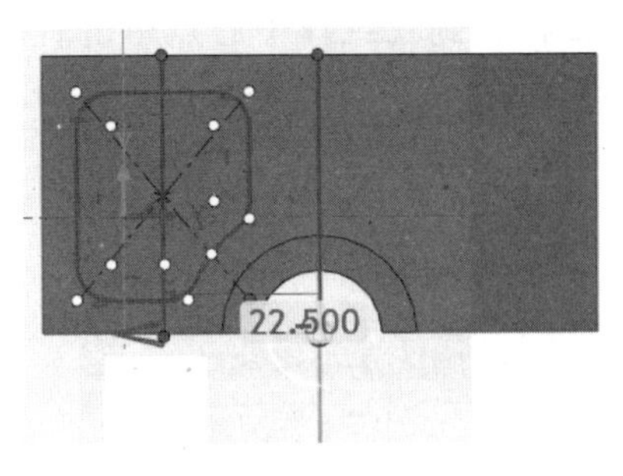

图 5-9　绘制草图

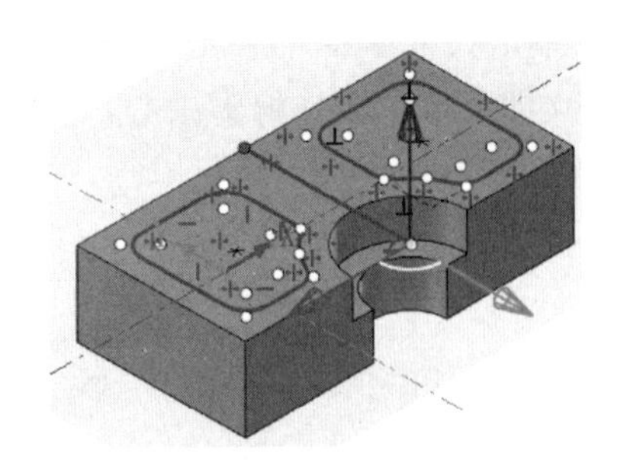

图 5-10　镜像草图

⑥ 在左边的设计环境树中，单击 2D 草图，单击右键，在弹出的菜单中选择“生成—创建拉伸特征”，弹出拉伸特征对话框，单击相关零件，选择除料，输入距离 5，方向拉伸反向，单击“确定”，即可完成拉伸除料特征造型，如图 5-11 所示。

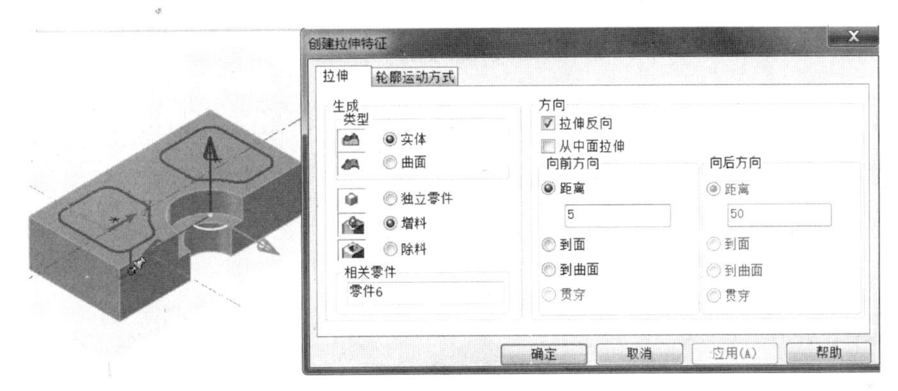

图 5-11　创建型腔实体

⑦ 打开特征功能区，单击特征面板上的“自定义孔”图标 自定义孔，在弹出属性对话框中，选择特征零件，单击长方体零件的前表面，然后设置沉头孔尺寸，如图 5-12 所示，单击“确定”完成沉头孔创建，结果如图 5-13 所示。

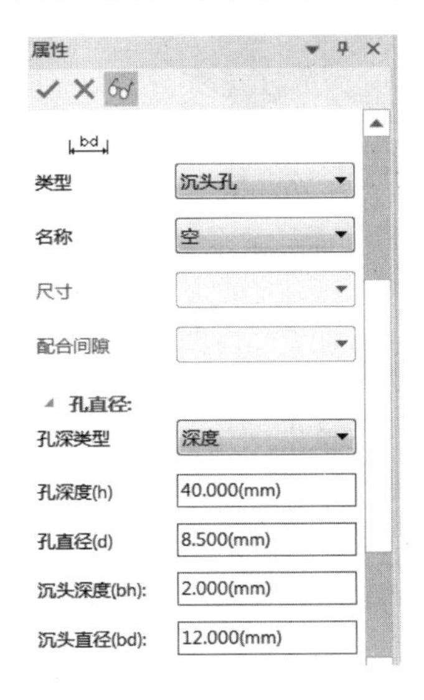

图 5-12　设置沉头孔尺寸

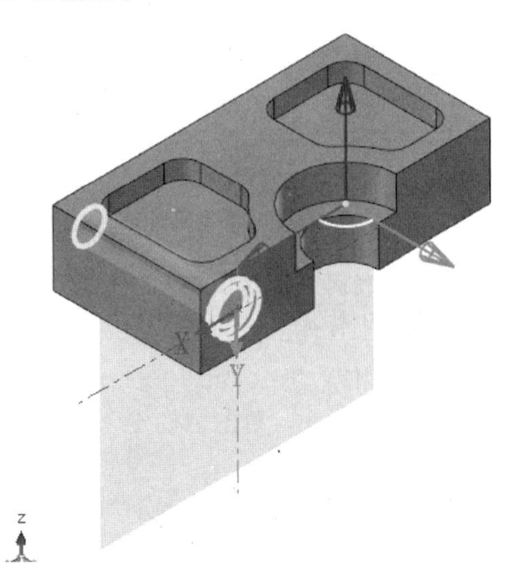

图 5-13　创建沉头孔实体

⑧ 单击长方体零件，按 F10 键打开三维球，把鼠标移到三维球中心点单击右键，在弹出的立即菜单中选择编辑中心，输入长度 30，宽度 0，高度－10，完成沉头孔中心的移动，如图 5-14 所示。

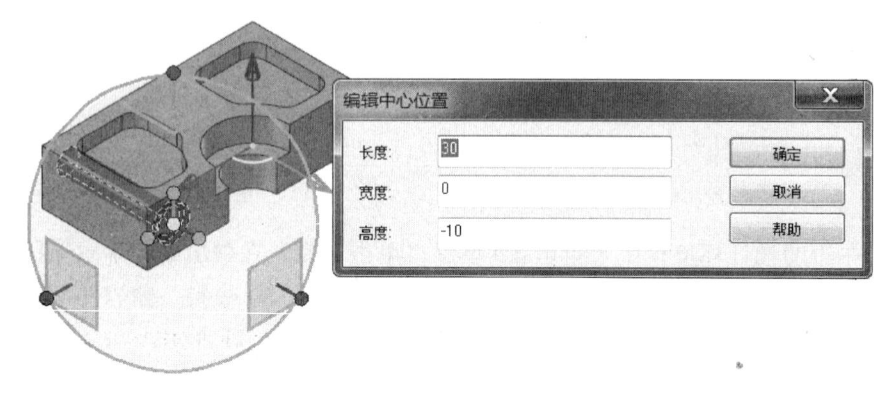

图 5-14　编辑沉头孔中心位置

⑨ 打开特征功能区，单击变换面板上的“阵列”图标，在弹出属性对话框中，单击沉头孔特征零件，选择线性阵列，阵列方向选择零件上 X 方向的边，输入等距距离 60，数量 2，如图 5-15 所示，单击“确定”完成沉头孔阵列，如图 5-16 所示。

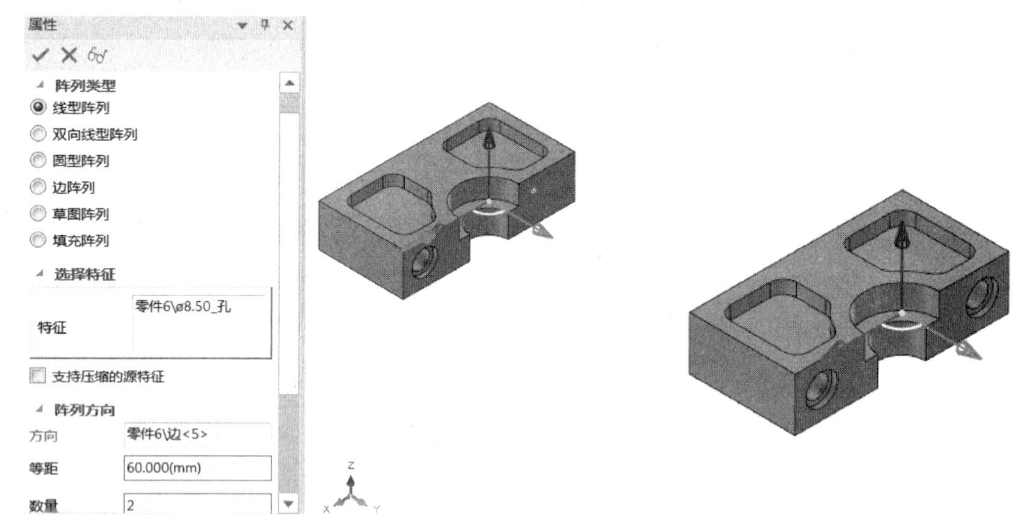

图 5-15　沉头孔阵列设置　　　图 5-16　沉头孔阵列造型

2. 零件上表面平面区域粗加工

① 单击加工管理树中的毛坯，按右键在弹出的菜单中选择创建毛坯，打开创建毛坯对话框，选择长方体，单击“拾取参照模型”，拾取长方体零件，单击“放大”按钮一次，各边毛坯尺寸放大 1mm，单击“确定”，退出对话框后，创建了一个立方体毛坯，如图 5-17 所示。

② 利用直线绘制功能沿着零件边线绘制长 80，宽 40 的长方形轮廓。打开制造功能区面板，单击二轴加工面板上的“平面区域粗加工”按钮，弹出平面区域粗加工对话框，设置加工参数：走刀方式选择“平行加工”“从外向里”，轮廓补偿选择“ON”，岛屿补偿选

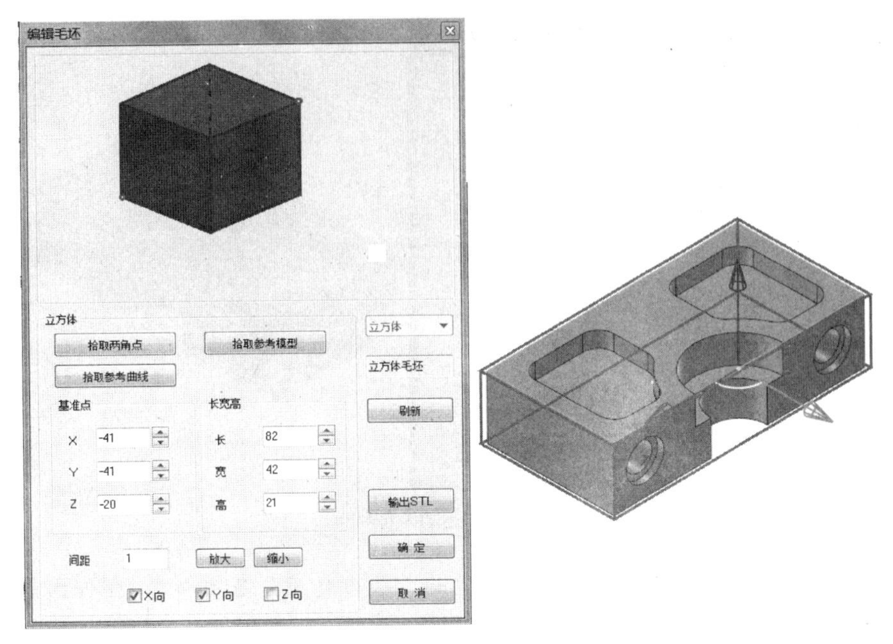

图 5-17 创建立方体毛坯

择“TO”，设置顶层高度 1，底层高度 0.15，每层下降高度 1，行距 4，如图 5-18 所示。

③ 设置接近方式为直线方式，长度 10，下刀方式为垂直下刀，刀具选择直径为 12 的立铣刀，在几何参数页，单击轮廓曲线，拾取长方形作为加工轮廓线，如图 5-19 所示。单击“确定”返回平面区域粗加工对话框。

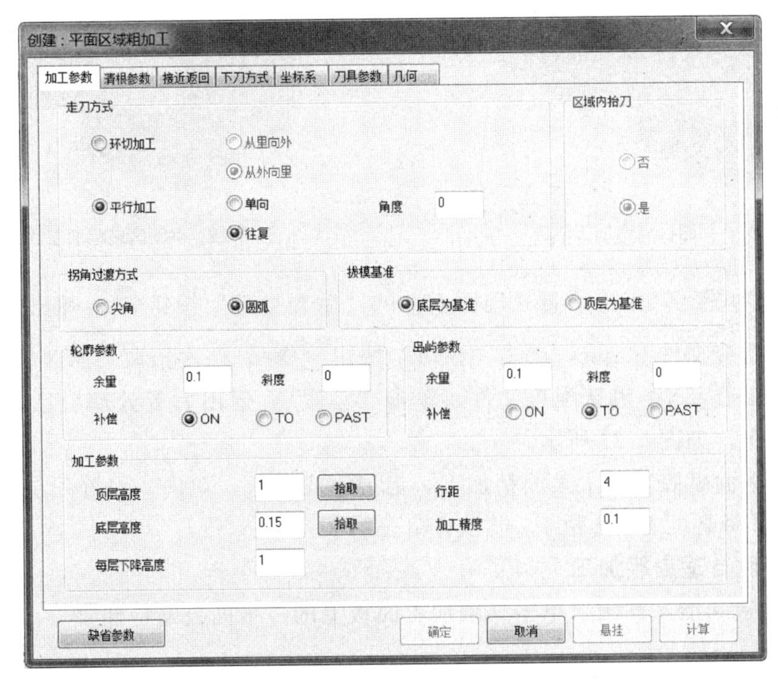

图 5-18 平面区域粗加工参数设置

④ 参数设置完成后，单击“确定”，退出平面区域粗加工对话框，系统自动生成平面区域粗加工轨迹，加工轨迹轴测显示如图 5-20 所示。

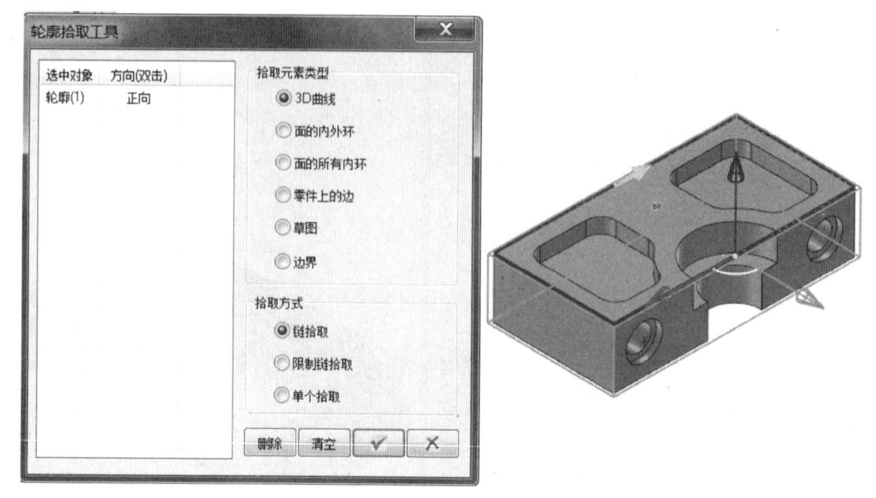

图 5-19 拾取加工轮廓线

⑤ 在制造功能区，单击仿真加工面板上的“线框仿真”按钮，在弹出的窗口中，单击“拾取”按钮 拾取 ，拾取平面区域粗加工轨迹，单击“前进”按钮，开始轨迹仿真加工，结果如图 5-21 所示。

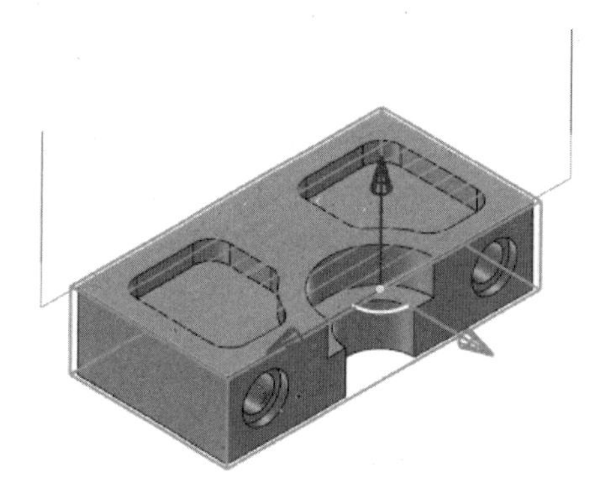

图 5-20 平面区域粗加工轨迹

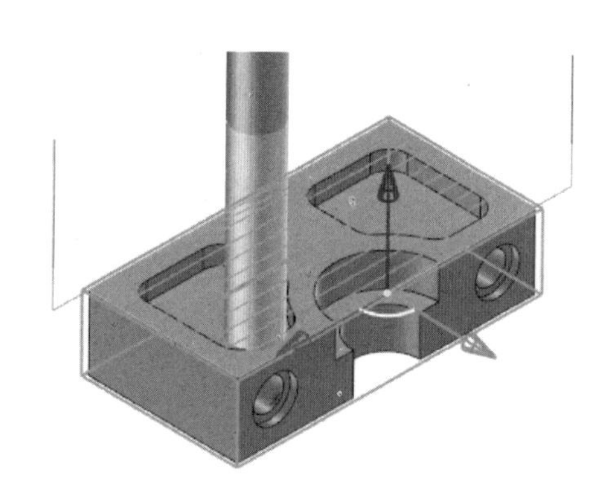

图 5-21 平面区域粗加工线框仿真

⑥ 在制造功能区，单击后置处理面板上的“后置处理”按钮 G，弹出后置处理对话框。选择控制系统文件 Fanuc，单击“拾取”按钮 拾取 ，依次拾取平面区域粗加工轨迹，选择“铣加工中心_3X”机床配置文件，单击“后置”，退出后置处理对话框，生成平面区域粗加工程序，如图 5-22 所示。

同理完成平面型腔零件上表面精加工，走刀方式平行，单向，设置顶层高度 1，底层高度 0，每层下降高度 1，行距 4，过程省略。

3. 平面型腔自适应粗加工

① 打开制造功能区面板，单击二轴加工面板上的“平面自适应粗加工”按钮，弹出平面自适应粗加工对话框，设置加工参数：走刀方式“往复”，加工方向“顺铣”，加工余量 0.2，顶层高度 0，底层高度 −5，层高 2，如图 5-23 所示。连接参数设置选择“加下刀”，下刀方式选择“螺旋”下刀方式，如图 5-24 所示。

平面形腔自适应粗加工

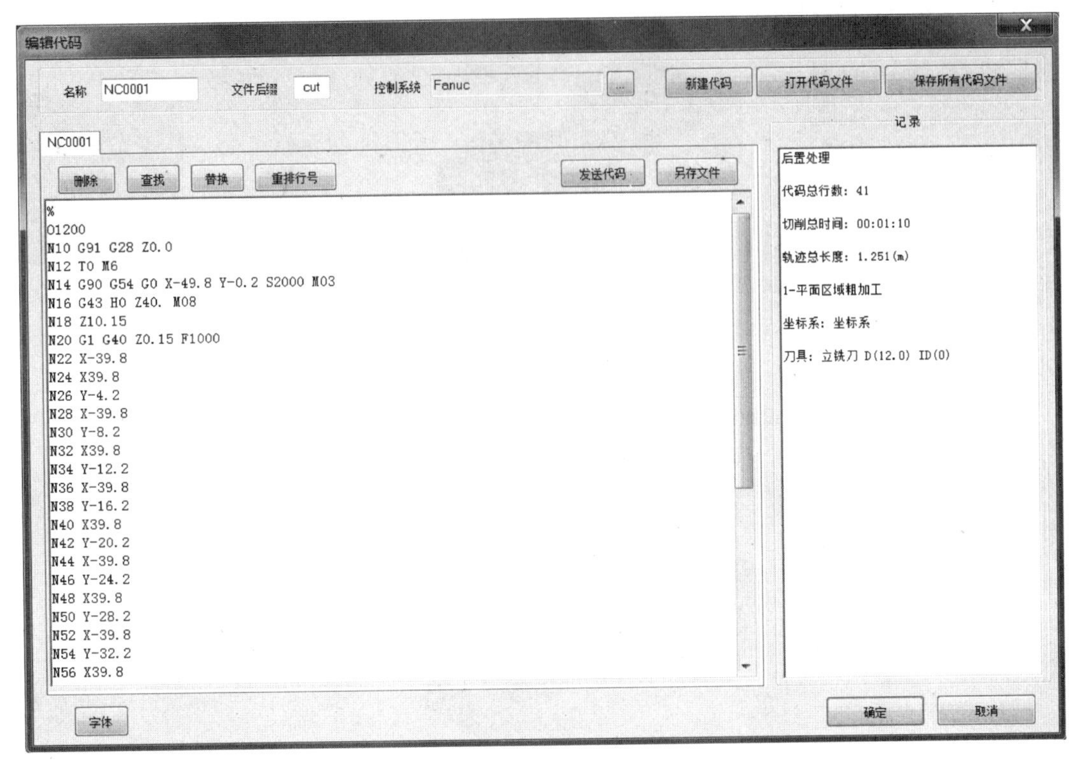

图 5-22 平面区域粗加工程序

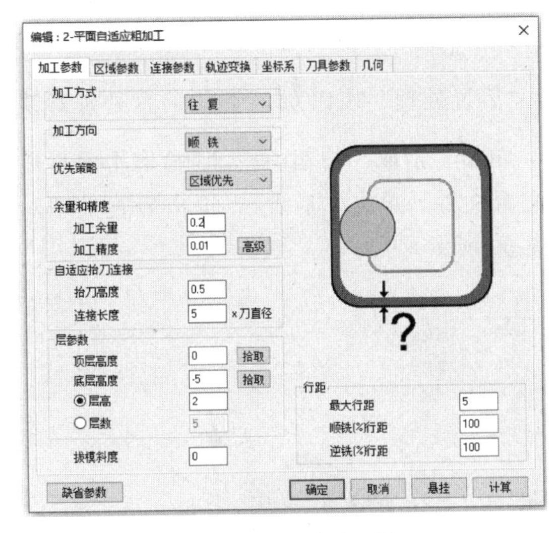

图 5-23 加工参数设置

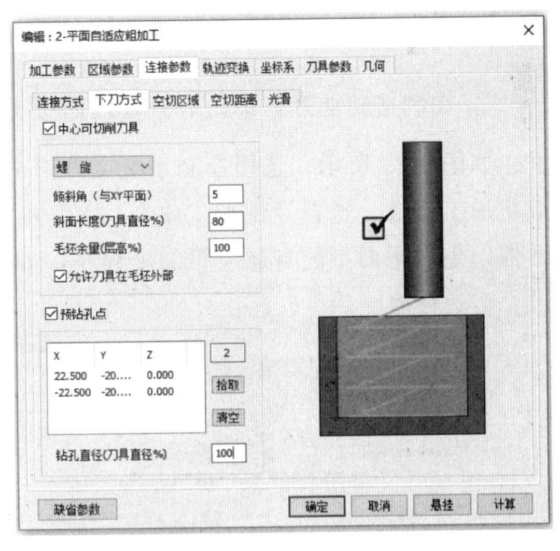

图 5-24 下刀方式参数设置

单击选择预钻孔点，单击“拾取”按钮，在弹出的点拾取工具对话框中，单击“输入点坐标值”，分别输入（22.5，－20,0）和（－22.5，－20,0），如图 5-25 所示。

② 在几何页单击加工区域，如图 5-26 所示。在弹出的拾取轮廓工具对话框中选择“面的所在内环”，单击拾取零件上表面，如图 5-27 所示，单击“确定”，退出拾取轮廓工具对话框。参数设置完成后，单击“确定”，退出平面自适应粗加工对话框，系统自动生成平面自适应粗加工轨迹，加工轨迹轴测显示，如图 5-28 所示。

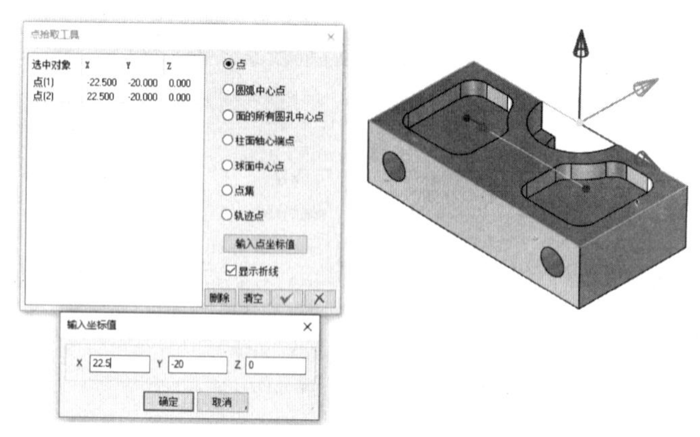

图 5-25　设置预钻孔点

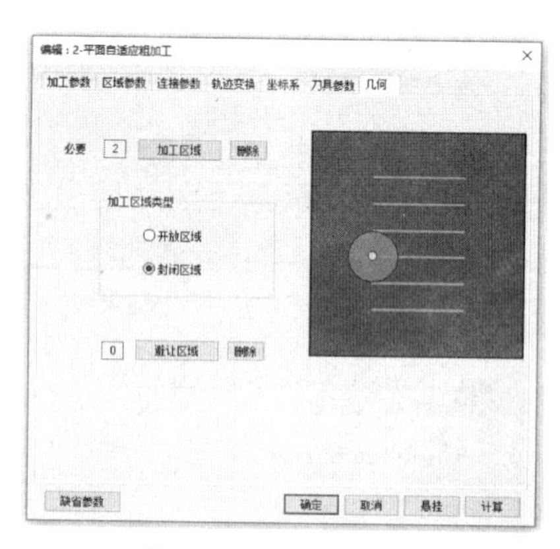

图 5-26　几何参数设置

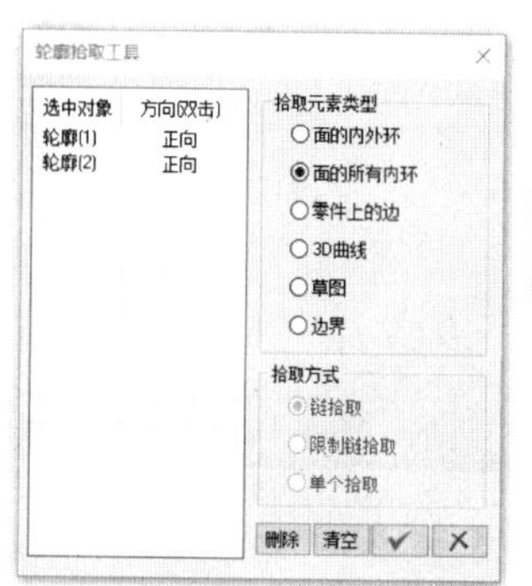

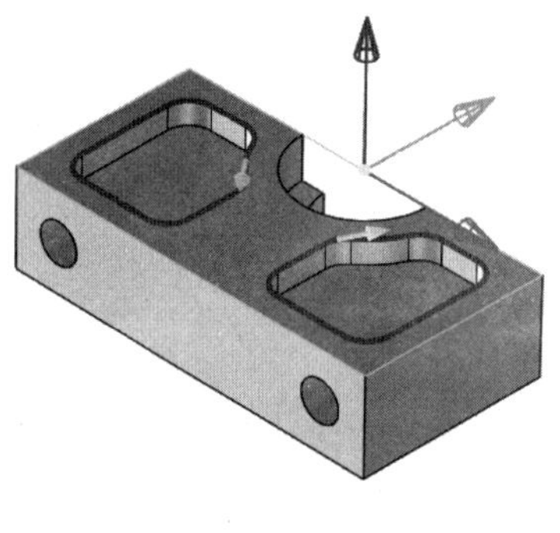

图 5-27　拾取加工轮廓

图 5-28　自适应粗加工轨迹

③ 在制造功能区，单击后置处理面板上的“后置处理”按钮**G**，弹出后置处理对话框。如图 5-29 所示。选择控制系统文件 Fanuc，单击“拾取”按钮 拾取 ，拾取平面自适应粗加工轨迹，选择“铣加工中心_3X”机床配置文件，单击“后置”，退出后置处理对话框，生成平面型腔自适应粗加工程序，如图 5-30 所示。

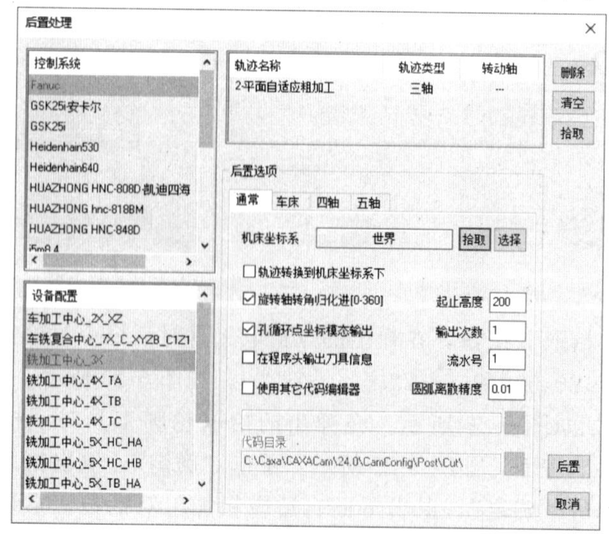

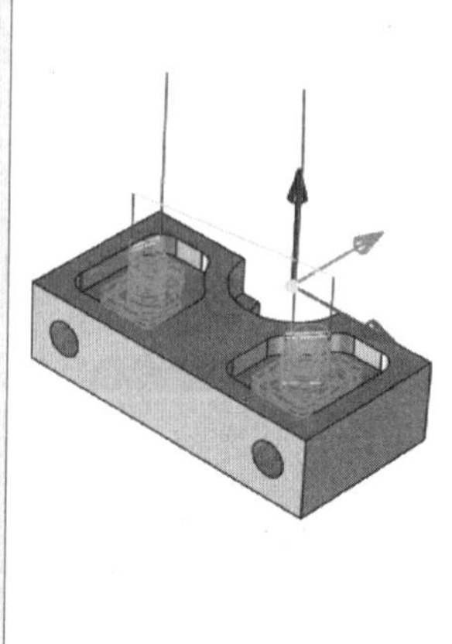

图 5-29　后处理设置

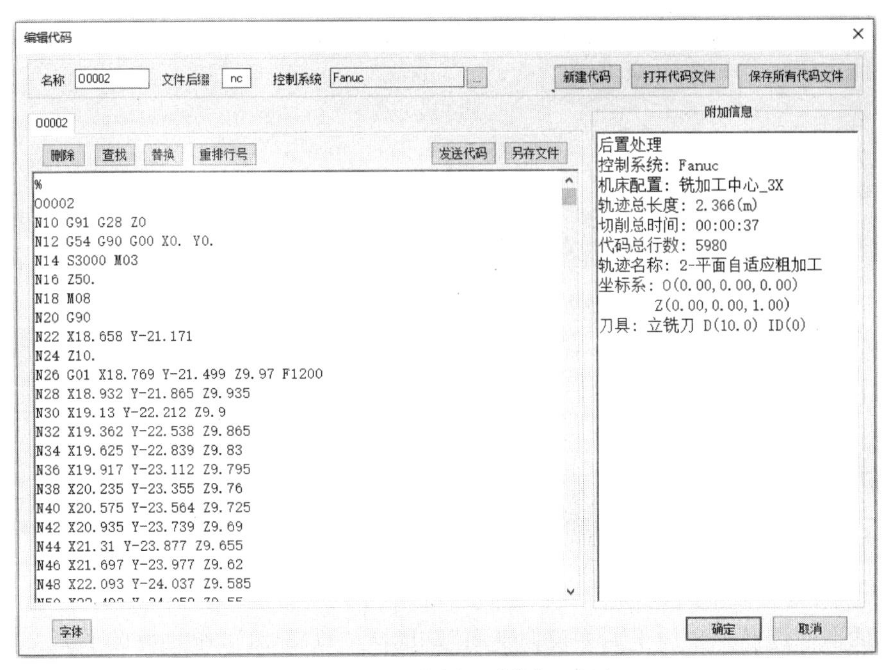

图 5-30　平面型腔自适应粗加工程序

4. 平面型腔轮廓精加工

① 打开制造功能区面板，单击二轴加工面板上的“平面轮廓精加工 1”按钮，弹出平面轮廓精加工 1 对话框，设置加工参数：刀次 1，设置顶层高度 0，底层高度 −5，层高 3，右偏，偏移类型选择“TO”，如图 5-31 所示。

② 起始点选择拾取和 Y 轴方向平行的内轮廓边中点。切入切出方式选择“圆弧”，圆弧半径 $R3$，如图 5-32 所示。

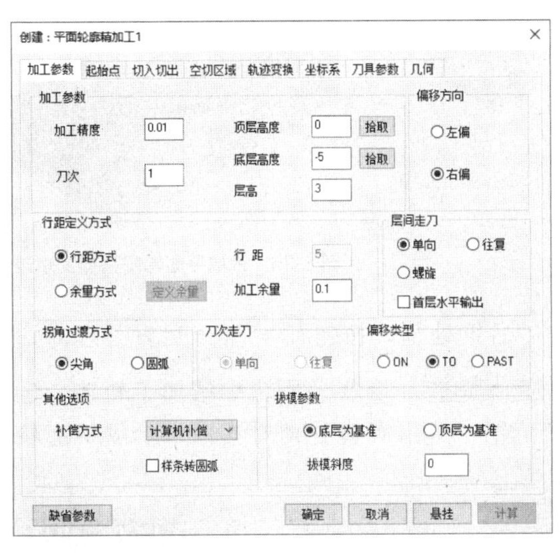

图 5-31　加工参数设置对话框

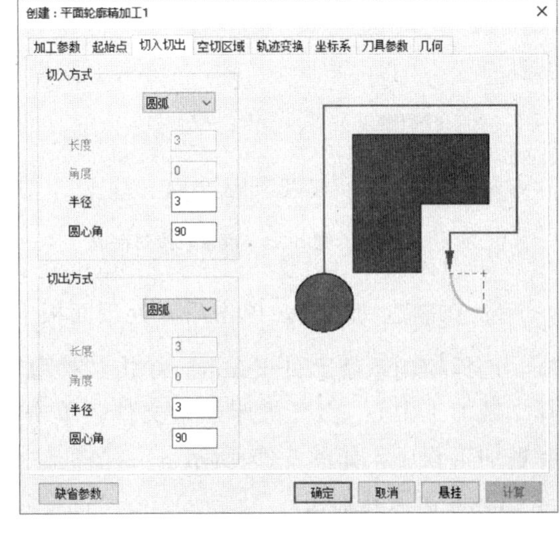

图 5-32　切入切出方式

③ 选择直径为 6 的立铣刀，在几何参数页，单击轮廓曲线，在轮廓拾取工具对话框中，选择“零件上的边”，拾取平面型腔内轮廓作为精加工轮廓曲线，如图 5-33 所示。

④ 参数设置完成后，单击“确定”，退出平面轮廓精加工 1 对话框，系统自动生成平面轮廓精加工轨迹，如图 5-34 所示。

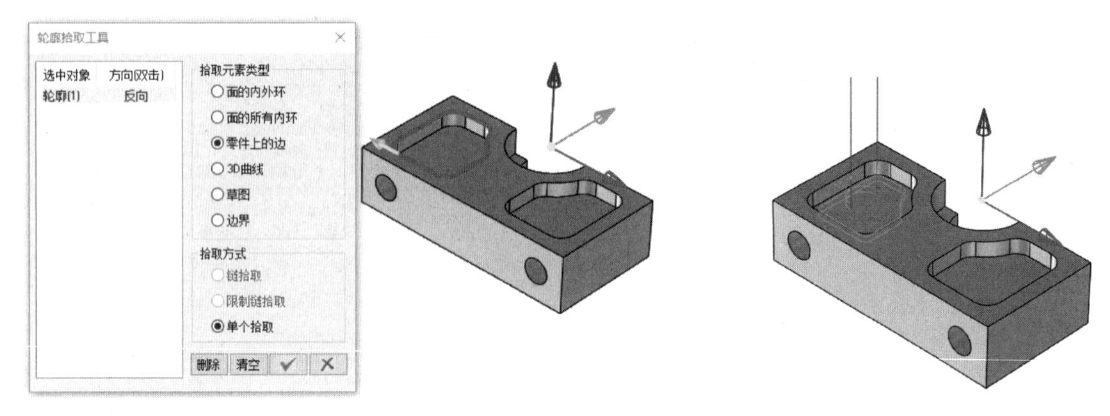

图 5-33 拾取精加工轮廓曲线　　图 5-34 平面轮廓精加工轨迹

⑤ 打开制造功能区面板，单击轨迹变换面板上的“镜像轨迹”按钮，在弹出的镜像轨迹对话框中选择“坐标平面为镜像平面”，选择“*YOZ* 面”作为镜像平面，单击“拾取”*YOZ* 坐标面，然后单击“拾取”源加工轨迹，如图 5-35 所示。单击“确定”，退出镜像轨迹对话框，完成镜像轨迹操作，如图 5-36 所示。

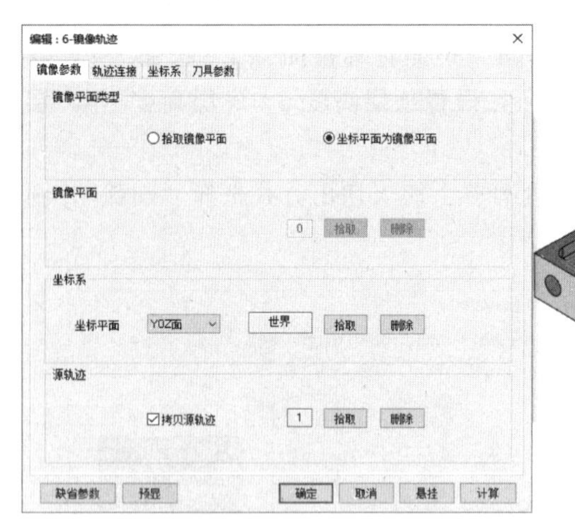

图 5-35 镜像轨迹对话框

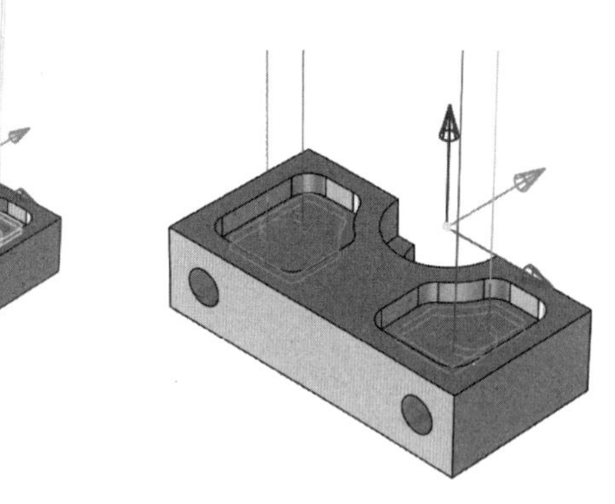

图 5-36 镜像平面轮廓精加工轨迹

⑥ 在制造功能区，单击后置处理面板上的“后置处理”按钮 G，弹出后置处理对话框。选择控制系统文件 Fanuc，单击“拾取”按钮 拾取，拾取平面轮廓精加工轨迹，选择“铣加工中心_3X”机床配置文件，单击“后置”，退出后置处理对话框，生成平面轮廓精加工程序，如图 5-37 所示。

5. 侧面深孔加工

侧面深孔加工

① 打开制造功能区，单击“创建”面板上的“坐标系”按钮，弹出坐标系对话框，如图 5-38 所示。输入坐标系，在“原点坐标”中单击“点”，拾取零件上表面端点位置，在“*Z* 轴矢量”中单击“方向”，拾取

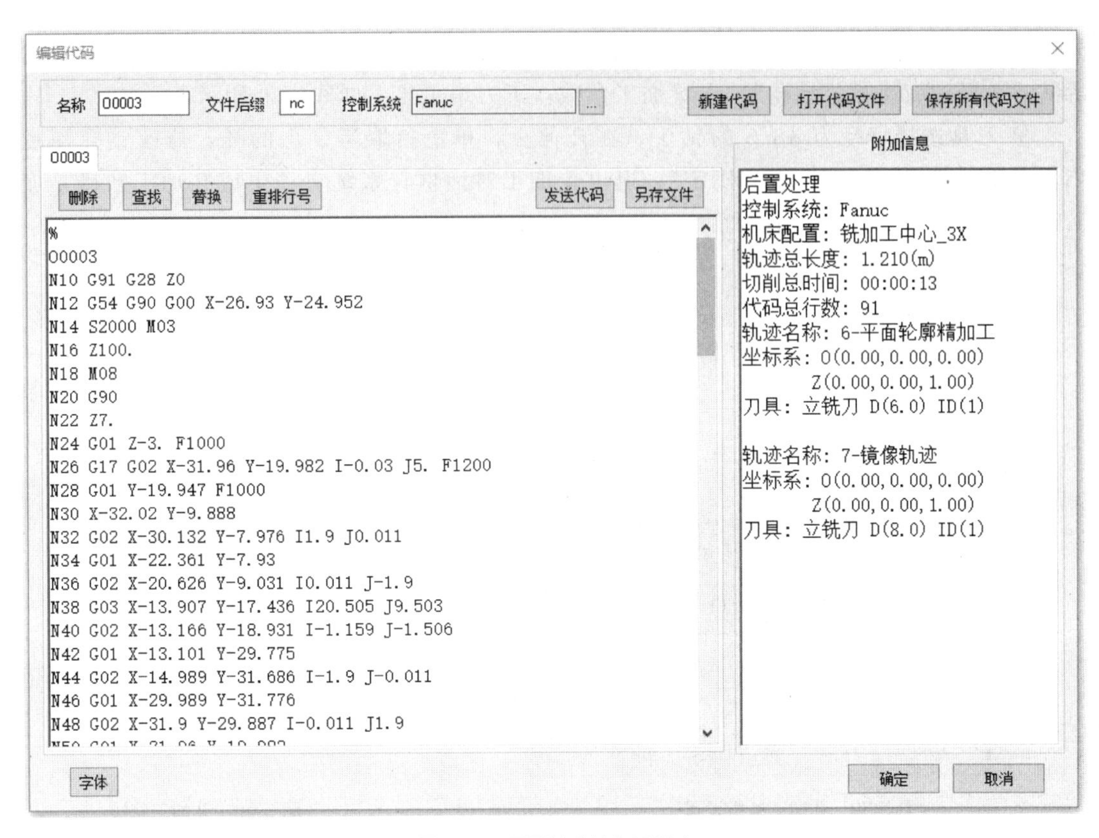

图 5-37　平面轮廓精加工程序

Z 轴线，单击“*X* 轴矢量方向”，拾取 *X* 轴线，单击“确定”退出，创建了新的坐标系。图中蓝色为 *Z* 坐标轴，正方向向上，红色为 *X* 坐标轴，正方向向后，绿色为 *Y* 坐标轴，正方向向右。工件坐标系建在上表面端点位置，如图 5-38 所示。

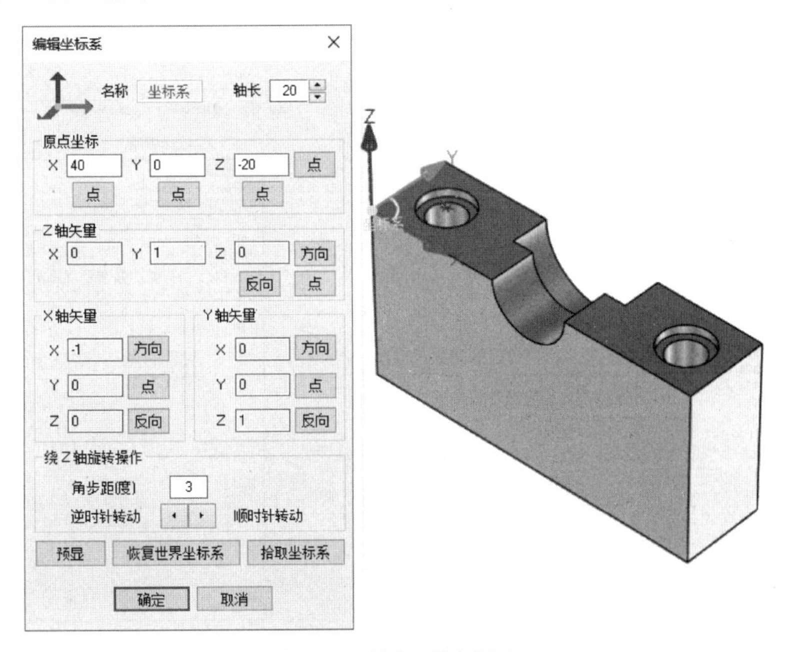

图 5-38　创建工件坐标系

② 打开制造功能区面板，单击孔加工面板上的“孔加工”按钮，弹出孔加工对话框，选择“高速啄式钻孔”，设置加工参数：下刀增量 1，如图 5-39 所示。

③ 刀具选择直径为 ϕ8.5 的钻头。在几何页，单击拾取零件上的孔，修改钻孔深度 35，参数设置完成后，单击“确定”，退出孔加工对话框，系统自动生成孔加工轨迹，加工轨迹轴测显示如图 5-40 所示。

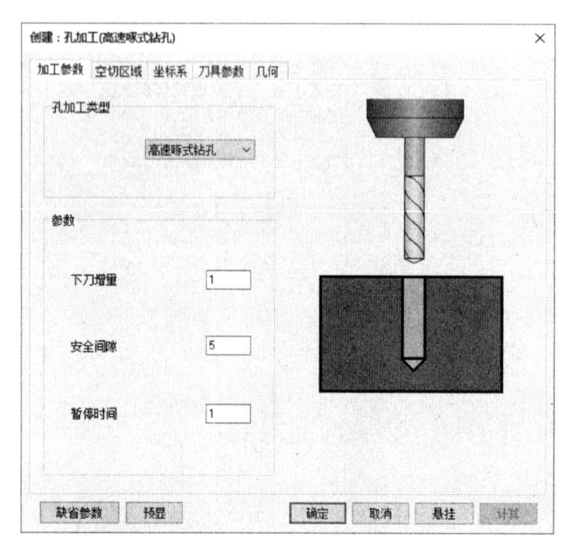

图 5-39 孔加工参数设置

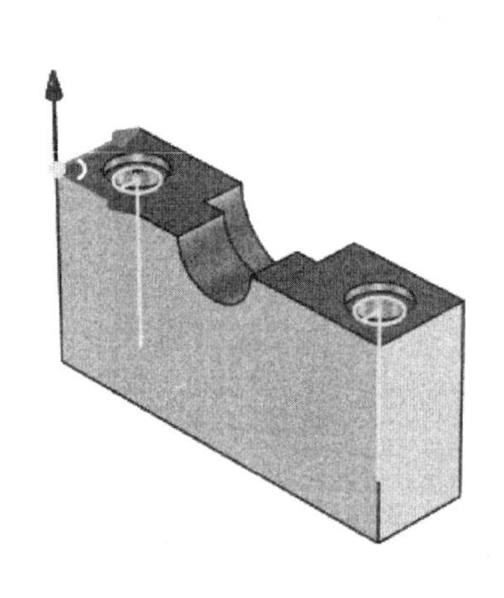

图 5-40 孔加工轨迹

④ 在制造功能区，单击后置处理面板上的“后置处理”按钮 G，弹出后置处理对话框。选择控制系统文件 Fanuc，单击“拾取”按钮 拾取 ，拾取孔加工轨迹，选择“铣加工中心_3X”机床配置文件，单击“后置”，退出后置处理对话框，生成钻孔加工程序，如图 5-41 所示。

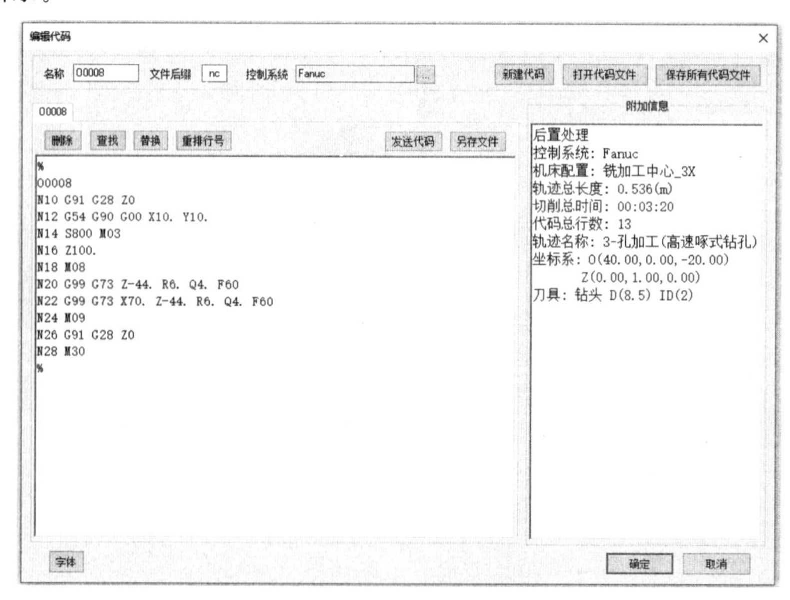

图 5-41 孔加工程序

⑤ 同理，打开孔加工对话框，选择镗孔加工，设置加工参数：下刀增量 1，如图 5-42 所示。刀具选择直径为 $\phi 12$ 的镗刀。在几何页，单击拾取零件上的孔，修改钻孔深度 2，参数设置完成后，单击“确定”，退出孔加工对话框，系统自动生成孔加工轨迹，加工轨迹轴测显示如图 5-43 所示。生成镗孔加工程序，如图 5-44 所示。

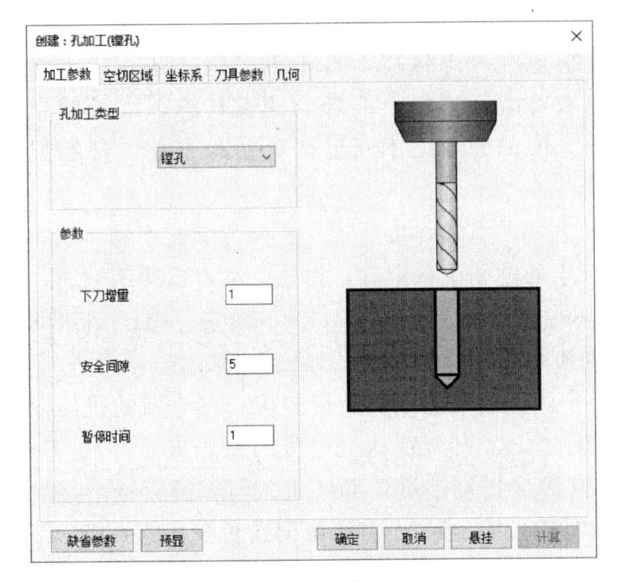

图 5-42　孔加工参数设置

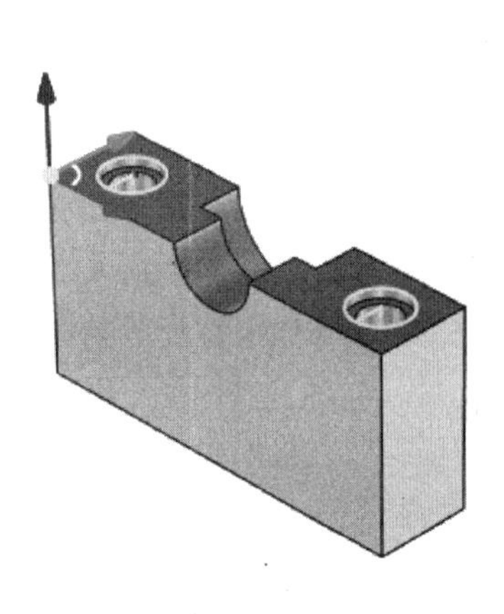

图 5-43　孔加工轨迹

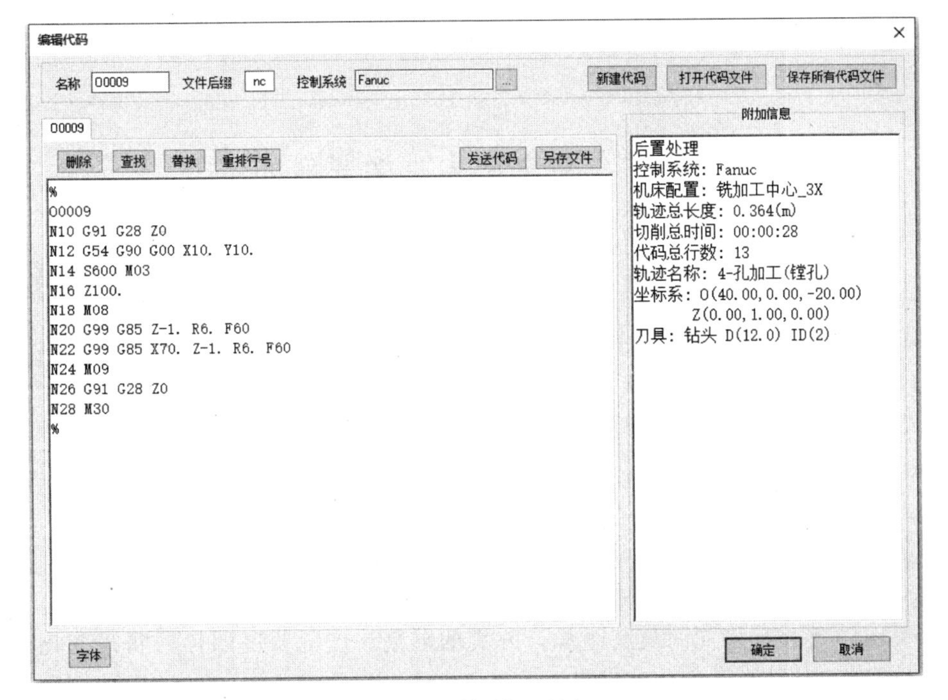

图 5-44　镗孔加工程序

四、素质拓展

全国劳模高凤林是中国航天科技集团公司第一研究院 211 厂特种熔融焊接工、国家高级技师，是一位地地道道的焊工，他焊接的是中国长征运载火箭，有中国电焊第一人之称，专门焊接火箭发动机。

带着对航天的好奇，高凤林走进了七机部 211 厂的技校。两年的技校学习，使他对航天有了初步的了解，特别是在火箭发动机车间实习过程中，焊接师傅们讲述中国航天艰难的创业发展历程，25 天完成 25 台发动机焊接任务时的成功与喜悦，讲焊接对产品成败的深远影响，这使高凤林对航天事业、对焊接技术有了更深刻的认识。也就是从那时起，航天事业的荣誉感与焊接技术对航天发展重要影响的责任感，以及领导和师傅的信任与期望，使高凤林产生一种无形的力量，不断促使他钻研专业、苦练焊接技艺。

为了掌握过硬的技术，他一面虚心向老师傅求教焊接技巧，一面苦练基本功，吃饭时拿筷子练习送丝的动作，喝水时端着盛满水的缸子练稳定性，休息时举着铁块练耐力，甚至冒着高温观察铁液的流动规律。这种不怕吃苦、不怕受累、善于观察、勇于钻研的精神，使高凤林积蓄了能量，成为火箭发动机焊接专业领域的“焊接大师”。

21 世纪 90 年代，高凤林加入了中航集团，当时他主要负责焊接一些火箭的机体以及其他部件，随着焊接技术日益成熟，高凤林成为火箭发动机焊接的核心人才。30 年内，高凤林攻克了 200 多项难关，为 90 台火箭焊接过发动机，可在 0.33mm 的管壁上，焊接次数超 3 万次，成为名副其实的中国电焊第一人。在 2014 年德国纽伦堡国际发明展上，他凭借自己高超的焊工手艺一举拿下三项世界金奖，为中国增添了光彩。

大国工匠能够匠心筑梦，凭的是传承和钻研，靠的是专注与磨砺。高凤林用工匠精神为航天事业奉献了自己的人生，也给予我们无限的力量。

任务三　三全育人影像浮雕加工

一、任务引入

三全育人影像浮雕加工

影像浮雕加工一般都需要用雕刻机，但是用 CAXA CAM 制造工程师 2022 软件的平面影像浮雕加工功能，可以使用普通的数控机床就可以加工浮雕。试用影像浮雕加工功能雕刻如图 5-45 所示三全育人平面模型，厚度为 0.4mm。

二、任务分析

CAXA CAM 制造工程师 2022 软件中的影像浮雕加工是对平面影像进行加工的，并且支持 *.bmp 等多种格式的灰度图像，刀具的雕刻深度随灰度图片的明暗变化而变化。由于影像浮雕的加工效果基本由图像的灰度值决定，因此浮雕加工的关键在于原始图形的建立。如果要加工一张彩色的图片或者其他格式的图片，必须先对其格式进行转换。手绘图形可以扫描或拍照，然后用 Photoshop 转换为 *.bmp 格式，对其灰度值进行调整后就可以进行浮雕数控加工。如图 5-46 所示的三全育人反面图，本任务生成深度 0.4mm 的三全育人浮雕加工程序。

图 5-45　三全育人平面图

图 5-46　三全育人平面反面图

三、任务实施

① 打开草图功能区，单击“草图”按钮下方的小箭头，出现基准面选择选项。单击选择“在 *X*-*Y* 基准面”图标，在 *X*-*Y* 基准面内新建草图，进入草图绘图环境。利用草图绘制和修改功能，绘制长度 114，宽度 78 的长方形草图，单击“结束草图”按钮，单击下拉按钮中的，完成草图绘制，如图 5-47 所示。

② 在左边的设计环境树中，单击 2D 草图 1，单击右键，在弹出的菜单中选择“生成-创建拉伸特征”，弹出拉伸特征对话框，类型选择独立零件，方向相反，输入距离 10，单击“确定”，即可完成拉伸增料特征造型，如图 5-48 所示。

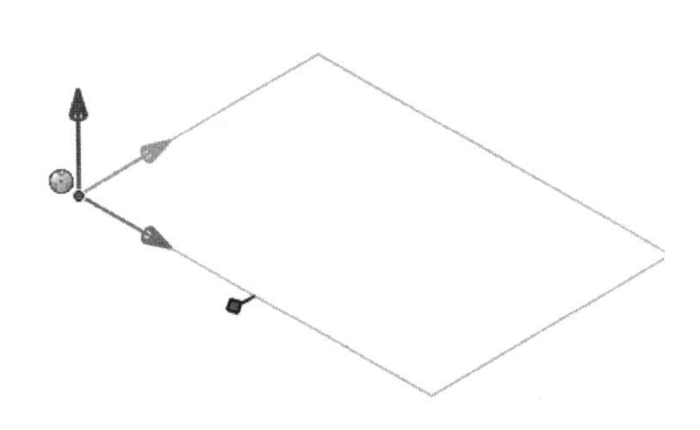

图 5-47　绘制长方形草图

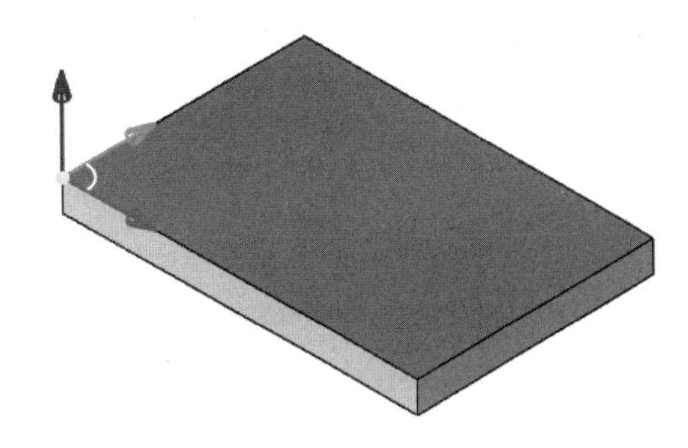

图 5-48　创建长方体实体

③ 单击加工管理树中的毛坯，按右键在弹出的菜单中选择创建毛坯，打开创建毛坯对话框，选择长方体，单击拾取参照模型，拾取长方体零件，单击“确定”，退出对话框后，创建了一个长方体毛坯。

④ 打开制造功能区面板，单击图像加工面板上的“影像浮雕加工”按钮，弹出影像浮雕加工对话框，单击“打开”，选择三全育人反面图像，如图 5-49 所示。

⑤ 设置雕刻深度 0.4，雕刻灰度选择“5 级灰度”，如图 5-50 所示。

⑥ 刀具选择 ϕ0.15 的雕刻刀，如图 5-51 所示。

⑦ 在几何页，单击定位点，在零件上捕捉坐标零点。各参数设置完后，单击“确定”退出对话框，生成影像浮雕加工轨迹，如图 5-52 所示。

⑧ 在制造功能区，单击仿真加工面板上的“实体仿真”按钮，在弹出的窗口中，单击“拾取”按钮 拾取，拾取影像浮雕加工轨迹，单击“仿真”按钮 仿真，进入仿真窗口中，单击“运行”按钮▶，开始轨迹仿真加工，结果如图5-53所示。

图 5-49 三全育人反面图像

⑨ 在制造功能区，单击后置处理面板上的“后置处理”按钮 G，弹出“后置处理”对话框。选择控制系统文件 Fanuc，单击“拾取”按钮 拾取，拾取影像浮雕加工轨迹，选择“铣加工中心_3X”机床配置文件，单击“后置”，退出后置处理对话框，生成三全育人影像浮雕加工程序，如图5-54所示。

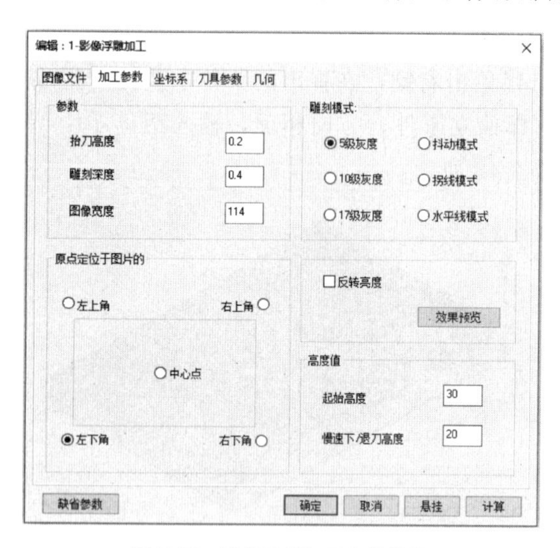

图 5-50 影像雕刻加工参数设置

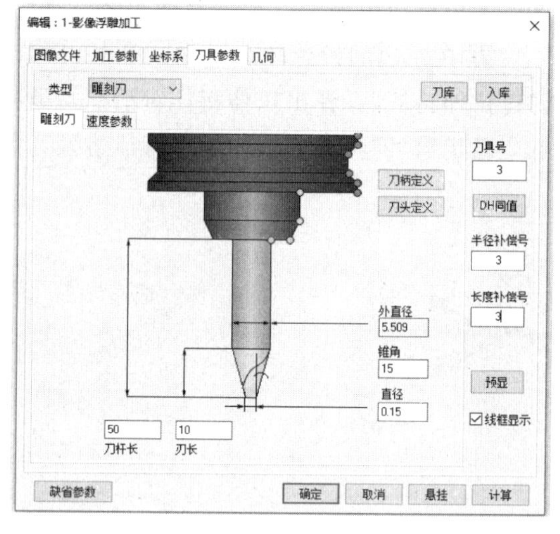

图 5-51 雕刻刀具设置

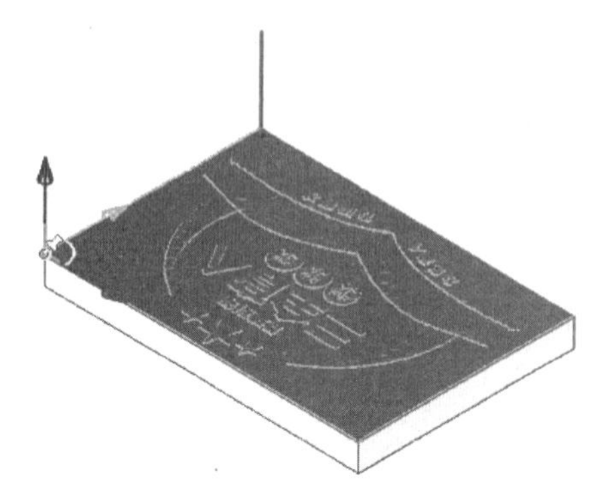

图 5-52 影像雕刻加工轨迹

图 5-53 影像雕刻加工仿真

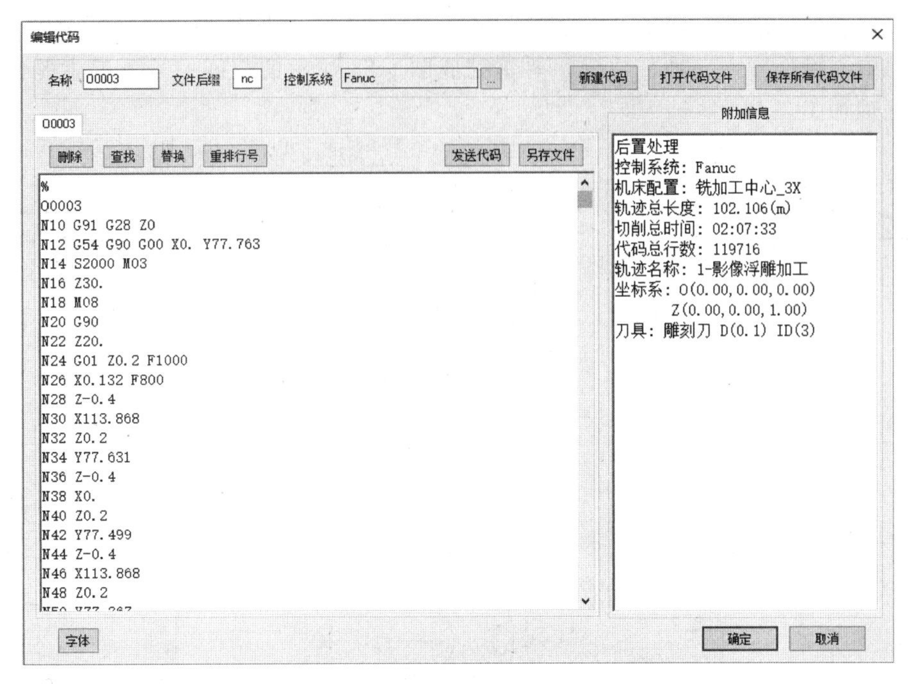

图 5-54　影像雕刻加工程序

四、素质拓展

“三全育人”即全员育人、全程育人、全方位育人，是中共中央、国务院《关于加强和改进新形势下高校思想政治工作的意见》提出的坚持全员、全过程、全方位育人（简称“三全育人”）的要求。

“三全育人”综合改革工作的总体目标，是以习近平新时代中国特色社会主义思想为指导，坚持和加强党对高校的全面领导，紧紧围绕立德树人根本任务，充分发挥中国特色社会主义教育的育人优势，以理想信念教育为核心，以社会主义核心价值观为引领，以全面提高人才培养能力为关键，切实提高工作亲和力和针对性，强化基础、突出重点、建立规范、落实责任，一体化构建内容完善、标准健全、运行科学、保障有力、成效显著的高校思想政治工作体系，使思想政治工作体系贯通学科体系、教学体系、教材体系、管理体系，形成全员全过程全方位育人格局。

任务四　空间一号主舱体的造型设计与加工

一、任务引入

五轴加工技术是现代数控加工的前沿技术，它涉及计算机辅助设计与制造中的三维造型、仿真模拟和五轴联动加工技术。随着数控大赛不断深入，注重工艺方法的实操试题的考核重点已经不再是单一的试件加工技术技能，而开始侧重零部件整体加工工艺过程。同时，通过竞赛，检验参赛选手的团队协作能力、计划组织能力和数控机床故障诊断和排除技能，以及质量、效率、成本、安全和环保意识。本任务选题来源于第七届全国数控技能大赛加工中心操作工（五轴）样题，要求完成图 5-55 所示的空间一号飞船主舱体的造型设计与五轴加工。

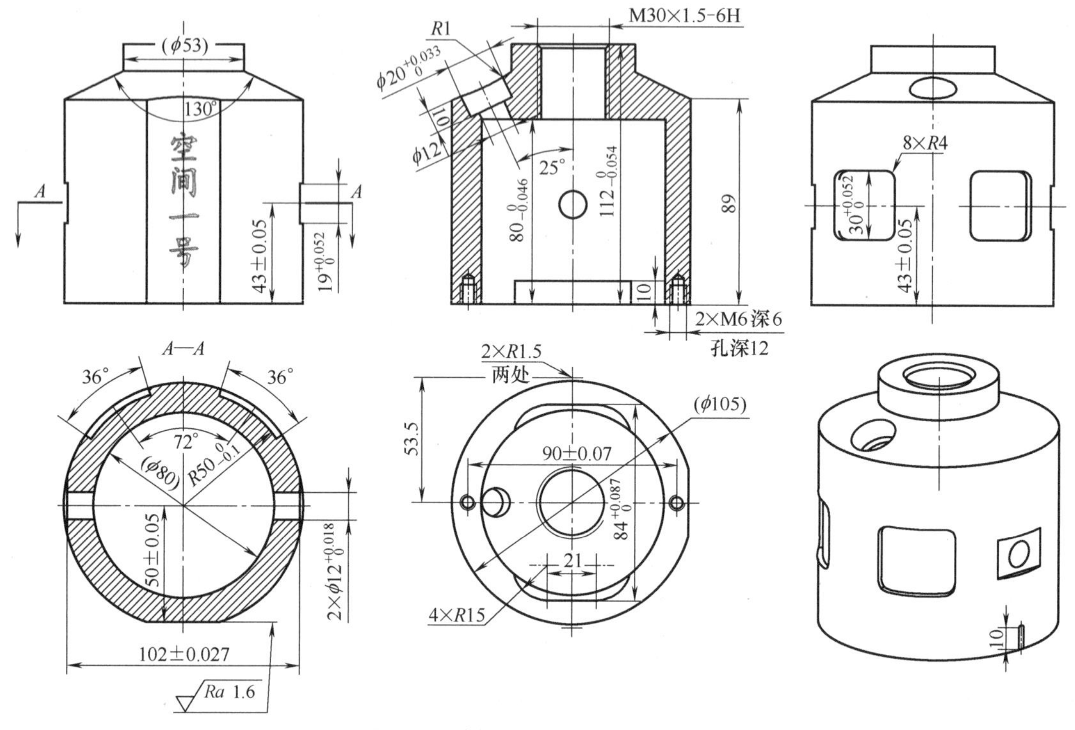

图 5-55　空间一号飞船主舱体零件图

二、任务分析

主舱体零件加工部位多，且各加工面不在同一平面内，所以要分别在加工面建立工件坐标系，然后使用合适的加工功能生成加工轨迹。本任务完成空间一号飞船主舱体的造型设计与五轴加工。主要通过绘制草图，然后利用旋转增料和拉伸除料等方法完成实体建模，利用五轴参数线加工、平面区域粗加工、平面光铣加工、平面轮廓精加工、铣圆孔加工、等高线粗加工、等高线精加工等功能，完成主舱体零件的加工。

图 5-56 为空间一号飞船装配示意图

三、任务实施

1. 空间一号主舱体的造型设计

① 打开草图功能区，单击“草图”按钮下方的小箭头，出现基准面选择选项。单击选择“在 Z-X 基准面”图标，在 Z-X 基准面内新建草图，进入草图绘图环境。利用草图绘制和修改功能，绘制如图 5-57 所示的草图，单击“结束草图”按钮，单击“下拉”按钮中的，完成草图绘制。

② 在左边的设计环境树中，单击 2D 草图 1，单击右键，在弹出的菜单中选择“生

成-创建旋转特征”，弹出旋转特征对话框。拾取相关零件，类型选择增料，旋转角度 360°，单击“确定”，即可完成旋转增料特征造型，如图 5-58 所示。

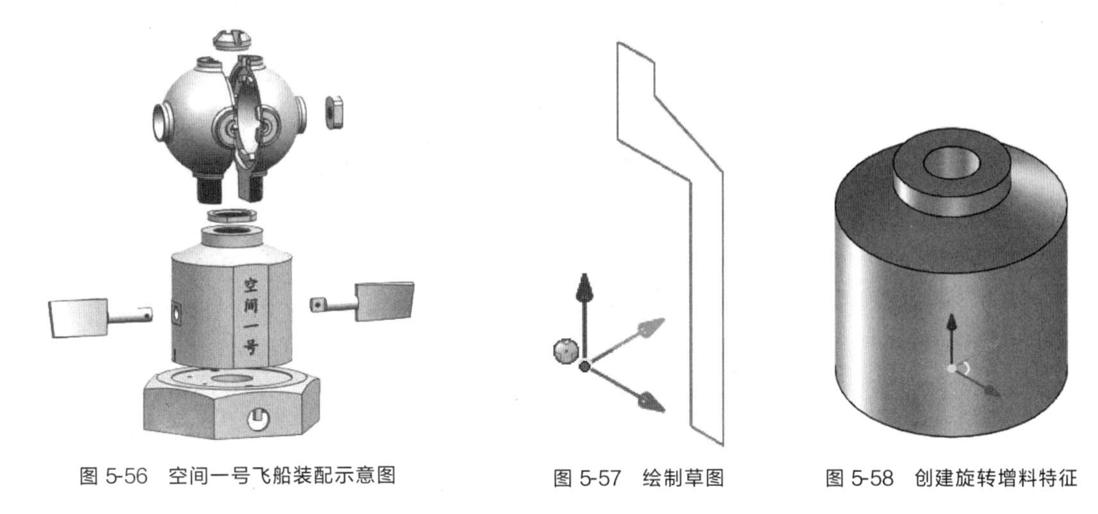

图 5-56 空间一号飞船装配示意图　　图 5-57 绘制草图　　图 5-58 创建旋转增料特征

③ 在工程模式环境下，打开草图功能区，单击“草图”按钮下方的小箭头，出现基准面选择选项。单击选择“在 *X-Y* 基准面”图标，在 *X-Y* 基准面内新建草图，进入草图绘图环境。利用草图绘制和修改功能，绘制草图，单击“结束草图”按钮，单击“下拉”按钮中的，完成草图绘制，如图 5-59 所示。

④ 在左边的设计环境树中，单击 2D 草图 2，单击右键，在弹出的菜单中选择“生成-创建拉伸特征”，弹出拉伸特征对话框。拾取相关零件，类型选择除料，距离 120，单击“确定”，即可完成拉伸除料特征造型，如图 5-60 所示。

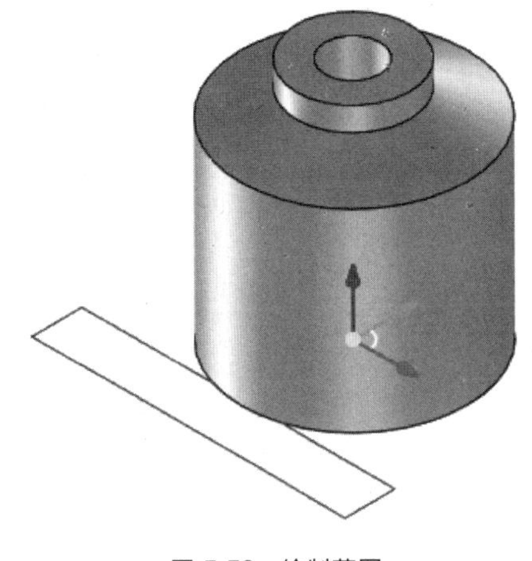

图 5-59 绘制草图

图 5-60 创建拉伸除料特征

⑤ 打开草图功能区，单击“草图”按钮下方的小箭头，出现基准面选择选项。单击选择“二维草图”图标，在属性对话框中选择“等距面”，单击“几何元素”框，然后单击拾取零件下表面，等距长度距离－33.5，拾取零件下表面圆心，如图 5-61 所示。单击按钮 进入草图绘图环境，利用草图绘制和修改功能，绘制如图 5-62 所示的草图，

单击“结束草图”按钮，单击“下拉”按钮中的，完成草图绘制，草图轴测显示如图 5-63 所示。

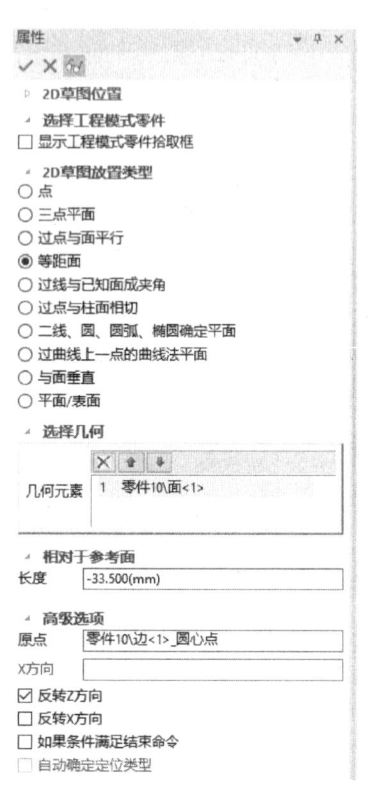

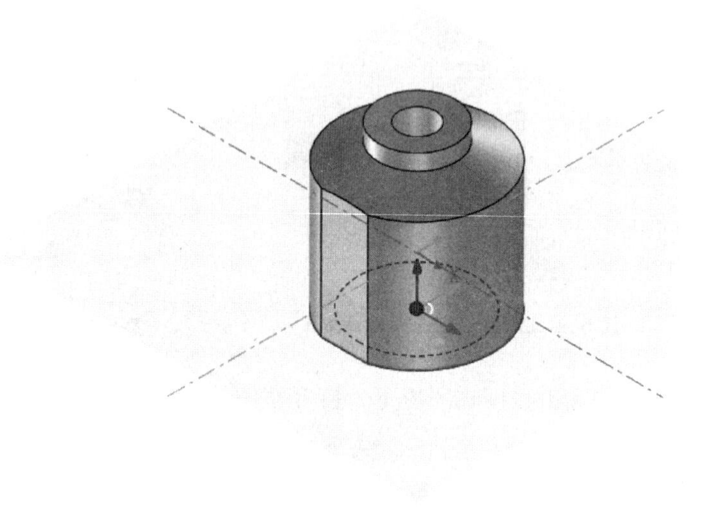

图 5-61 创建基准平面

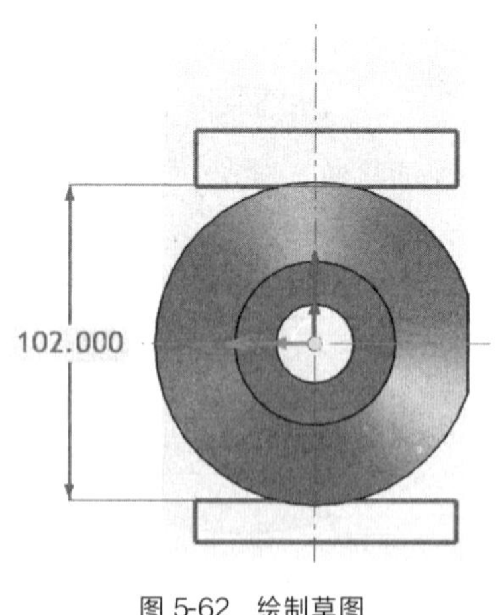

图 5-62 绘制草图

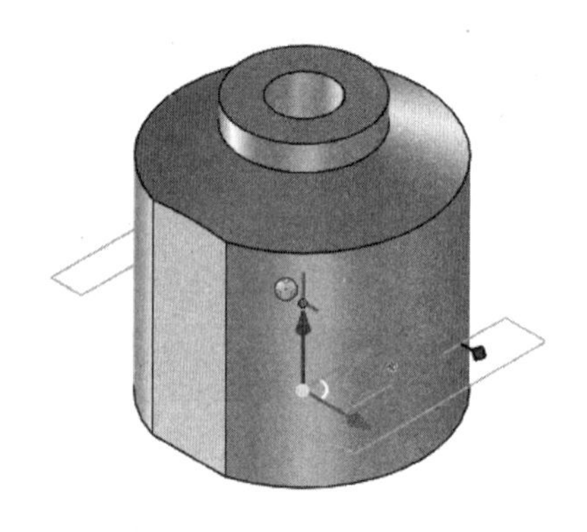

图 5-63 草图轴测图

⑥ 在左边的设计环境树中，单击 2D 草图 3，单击右键，在弹出的菜单中选择“生成-创建拉伸特征”，弹出拉伸特征对话框。拾取相关零件，类型选择“除料”，距离 19，单击“确定”，即可完成拉伸除料特征造型，如图 5-64 所示。

⑦ 打开草图功能区，单击“草图”按钮下方的小箭头，出现基准面选择选项。单击选择“在 *Y-Z* 基准面”图标，在 *Y-Z* 基准面内新建草图，进入草图绘图环境。利用

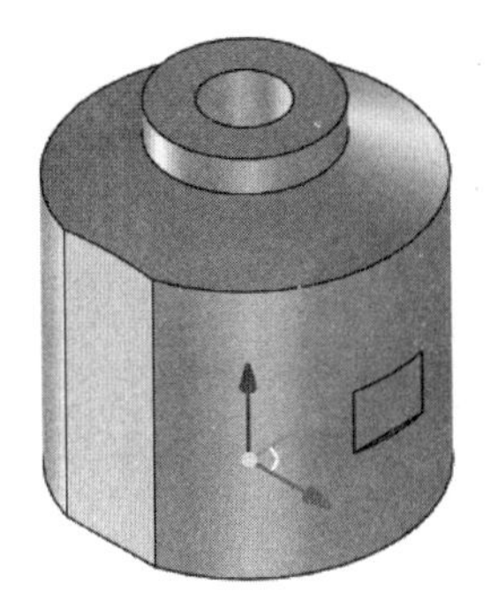
图 5-64 创建拉伸除料特征（一）

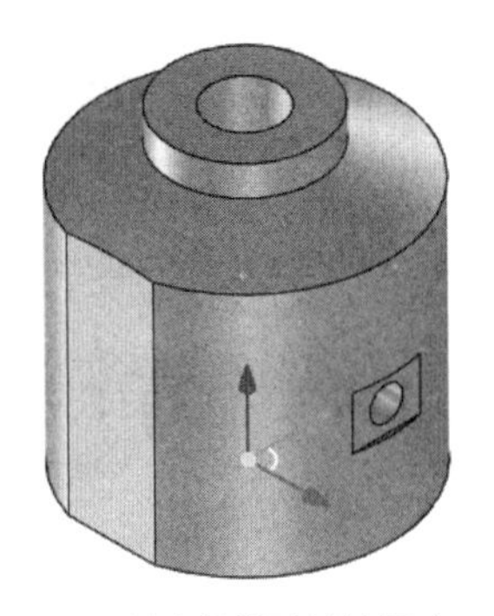
图 5-65 创建拉伸除料特征（二）

草图绘制功能，绘制直径 12 的圆草图，单击“结束草图”按钮，单击“下拉”按钮中的，完成草图绘制。在左边的设计环境树中，单击 2D 草图 4，单击右键，在弹出的菜单中选择“生成—创建拉伸特征”，弹出拉伸特征对话框。拾取相关零件，类型选择“除料”，贯穿，单击“确定”，即可完成拉伸除料特征造型，如图 5-65 所示。

⑧ 打开曲线功能区，单击“提取曲线”功能图标，单击零件轮廓边线，提取圆轮廓曲线。在曲线功能区，单击“三维曲线”按钮，利用直线功能绘制 *BC* 线和 *BD* 线，如图 5-66 所示，三维辅助线 *XY* 平面显示如图 5-67 所示。

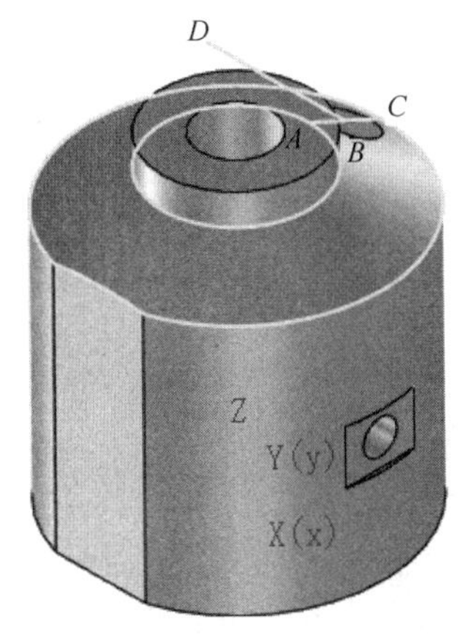

图 5-66 绘制三维辅助线

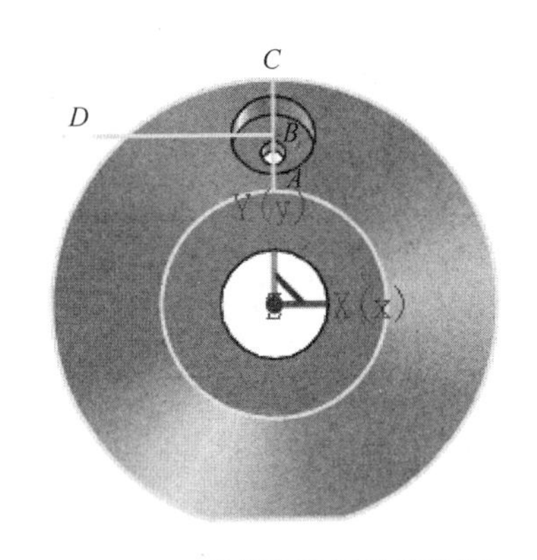

图 5-67 三维辅助线 XY 平面显示

⑨ 打开特征功能区，单击“自定义孔”功能图标，在设计环境中选择零件后，弹出自定义孔属性对话框，选择“沉头孔”，输入孔深度 25.4，孔直径 6，沉孔深度 10，沉孔直径 20，如图 5-68 所示。单击定位草图图标，在弹出的 2D 草图位置对话框中，选择“三点平面”2D 草图放置类型，单击拾取 *A* 点、*B* 点和 *D* 点，拾取 *B* 点为原点，如图 5-69 所示。单击按钮退出 2D 草图位置对话框后，弹出坐标输入属性对话框，单击捕捉 *B* 点作为原点，最后单击按钮，完成沉孔特征的创建，如图 5-70 所示。

⑩ 打开草图功能区，单击“草图”按钮下方的小箭头，出现基准面选择选项。单

图 5-68　自定义沉孔参数设置

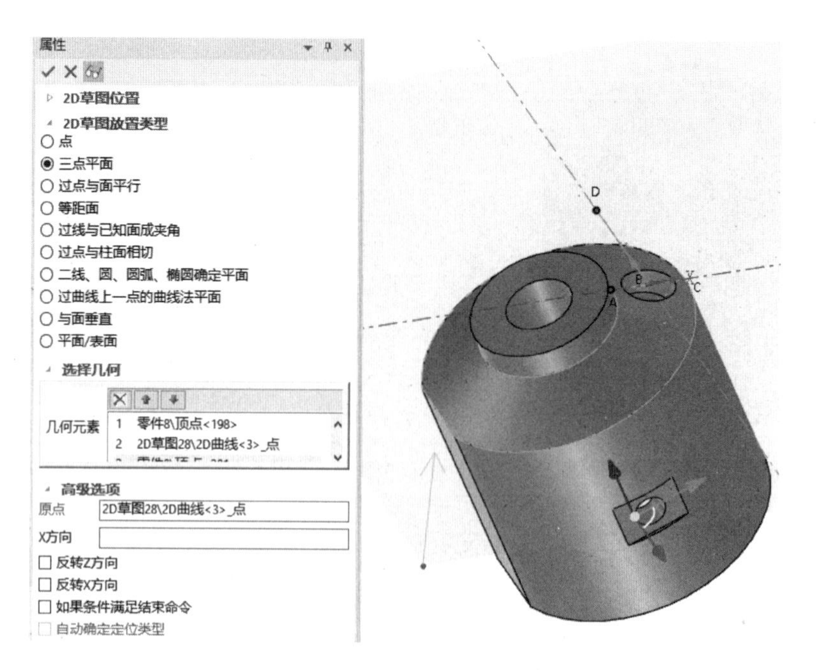

图 5-69　2D 草图位置对话框

击选择“二维草图”图标，在属性对话框中选择“等距面”，单击“几何元素”框，然后单击拾取零件下表面，等距长度距离－28，拾取零件下表面圆心。单击按钮进入草图绘图环境，利用草图绘制和修改功能，绘制如图 5-71 所示的草图，单击“结束草图”按钮，单击“下拉”按钮中的，完成草图绘制。

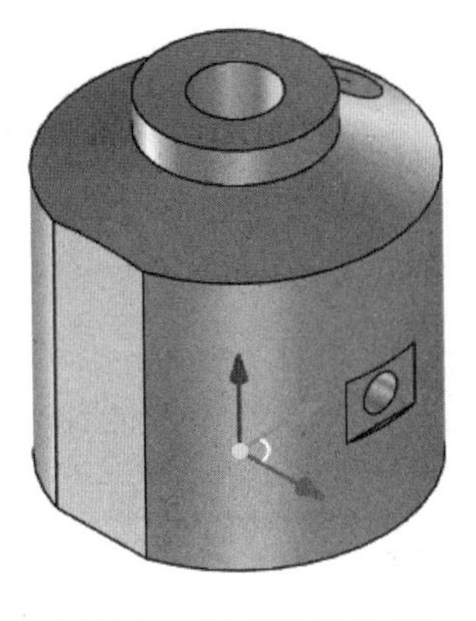

图 5-70　2D 创建沉孔造型

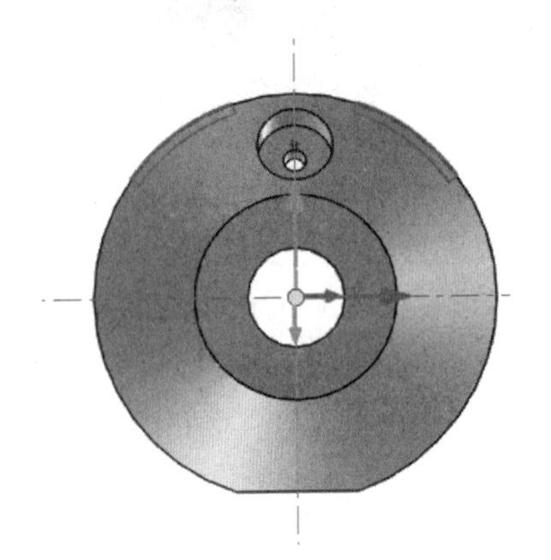

图 5-71　绘制草图

⑪ 在左边的设计环境树中，单击 2D 草图 3，单击右键，在弹出的菜单中选择“生成—创建拉伸特征”，弹出拉伸特征对话框。拾取相关零件，类型选择“除料”，距离 30，单击“确定”，即可完成拉伸除料特征造型，如图 5-72 所示。

⑫ 打开特征功能区，在修改面板上，单击“圆角过渡”按钮，在左侧的属性对话框中，选择“等半径”，输入过渡半径 4，分别拾取凹型腔八个竖边，完成圆角过渡，如图 5-73 所示。

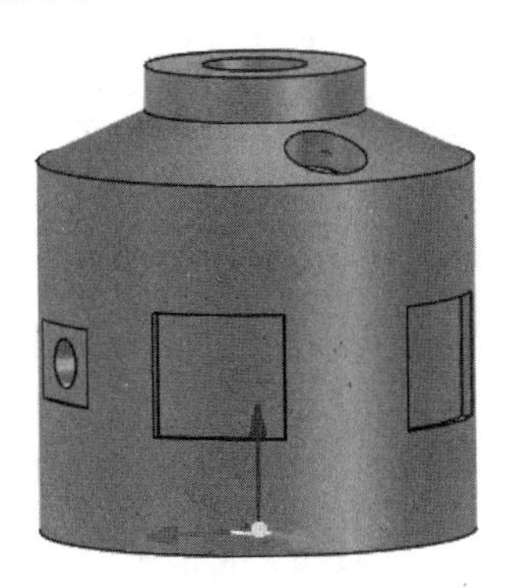

图 5-72　2D 创建凹面造型

图 5-73　圆角过渡

⑬ 打开草图功能区，单击“草图”按钮下方的小箭头，出现基准面选择选项。单击选择“二维草图”图标，在属性对话框中选择“平面/表面”，单击“几何元素”框，然后单击拾取零件表面，拾取零件表面中心作为圆点，单击按钮进入草图绘图环境，利用文字草图绘制功能，分别在坐标（−8，28）、（−8，8）、（−8，−8）、（−8，−28）的位置绘制如图 5-74 所示的草图，字高 10，字体为华文楷体，单击“结束草图”按钮，单击“下拉”按钮中的，完成草图绘制，草图轴测显示如图 5-75 所示。

⑭ 在左边的设计环境树中，单击 2D 草图 6，单击右键，在弹出的菜单中选择“生成-创建拉伸特征”，弹出拉伸特征对话框。拾取相关零件，类型选择“除料”，距离 0.15，单击“确定”，即可完成拉伸除料特征造型，如图 5-76 所示。

⑮ 打开草图功能区，单击“草图”按钮下方的小箭头，出现基准面选择选项。单击选择“二维草图”图标，单击拾取零件下表面，拾取零件下表面中心，进入草图绘

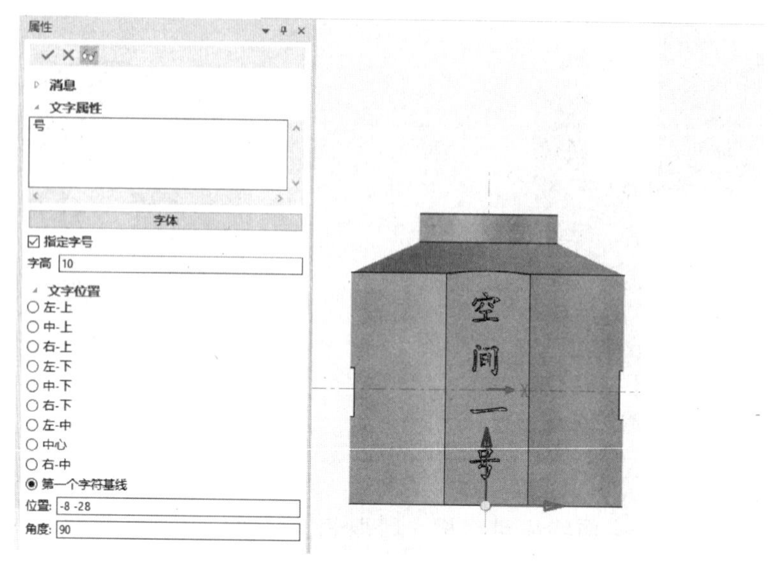

图 5-74　绘制字体草图

图环境后，利用草图绘制和修改功能，绘制如图 5-77 所示的草图，单击“结束草图”按钮，单击“下拉”按钮中的，完成草图绘制。

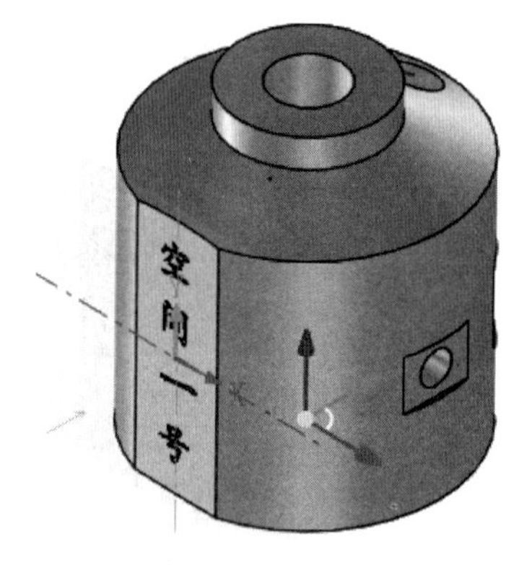

图 5-75　字体草图轴测状态

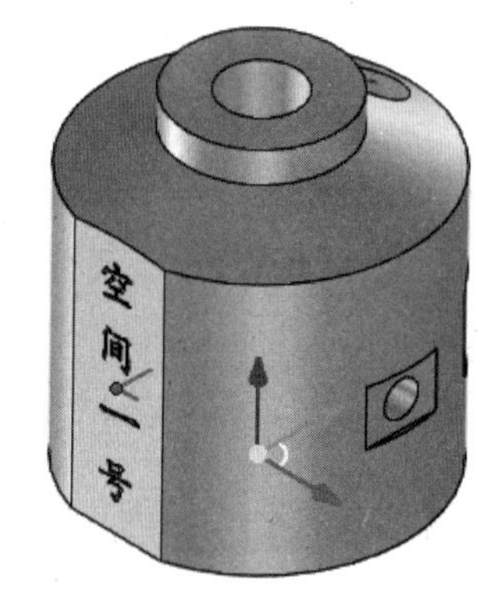

图 5-76　拉伸除料特征

⑯ 在左边的设计环境树中，单击 2D 草图 7，单击右键，在弹出的菜单中选择“生成—创建拉伸特征”，弹出拉伸特征对话框。拾取相关零件，类型选择“除料”，距离 10，单击“确定”，即可完成拉伸除料特征造型，如图 5-78 所示。

⑰ 在曲线功能区，单击“三维曲线”按钮，在基本绘图面板上，利用圆功能绘制直径 90 的圆，如图 5-79 所示。

⑱ 打开特征功能区，单击“自定义孔”功能图标，在设计环境中选择零件后，弹出自定义孔属性对话框，选择“简单孔”，输入孔深度 12，孔直径 6，单击“定位草图”图标，在弹出的 2D 草图位置对话框中，选择“平面草图”放置类型，单击拾取零件下表面，拾取直径 90 圆与中心直线的交点为原点，单击按钮退出 2D 草图位置对话框后，弹出坐标输入属性对话框，单击捕捉直径 90 圆与中心直线的交点为原点，最后单击按钮，完成简单孔特征的创建，如图 5-80 所示。

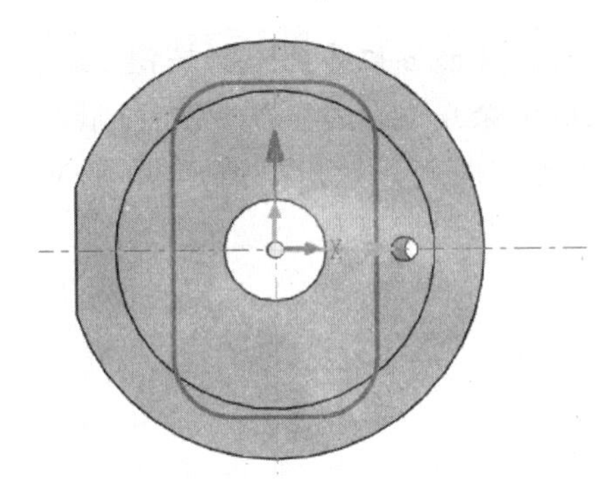

图 5-77　绘制草图

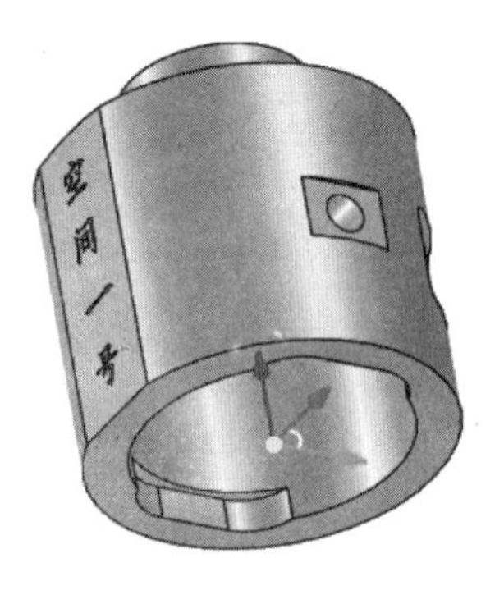

图 5-78　底部拉伸除料特征

图 5-79　绘制辅助线

图 5-80　打孔

2. 凹曲面五轴参数线加工

① 单击加工管理树中的毛坯，按右键在弹出的菜单中选择创建毛坯，打开创建毛坯对话框，选择“圆柱体”，输入底面中心点坐标（X0，Y0，Z0），轴向为 Y 轴，输入高度 115，半径 52.5，最后单击“确定”，退出对话框后，创建了一个圆柱体毛坯，如图 5-81 所示。

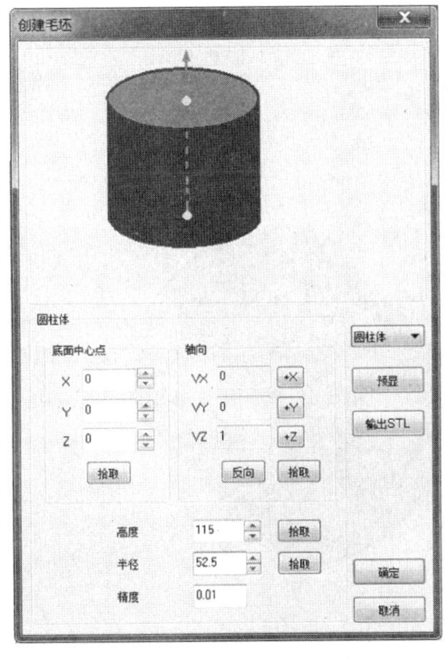

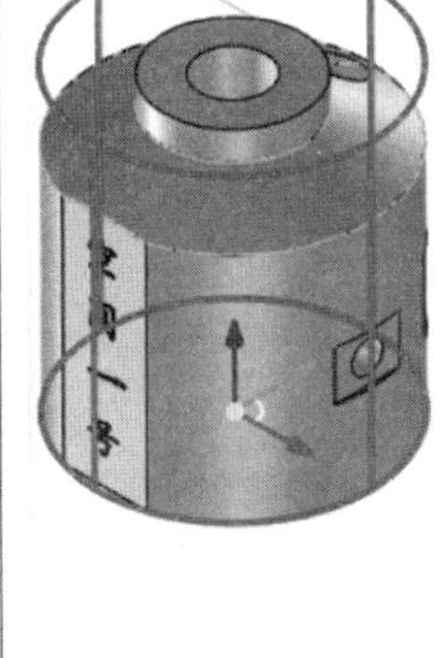

图 5-81　创建圆柱毛坯

凹曲面五轴参数线加工

② 打开制造功能区面板，单击多轴加工面板上的“五轴参数线加工”按钮，弹出五轴参数线加工对话框，设置加工参数：刀次45，加工余量0.1，如图5-82所示。以直线接近，采用直径为$\phi 8$的球头铣刀。在几何页单击加工曲面，然后拾取高30的两个凹曲面，参数设置完成后，单击“确定”，退出五轴参数线加工对话框，系统自动生成五轴参数线加工轨迹，同理生成另一曲面的五轴参数线加工轨迹，加工轨迹轴测显示如图5-83所示。

图5-82 加工参数设置

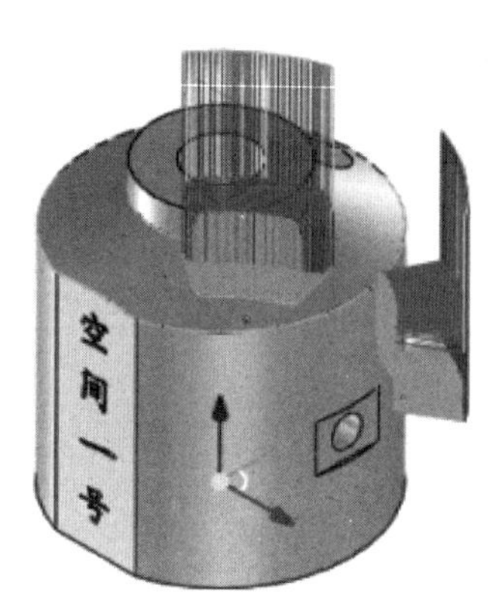

图5-83 五轴参数线加工轨迹

3. 空间一号字体粗精加工

① 打开制造功能区，单击“创建”面板上的“坐标系”按钮，弹出的坐标系对话框，如图5-84所示。输入坐标系名称为“坐标系1”，拾取平面中点作为坐标系原点，单击Z轴矢量中的方向，单击坐标原点，Z轴轴心线向上，单击X轴矢量方向，X轴法矢量方向和轮廓线长边平行，拾取轮廓线长边，单击“确定”退出，创建了新的坐标系1，如图5-85所示。

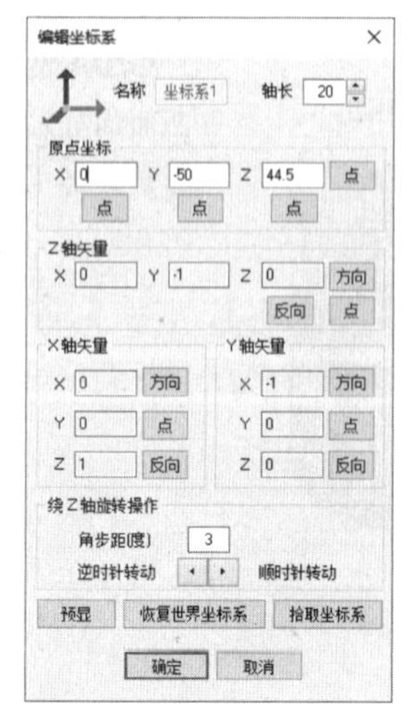

图5-84 创建坐标系对话框

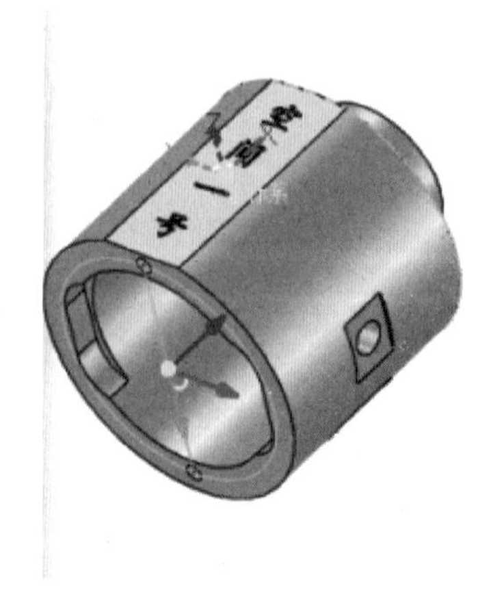

图5-85 创建坐标系1

空间一号字体粗精加工

② 打开制造功能区面板，单击二轴加工面板上的“平面区域粗加工”按钮，弹出平面区域粗加工对话框，设置加工参数：走刀方式选择“平行加工”，轮廓补偿选择“ON”，岛屿补偿选择“TO”，设置顶层高度 1，底层高度 0，每层下降高度 1，行距 5，如图 5-86 所示。

③ 设置下刀方式为“垂直下刀”，接近方式为“直线方式”，刀具选择直径为 10 的立铣刀，在几何参数页，单击轮廓曲线，拾取零件上的边作为加工轮廓线。参数设置完成后，单击“确定”，退出平面区域粗加工对话框，系统自动生成平面区域粗加工轨迹，加工轨迹轴测显示如图 5-87 所示。

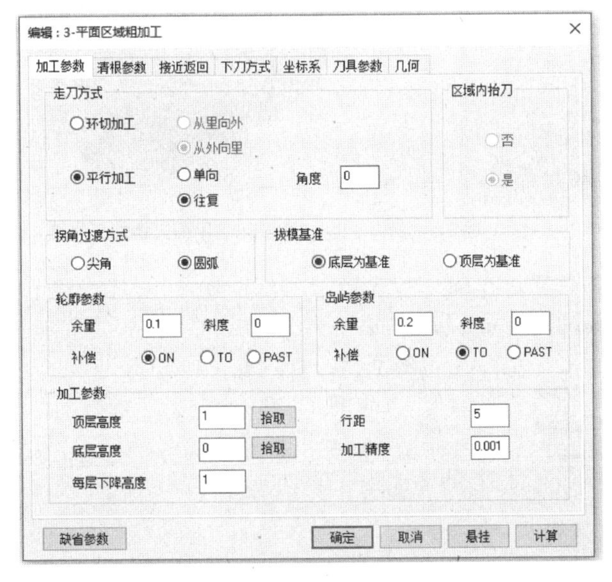

图 5-86　平面区域粗加工参数设置

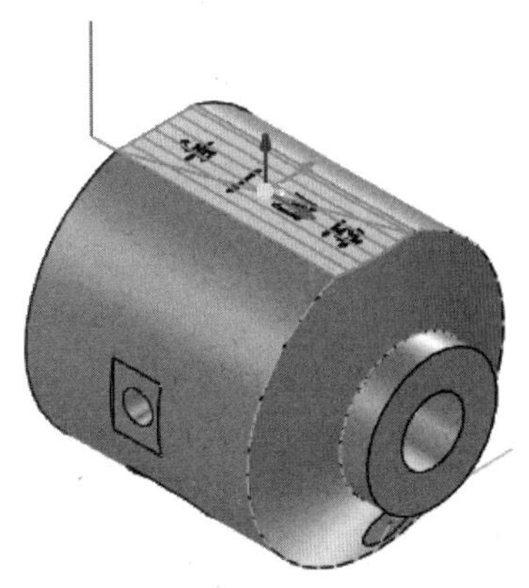

图 5-87　平面区域粗加工轨迹

④ 打开制造功能区面板，单击二轴加工面板上的“平面光铣加工”按钮，弹出平面光铣加工对话框，设置加工参数：单向加工，加工余量 0，最大行距 6，如图 5-88 所示。

⑤ 接近返回方式为“切入切出”方式，刀具选择直径为 12 的立铣刀，在几何参数页，单击轮廓曲线，拾取零件上的边作为加工轮廓线。参数设置完成后，单击“确定”，退出平面光铣加工对话框，系统自动生成平面光铣加工轨迹，如图 5-89 所示。

⑥ 打开制造功能区面板，单击二轴加工面板上的“平面轮廓精加工 1”按钮，弹出平面轮廓精加工 1 对话框，设置加工参数：刀次 1，设置顶层高度 0，底层高度−0.15，层高 0.5，右偏，偏移类型选择“TO”，如图 5-90 所示。

⑦ 选择直径为 0.2 的立铣刀，在几何参数页，单击轮廓曲线，利用面的内外环，单击拾取字体的内轮廓面。参数设置完成后，单击“确定”，退出平面轮廓精加工 1 对话框，系统自动生成平面轮廓精加工轨迹，如图 5-91 所示。

⑧ 在制造功能区，单击仿真加工面板上的“实体仿真”按钮，在弹出的窗口中，单击“拾取”按钮 拾取 ，拾取平面区域粗加工轨迹、平面光铣加工轨迹和平面轮廓精加工轨迹，单击“仿真”按钮 仿真 ，进入仿真窗口中，单击“运行”按钮，开始轨迹仿真加工，结果如图 5-92 所示。

编辑：4-平面光铣加工

加工参数 连接参数 轨迹变换 坐标系 刀具参数 几何

加工方式 单 向

起始方位 左 下

余量和精度

加工余量 0

加工精度 0.1 高级

多刀次

使用 多刀次参数

行距和角度

单行切割

优化加工角度

最大行距 6

加工角度 0

延伸量

切入延伸量 5

切出延伸量 5

缺省参数 确定 取消 悬挂 计算

图 5-88 平面光铣加工参数设置

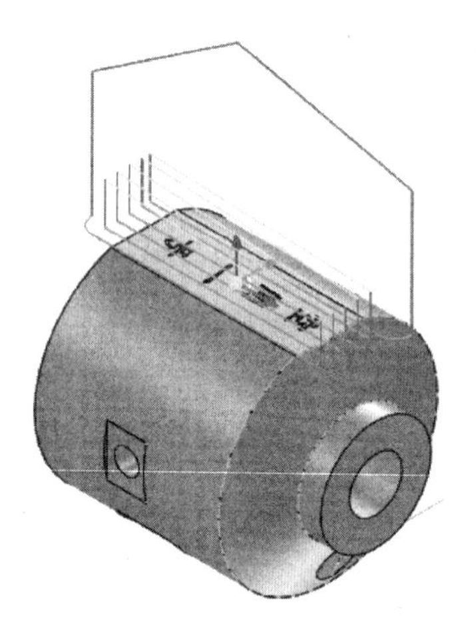

图 5-89 平面光铣加工轨迹

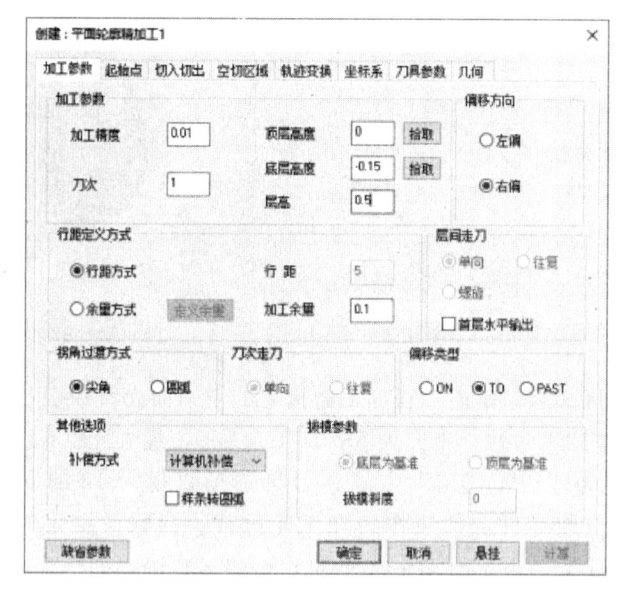

图 5-90 平面轮廓精加工参数设置

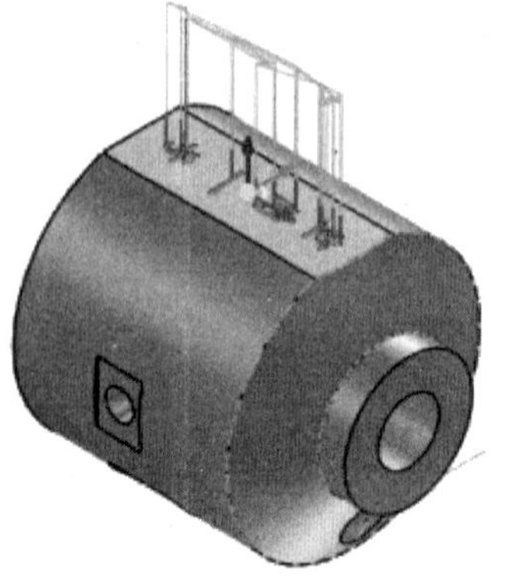

图 5-91 平面轮廓精加工轨迹

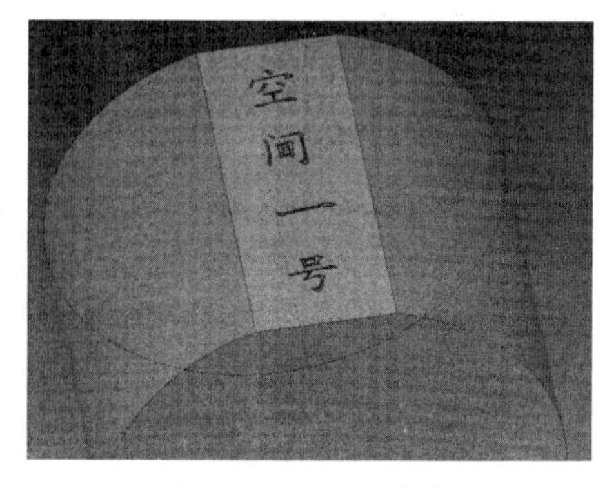

图 5-92 加工轨迹仿真

⑨ 在制造功能区，单击后置处理面板上的“后置处理”按钮，弹出后置处理对话框。选择控制系统文件 Fanuc，单击“拾取”按钮，拾取平面轮廓精加工，选择“铣加工中心_3X”机床配置文件，选择坐标系 1，单击“后置”，退出后置处理对话框，生成平面轮廓精加工程序，如图 5-93 所示。

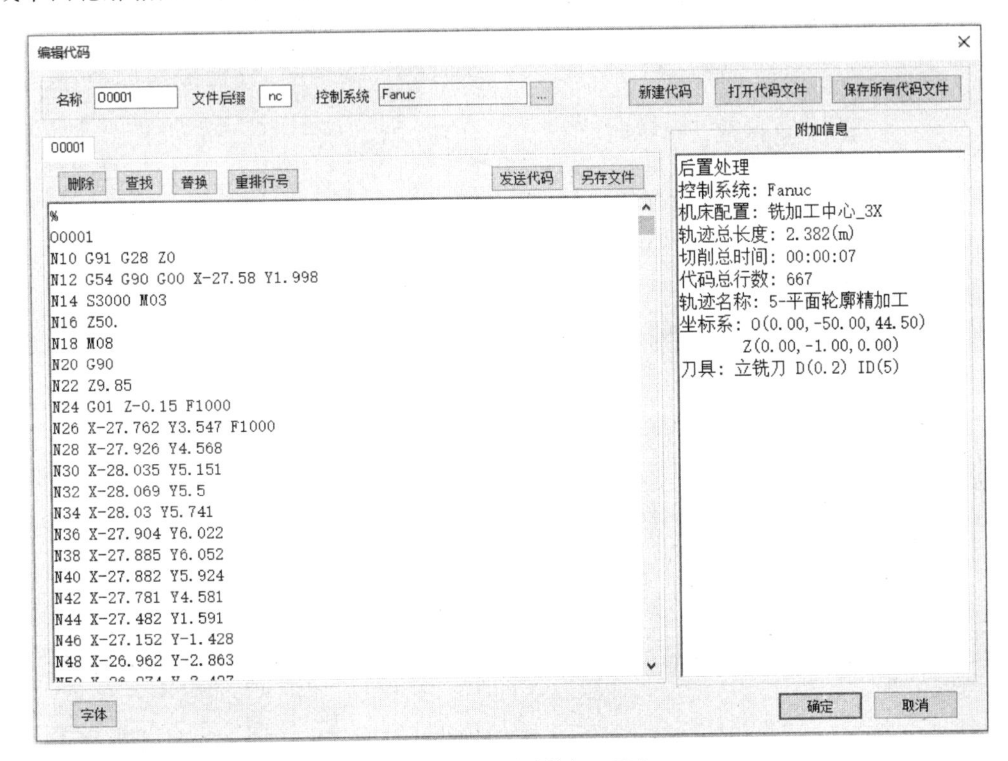

图 5-93　平面轮廓精加工程序

4. 斜面沉孔加工

① 打开制造功能区，单击“创建”面板上的“坐标系”按钮，弹出坐标系对话框，如图 5-94 所示。输入坐标系名称为“坐标系”，拾取平面中点作为坐标系原点，单击 Z 轴矢量中的方向，单击坐标原点，Z 轴轴心线和孔的中心轴重合并向上，单击 Y 轴矢量方向，Y 轴轴心线和斜面中线重合，拾取斜面中线，单击“确定”退出，创建了新的坐标系，如图 5-95 所示。

② 打开制造功能区面板，单击孔加工面板上的“孔加工”按钮，弹出孔加工对话框，选择“钻孔”，设置加工参数：暂停时间 1，钻孔速度 100，如图 5-96 所示。

③ 刀具选择直径为 $\phi8$ 的钻头，在几何页，单击零件上的孔，修改钻孔深度 20，参数设置完成后，单击“确定”，退出孔加工对话框，系统自动生成孔加工轨迹，如图 5-97 所示。

④ 利用提取曲线功能，提取零件上沉孔的轮廓线，将零件压缩后，如图 5-98 所示，进入三维曲线功能区，利用平移复制功能，复制 $\phi20$ 圆到坐标中心位置。

⑤ 打开制造功能区面板，单击孔加工面板上的“铣圆孔加工”按钮，弹出铣圆孔加工对话框，设置加工参数：选择“平面圆弧走刀”，钻孔深度 10，行距 2，如图 5-99 所示。

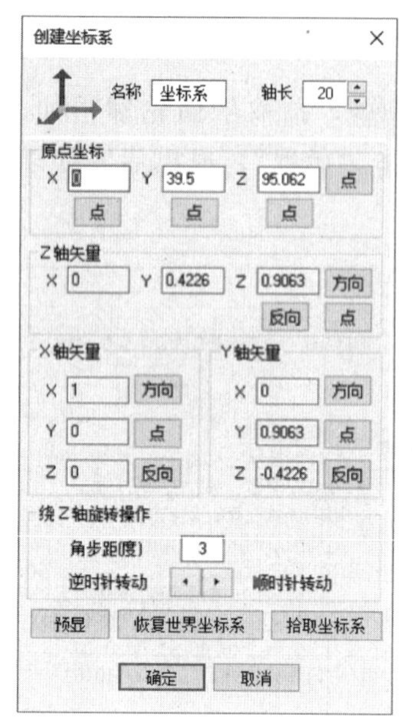

图 5-94 创建坐标系参数设置

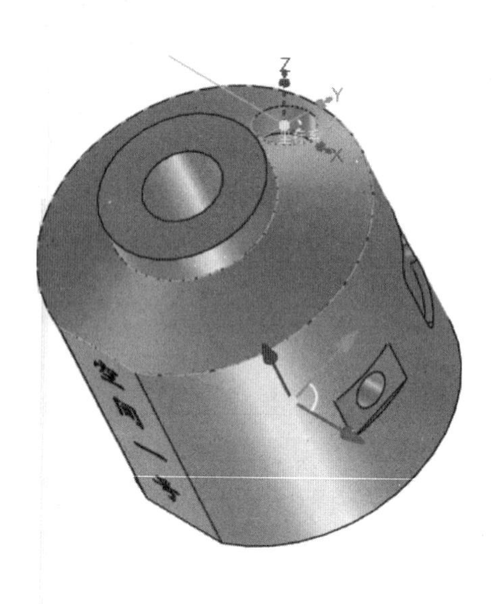

图 5-95 创建坐标系

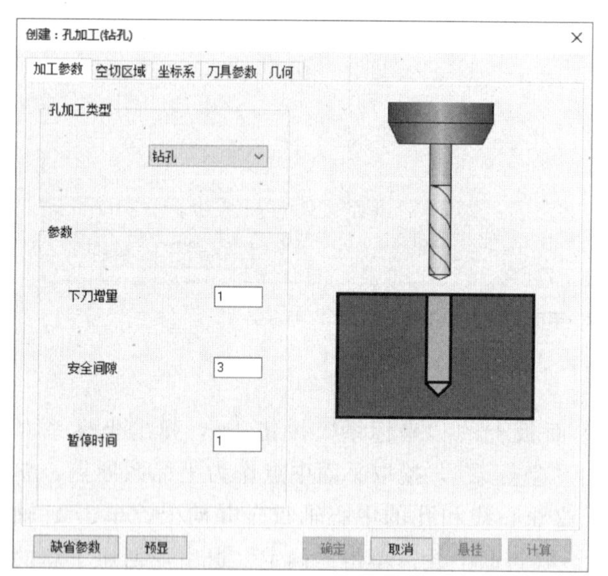

图 5-96 孔加工对话框

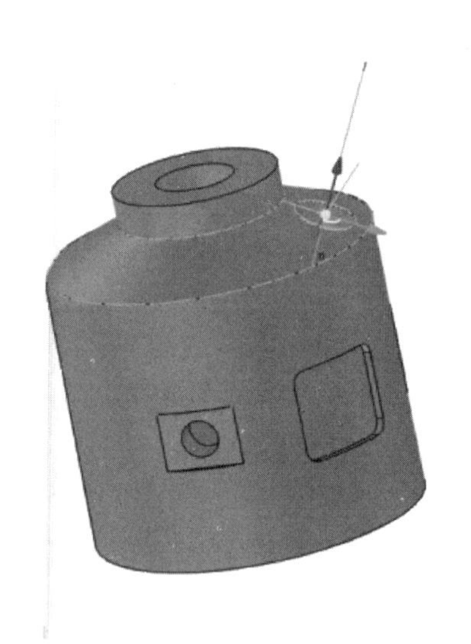

图 5-97 孔加工轨迹

⑥ 刀具选择直径为 $\phi 10$ 的球刀，在几何页，单击圆，拾取 $\phi 20$ 圆，参数设置完成后，单击“确定”，退出孔加工对话框，系统自动生成孔加工轨迹，如图 5-100 所示。

⑦ 在制造功能区，单击后置处理面板上的“后置处理”按钮 G，弹出后置处理对话框。选择控制系统文件 Fanuc，单击“拾取”按钮 拾取，拾取铣圆孔加工轨迹，选择坐标系，选择“铣加工中心_3X”机床配置文件，单击“后置”，退出后置处理对话框，生成铣圆孔加工程序，如图 5-101 所示。

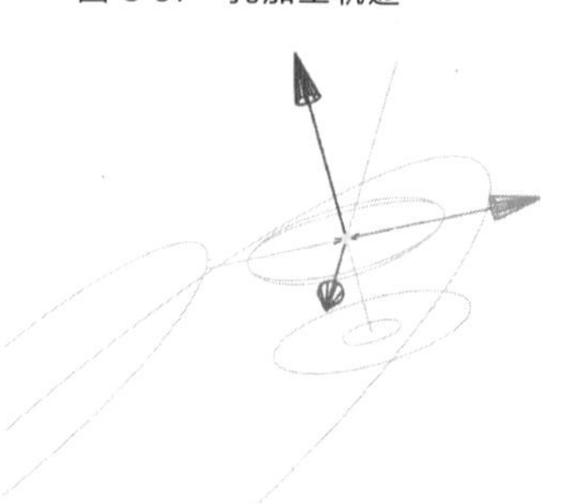

图 5-98 作辅助线

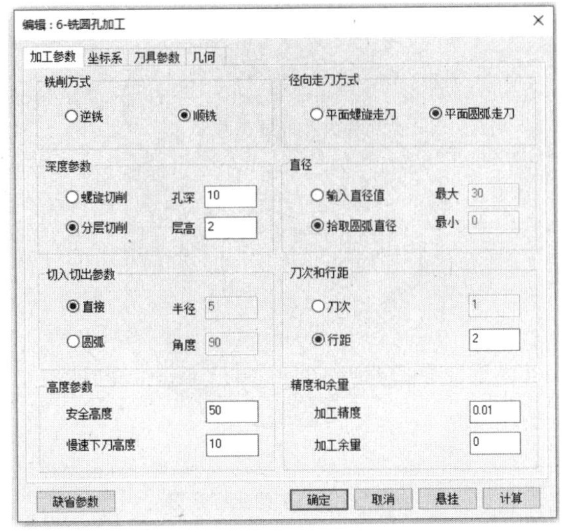

图 5-99　铣圆孔加工参数设置

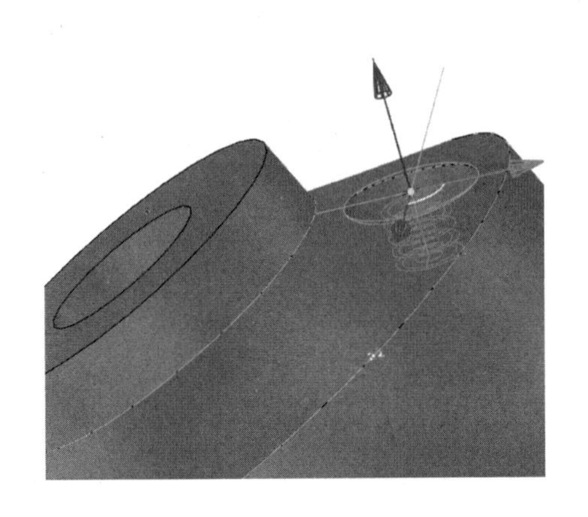

图 5-100　铣圆孔加工轨迹

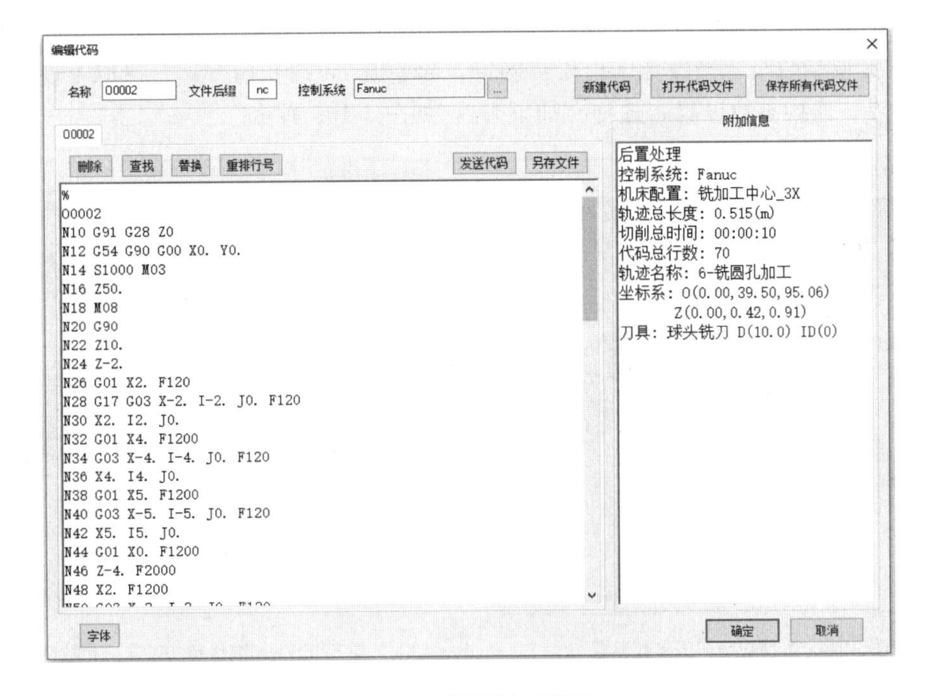

图 5-101　铣圆孔加工程序

⑧ 同理用 $\phi 8$ 的立铣刀生成 $\phi 12$ 孔的铣圆孔加工程序。

5. 主体舱下部等高线粗精加工

① 打开制造功能区，单击创建面板上的“坐标系”按钮，弹出编辑坐标系对话框，如图 5-102 所示。输入坐标系名称为“坐标系 3”，拾取平面中点作为坐标系原点，Z 轴反向向上，单击 X 轴矢量方向，X 轴轴心线和圆中线重合，拾取圆中线，单击“确定”退出，创建了新的坐标系 3，如图 5-103 所示。

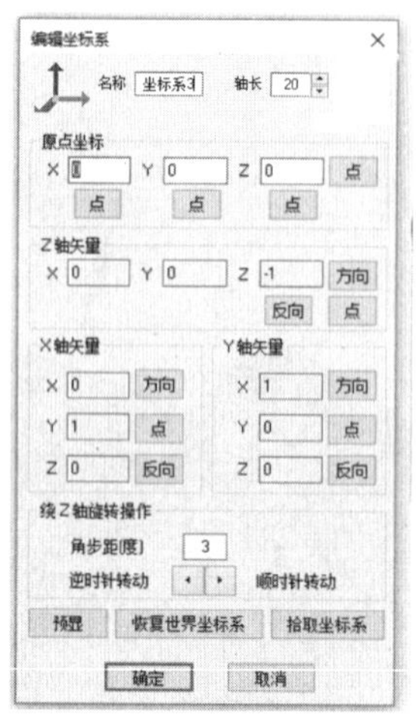

图 5-102 编辑坐标系对话框

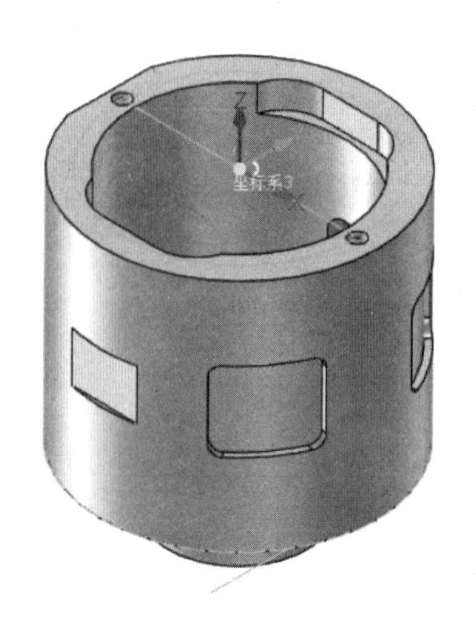

图 5-103 创建坐标系 3

② 在制造功能区，单击三轴加工面板上的“等高线粗加工”按钮，弹出等高线粗加工对话框，设置加工参数，走刀方式选择“往复”加工，加工方向“顺铣”，整体余量0.5，层高2，走刀方式“环切”，最大行距4，如图5-104所示。

③ 在区域参数页，高度范围由用户确定，起始值1，终止值－10，拾取零件内轮廓作为加工边界。连接参数设置，选择“加下刀”，如图5-105所示。

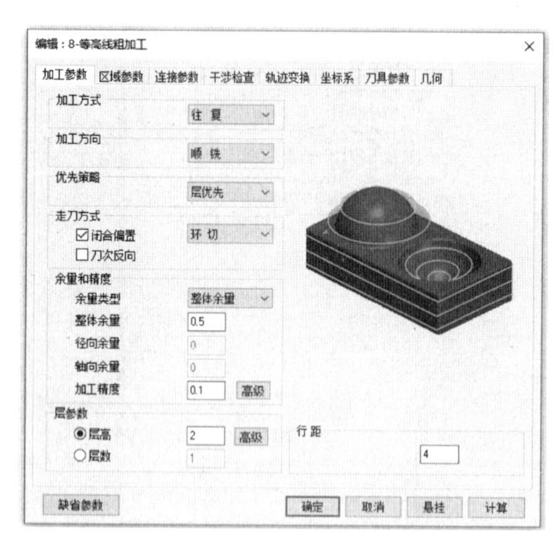

图 5-104 等高线粗加工参数设置

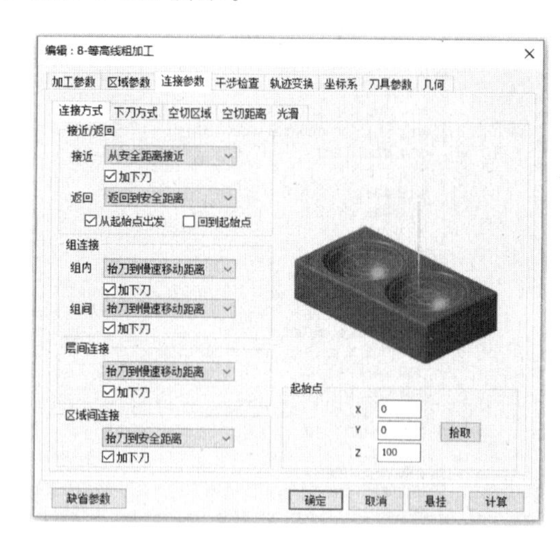

图 5-105 等高线粗加工连接参数设置

④ 在几何参数页，单击加工曲面，在弹出的对话框中选择“面”，单击拾取型腔内表面，如图5-106所示。单击毛坯，拾取圆柱体毛坯，如图5-107所示。使用$\phi 10$的立铣刀，主轴转速2000，切削速度1200。下刀方式为自动。各个加工参数设置完成后，单击“确定”退出等高线粗加工对话框，系统自动计算生成等高线粗加工轨迹，

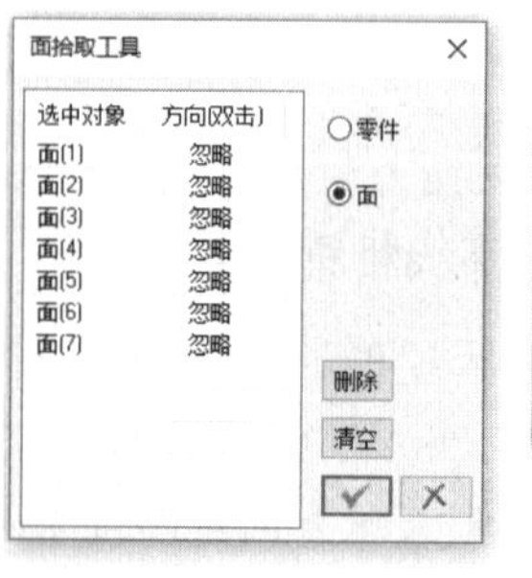

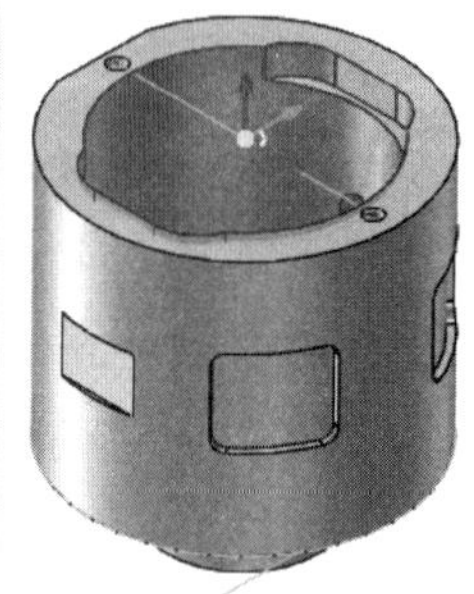

图 5-106 拾取内曲面

如图 5-108 所示。

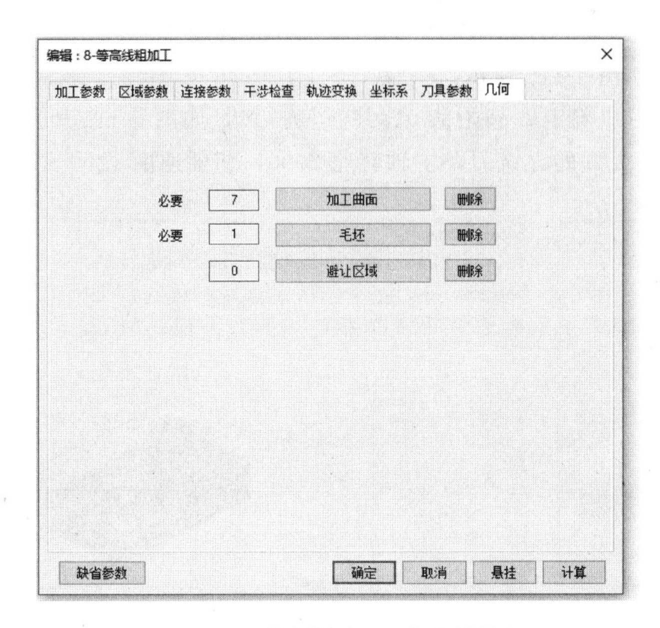

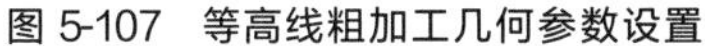

图 5-107　等高线粗加工几何参数设置

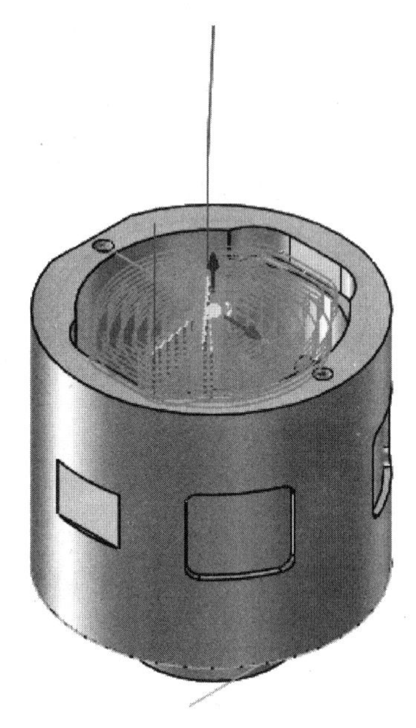

图 5-108　等高线粗加工轨迹

⑤ 在制造功能区，单击后置处理面板上的“后置处理”按钮**G**，弹出后置处理对话框，选择控制系统文件 Fanuc，单击“拾取”按钮[拾取]，拾取等高线粗加工轨迹，选择坐标系 3，选择“铣加工中心_3X”机床配置文件，单击“后置”，退出后置处理对话框，生成等高线粗加工程序，如图 5-109 所示。

图 5-109　等高线粗加工程序

⑥ 在制造功能区，单击三轴加工面板上的“等高线精加工”按钮，弹出等高线精加工对话框，设置加工参数，加工方式选择“单向”加工，加工方向“顺铣”，加工顺序“从上向下”，整体余量 0，层高 1，如图 5-110 所示。

⑦ 在区域参数页，高度范围由用户确定，起始值 0，终止值－10，如图 5-111 所示。拾取零件内轮廓作为加工边界。使用 $\phi10$ 的立铣刀，主轴转速 2000，切削速度 1200。

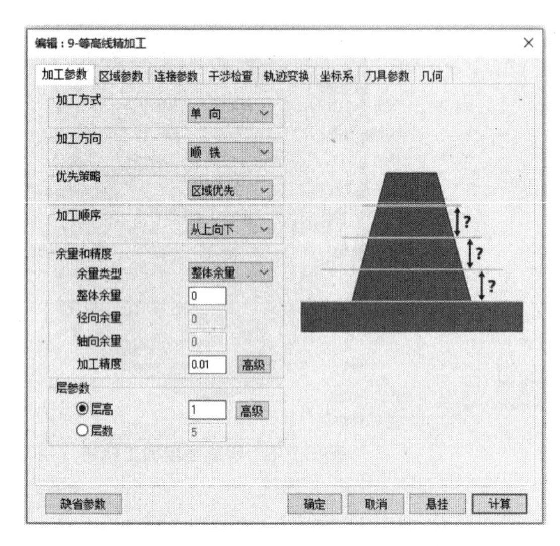

图 5-110 等高线精加工参数设置

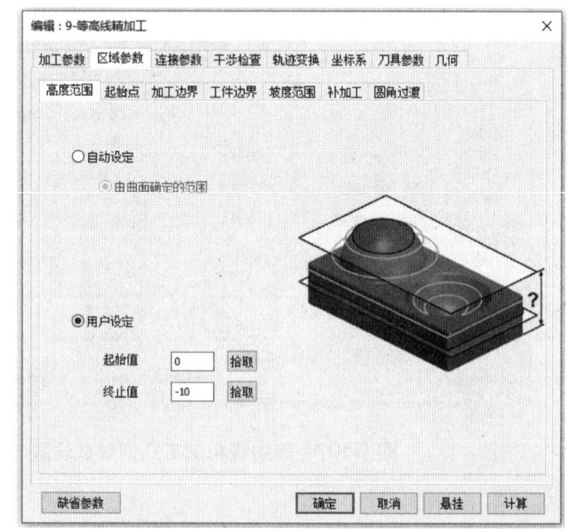

图 5-111 区域参数设置

⑧ 在几何参数页，单击加工曲面，在弹出的对话框中选择曲面，单击拾取型腔内表面，如图 5-112 所示。加工参数设置完成后，单击“确定”退出等高线精加工对话框，系统自动计算生成等高线精加工轨迹，如图 5-113 所示。

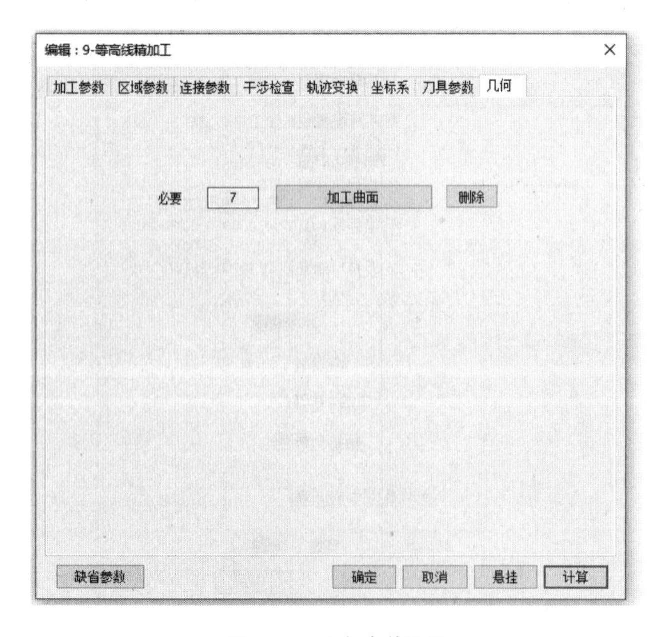

图 5-112 几何参数设置

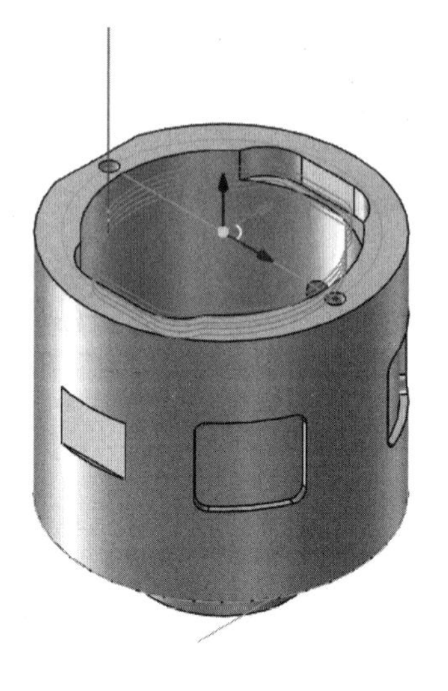

图 5-113 等高线粗加工轨迹

⑨ 在制造功能区，单击后置处理面板上的“后置处理”按钮 G，弹出后置处理对话框，选择控制系统文件 Fanuc，单击“拾取”按钮 拾取，拾取等高线精加工轨迹，选择坐标系 3，选择“铣加工中心_3X”机床配置文件，单击“后置”，退出后置处理对话框，生成等高线精加工程序，如图 5-114 所示。

图 5-114 等高线精加工程序

四、素质拓展

神舟十二号，简称“神十二”，为中国载人航天工程发射的第十二艘飞船，是空间站关键技术验证阶段第四次飞行任务，也是空间站阶段首次载人飞行任务。

北京时间 2021 年 6 月 17 日 9 时 22 分，搭载神舟十二号载人飞船的长征二号 F 遥十二运载火箭，在酒泉卫星发射中心点火发射。此后，神舟十二号载人飞船与火箭成功分离，进入预定轨道，顺利将聂海胜、刘伯明、汤洪波 3 名航天员送入太空，飞行乘组状态良好，发射取得圆满成功。2021 年 9 月 17 日 13 时 30 分许，神舟十二号载人飞船返回舱反推发动机成功点火后，安全降落在东风着陆场预定区域，这标志着我国掌握近地空间长期载人飞行技术，具备长期开展近地空间有人参与科学实验的能力，航天实验生物科学、基因学将会取得巨大的成果。同时向世界证明我们国家在航空航天事业的强大，作为中华儿女感到无比骄傲和自豪。我们学习航天精神，就是要学习他们的战斗精神，勇于担当、善于担当，充分发挥自己的专长，在自己的领域做出更大的业绩。

任务五　球轴零件的造型设计与车削加工

一、任务引入

完成图5-115所示球轴零件的轮廓设计及内外轮廓的粗精加工程序编制。零件材料为45号钢。

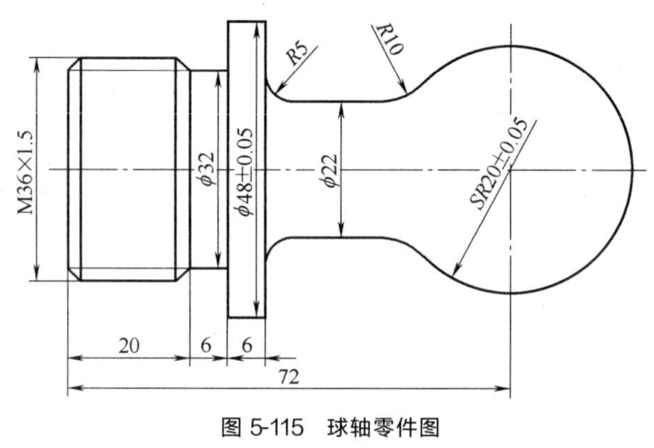

图5-115　球轴零件图

二、任务分析

球轴零件右端有球形面，为保证切入点的光滑，在右端绘制1/4相切圆弧，采用35°外圆尖刀，对中加工完成；左端调头加工，用3mm的切槽刀进行切槽加工，最后进行螺纹加工。

三、任务实施

1. 球轴零件造型设计

① 打开制造功能区面板，单击车削加工面板上的“车削粗加工”按钮，然后关闭参数设置对话框。打开三维曲线选项卡，单击“三维曲线”按钮，在绘制功能区面板上，单击“孔/轴”按钮，捕捉坐标中心点，在属性菜单中，输入起始直径22和终止直径22，移动鼠标，则跟随着光标将出现一个长度动态变化的轴，键盘输入轴的长度40，按回车键。继续修改其它段直径，输入长度值回车，右击结束命令。单击“圆”按钮，选择“圆心-半径”方式，捕捉坐标中心点，输入半径20，回车，完成$R20$圆绘制，即可完成零件的外轮廓绘制，如图5-116所示。

② 单击修改功能区面板中的“移动曲线”按钮，在属性菜单中，输入X方向移动距离－20，选择图形，单击右键结束，完成球轴零件图的水平向左移动。

③ 单击修改功能区面板中的“过渡/倒角”按钮，在属性菜单中，选择圆弧过渡，输入过渡半径20，拾取要过渡的第一条边线，拾取第二条边线，过渡完成。同理完成$R5$圆角过渡。如图5-117所示。

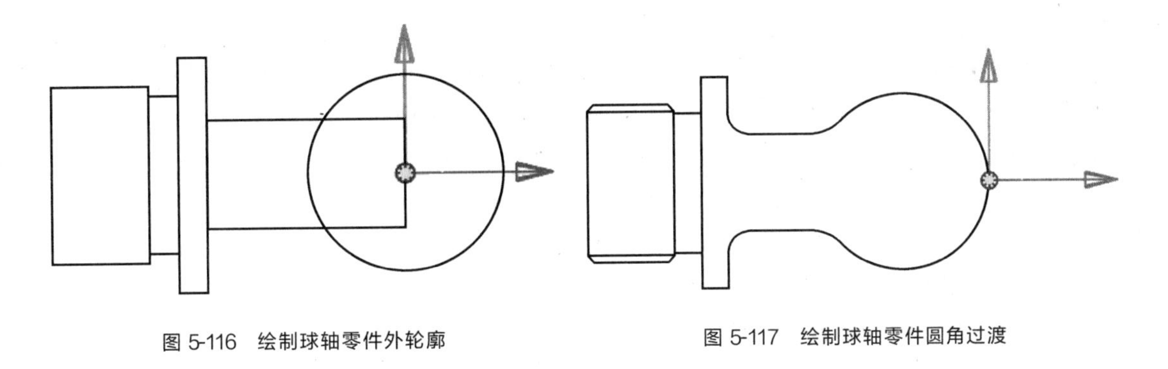

图 5-116　绘制球轴零件外轮廓　　　　图 5-117　绘制球轴零件圆角过渡

④ 利用圆或者圆弧功能绘制半径为 5 的 1/4 圆弧，如图 5-118 所示。

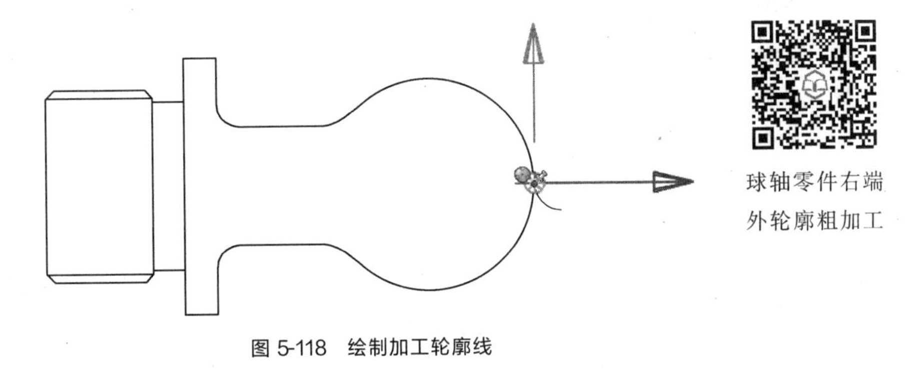

图 5-118　绘制加工轮廓线

2. 球轴零件右端外轮廓粗加工

① 单击加工管理树中的毛坯，按右键在弹出的菜单中选择“创建毛坯”，打开创建毛坯对话框，选择圆柱体，修改底面中心点 Z 坐标为－65，高度 70，半径 25，单击“确定”，退出对话框后，创建了一个圆柱体毛坯，如图 5-119 所示。

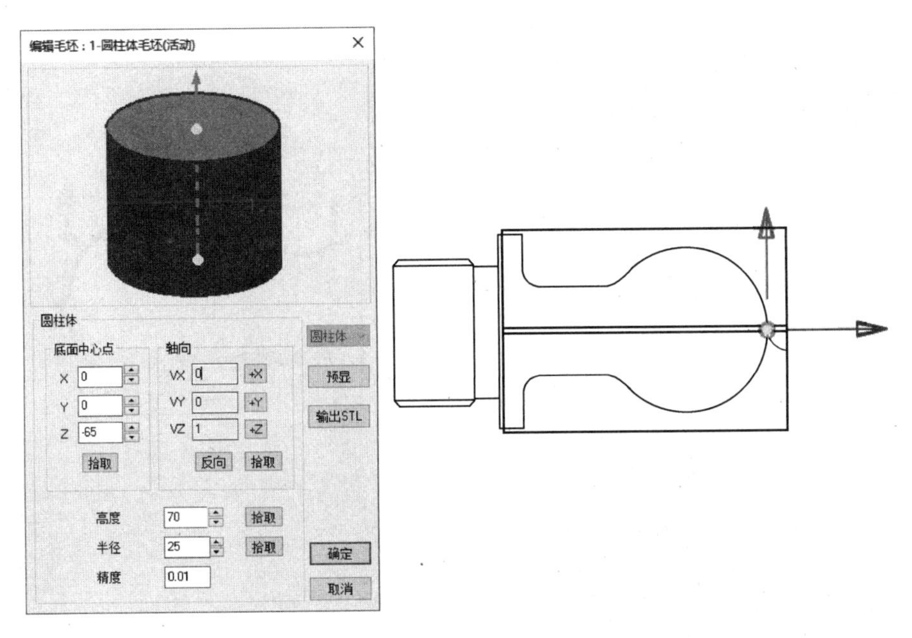

图 5-119　创建毛坯

② 打开制造功能区面板，单击车削加工面板上的“车削粗加工”按钮，弹出车削粗加工对话框，如图 5-120 所示。加工参数设置：加工表面类型选择“外轮廓”，加工方式选择“等距”，加工角度 180，切削行距设为 0.6，主偏角干涉角度 10，副偏角干涉角度设为 72.5，刀尖半径补偿选择“编程时考虑半径补偿”。

③ 选择 35°外圆车刀，刀尖半径设为 0.4，副偏角 72.5，刀具偏置方向为“对中”，对刀点为“刀尖圆心”，刀片类型为“球形刀片”，如图 5-121 所示。

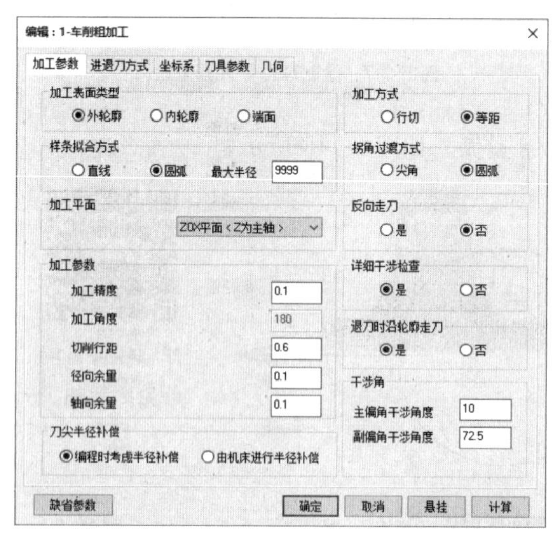

图 5-120　车削粗加工参数对话框

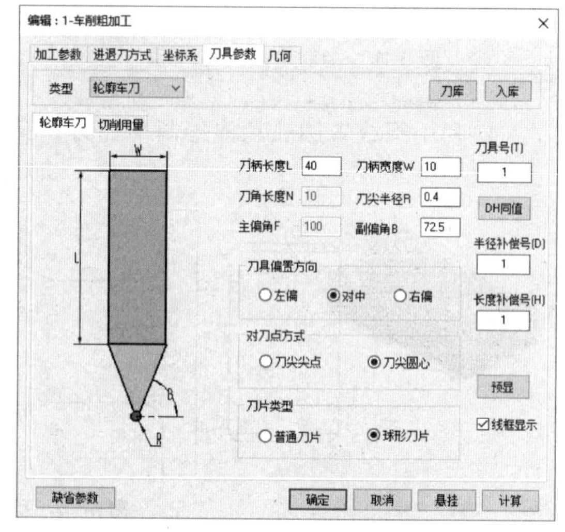

图 5-121　车削粗加工刀具参数设置

④ 设置几何参数，单击拾取加工轮廓曲线，拾取元素类型选择“3D 曲线”，依次拾取加工轮廓曲线后，单击右键，完成加工轮廓线拾取，如图 5-122 所示。单击“确定”退出此对话框。单击毛坯，在加工树中单击新建的毛坯，然后单击右键退出。

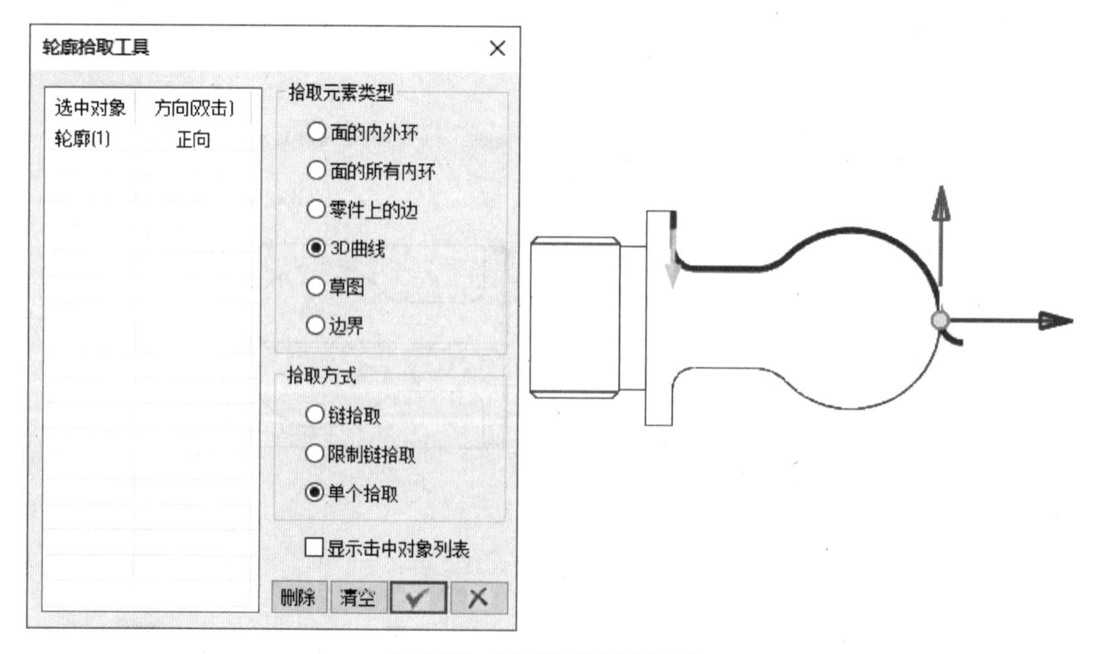

图 5-122　拾取球轴零件加工轮廓

⑤ 单击进退刀点，弹出点拾取工具对话框，单击输入坐标，X25，Y0，Z5，然后单击“确定”，如图 5-123 所示。

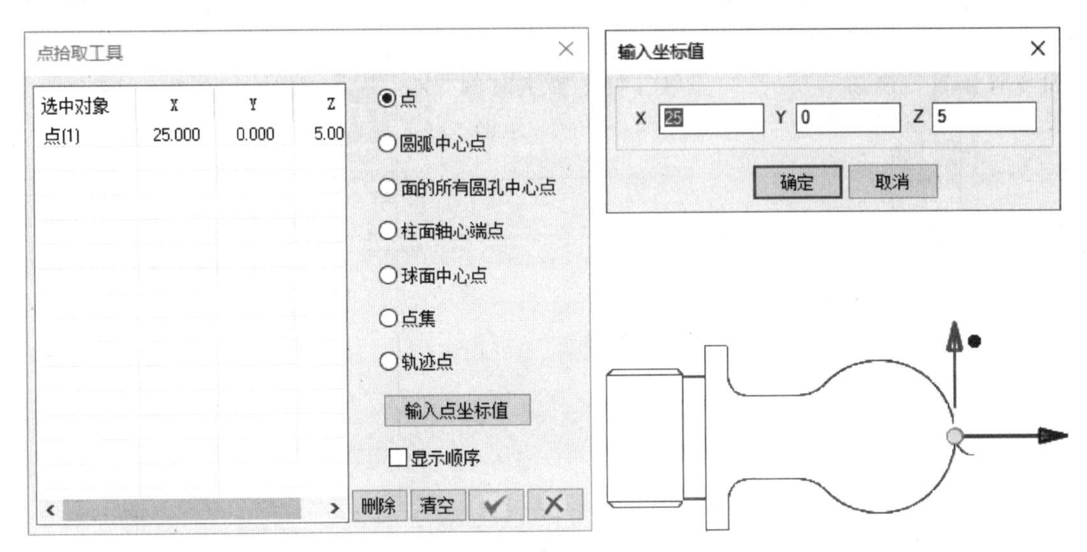

图 5-123　设置进退刀点

⑥ 单击“确定”退出对话框，生成球轴零件外轮廓粗加工轨迹，如图 5-124 所示。

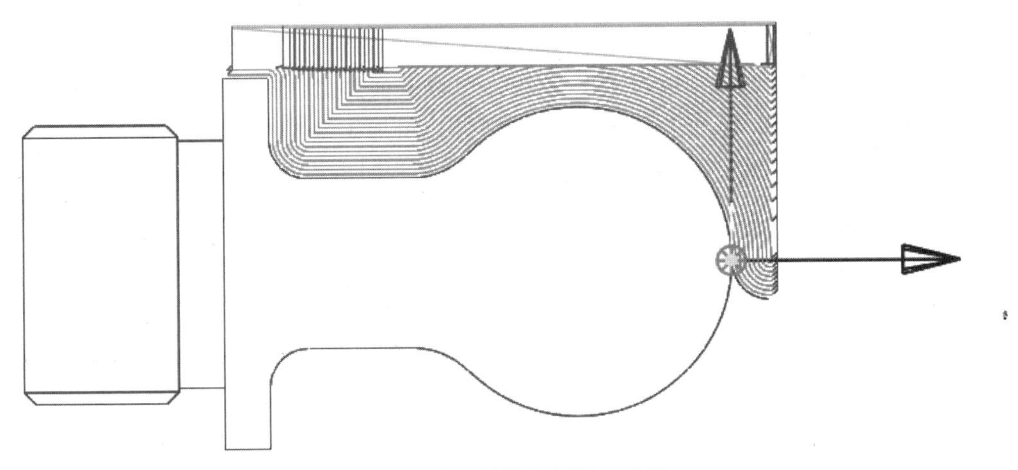

图 5-124　球轴零件外轮廓粗加工轨迹

⑦ 在制造功能区，单击后置处理面板上的“后置处理”按钮 G，弹出后置处理对话框，选择控制系统文件 Fanuc，单击“拾取”按钮 拾取，拾取外轮廓粗加工轨迹，选择“车加工中心_2X_XZ”机床配置文件，单击“后置”，退出后置处理对话框，生成外轮廓粗加工程序，如图 5-125 所示。

3. 球轴零件左端切槽加工

球轴零件左端加工

① 单击零件图，单击常用功能区面板上“三维曲线编辑”按钮，在绘制功能区面板上，先利用平面镜像、移动曲线等功能将零件图反过来，进行调头加工。在槽右边向上绘制 10mm 到 A 点，完成切槽加工轮廓，确定进刀点 A，如图 5-126 所示。

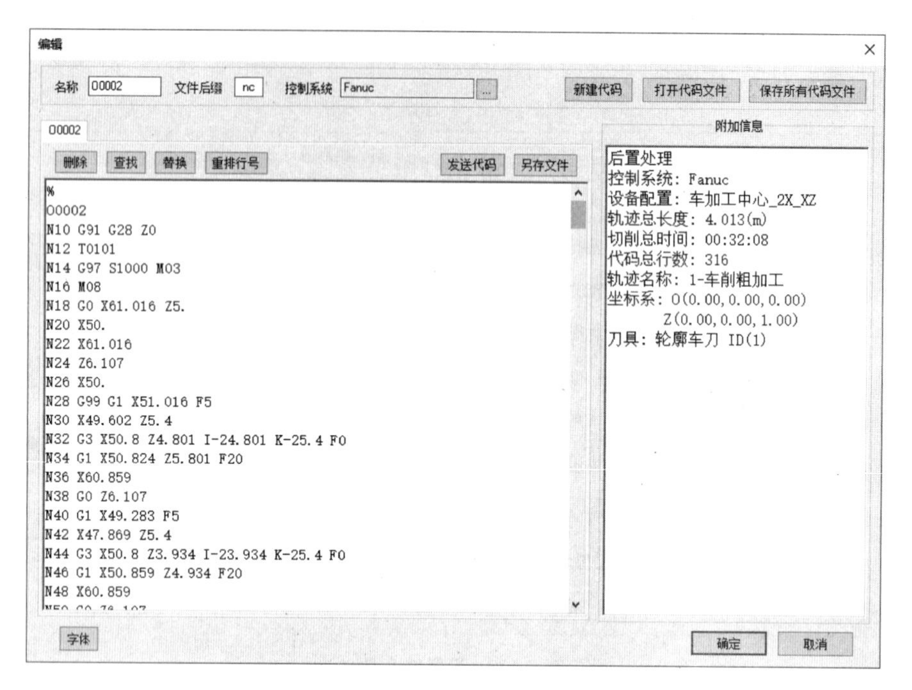

图 5-125 外轮廓粗加工程序

② 在制造选项卡中，单击车削加工面板上的“车削槽加工”按钮，弹出车削槽加工对话框，如图 5-127 所示。加工参数设置：切槽表面类型选择“外轮廓”，加工工艺类型为“粗加工＋精加工”，加工方向选择“横向”，粗加工余量 0.2，精加工余量 0，切深行距设为 0.5，退刀距离 4，刀尖半径补偿选择“编程时考虑半径补偿”。

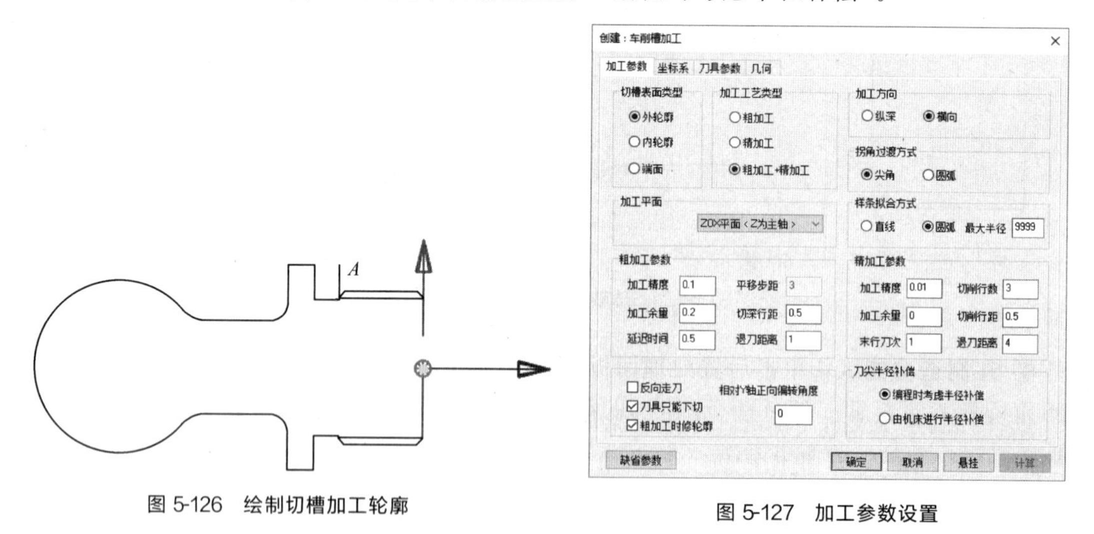

图 5-126 绘制切槽加工轮廓

图 5-127 加工参数设置

③ 设置刀具参数，选择宽度 3mm 的切槽刀，刀尖半径设为 0.2，刀具位置 5，编程刀位“前刀尖”，如图 5-128 所示。

④ 在几何页，单个拾取曲线，采用单个拾取方式，3D 曲线，拾取被加工轮廓，单击“确定”；拾取进退刀点 A，单击“确定”退出对话框，结果生成切槽加工轨迹，如图 5-129 所示。

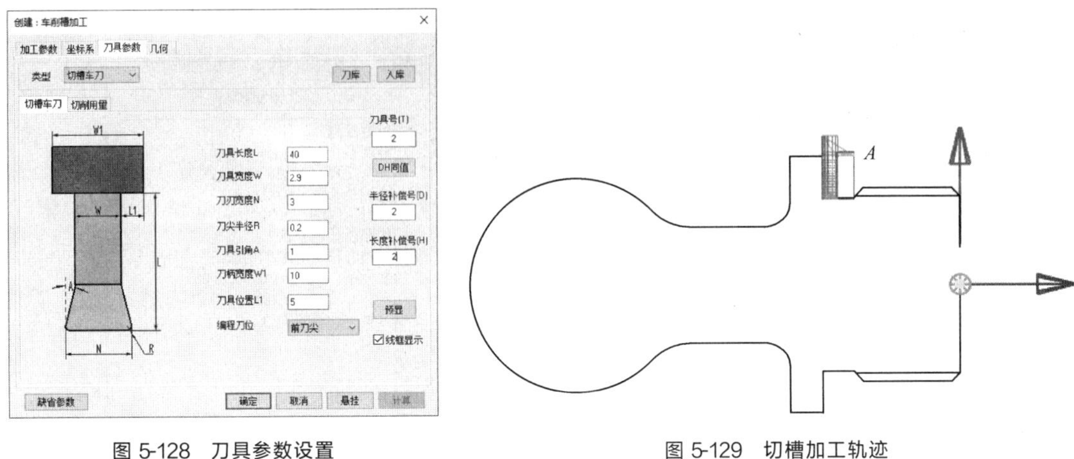

图 5-128　刀具参数设置

图 5-129　切槽加工轨迹

⑤ 在制造功能区，单击后置处理面板上的“后置处理”按钮**G**，弹出后置处理对话框，如图 5-130 所示。选择控制系统文件 Fanuc，单击“拾取”按钮［拾取］，拾取切槽加工轨迹，选择“车加工中心_2X_XZ”机床配置文件，单击“后置”，退出后置处理对话框，生成切槽加工程序，如图 5-131 所示。

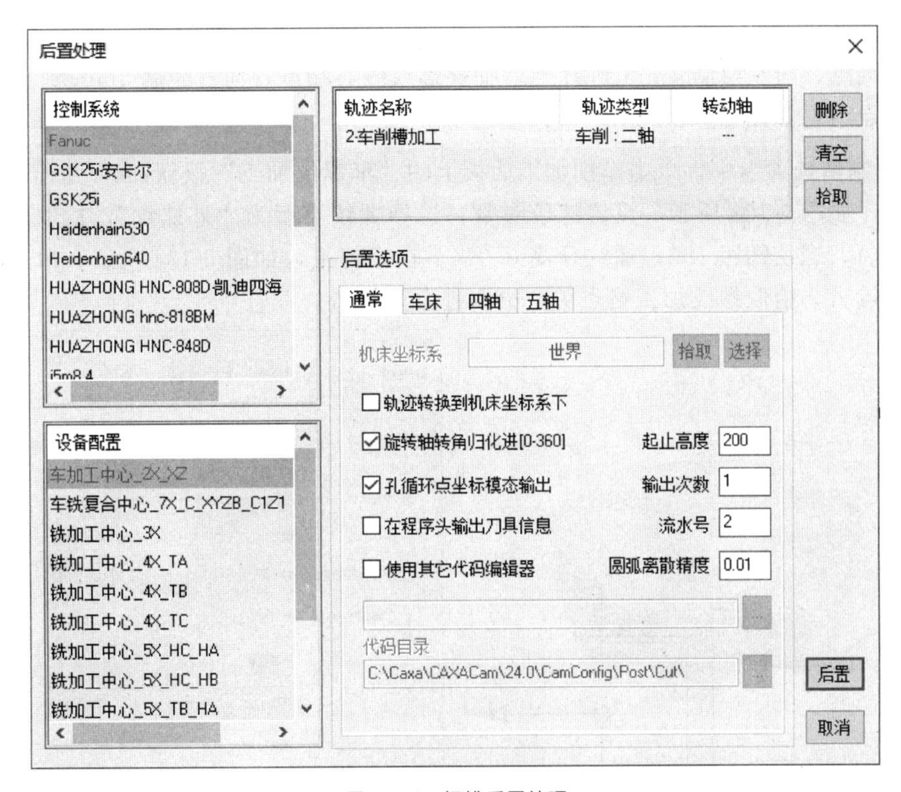

图 5-130　切槽后置处理

4. 球轴零件左端螺纹加工

① 打开三维曲线选项卡，单击常用功能区面板上的“三维曲线编辑”按钮，在绘制功能区面板上的常用选项卡中，单击绘制面板上的“直线”按钮，正交方式，捕捉

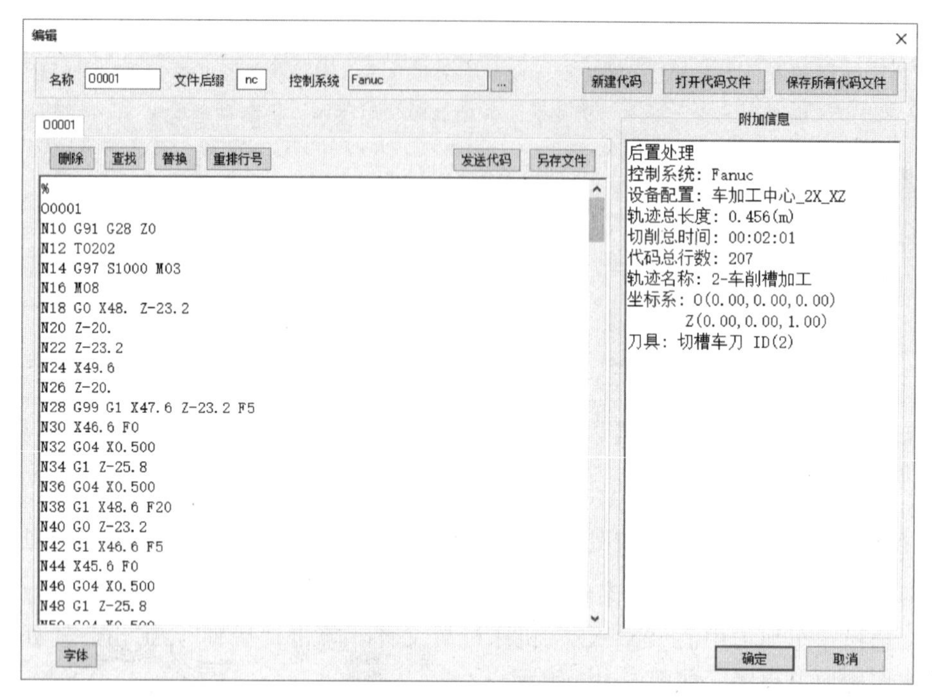

图 5-131 切槽加工程序

螺纹线左端点，向左绘制 4mm 到 B 点，捕捉螺纹线右端点，向右绘制 5mm 到 A 点，确定进退刀点 A，如图 5-132 所示。

② 在制造选项卡中，单击车削加工面板上的“车螺纹加工”按钮，弹出车螺纹加工对话框，如图 5-133 所示。设置螺纹参数：选择螺纹类型为“外螺纹”，拾取螺纹加工进退刀点 A，螺纹螺距 1.5，螺纹牙高 0.974。在几何页，如图 5-134 所示，单击拾取螺纹加工起点 A，拾取螺纹加工终点 B，拾取进退刀点 A。

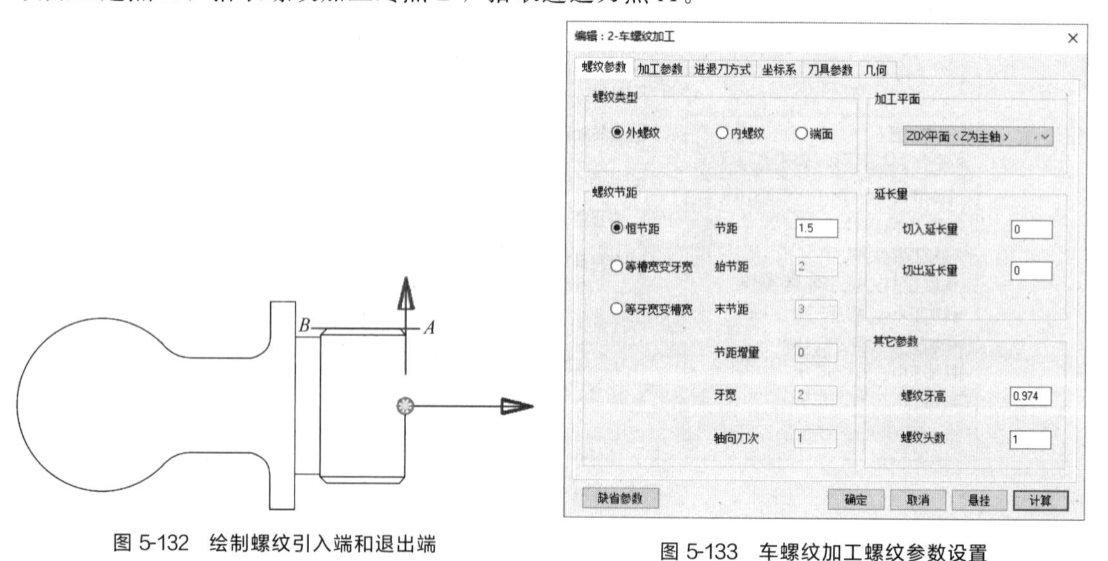

图 5-132 绘制螺纹引入端和退出端

图 5-133 车螺纹加工螺纹参数设置

③ 单击“确定”退出车螺纹加工对话框，系统自动生成螺纹加工轨迹，如图 5-135 所示。

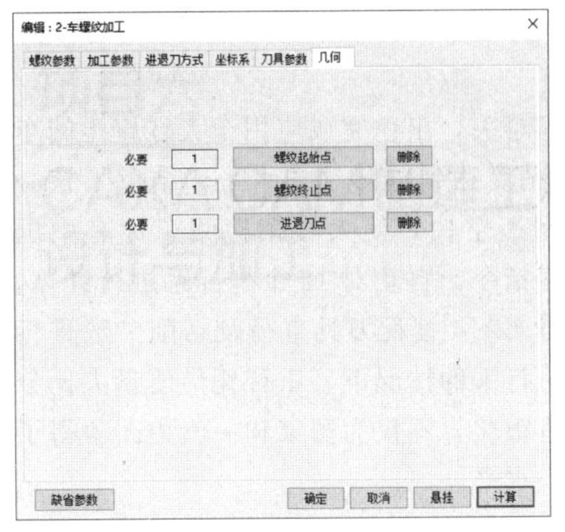

图 5-134　车螺纹加工几何参数设置

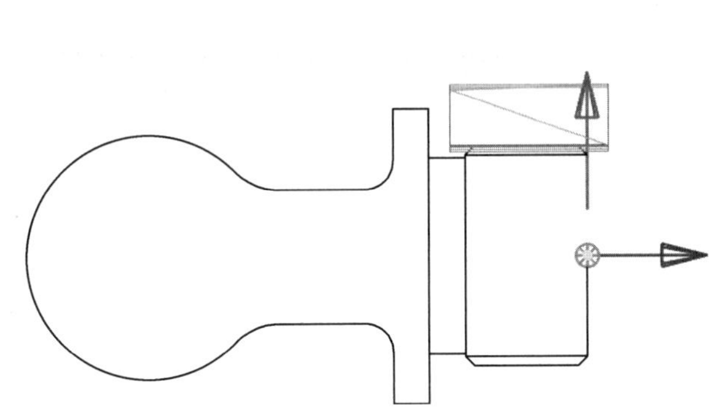

图 5-135　螺纹加工轨迹

④ 在制造功能区，单击后置处理面板上的“后置处理”按钮 **G**，弹出后置处理对话框，选择控制系统文件 Fanuc，选择“车加工中心_2X_XZ”机床配置文件，单击“拾取”按钮，拾取螺纹加工轨迹，然后单击“后置”按钮，弹出编辑代码对话框，如图 5-136 所示，生成螺纹加工程序。

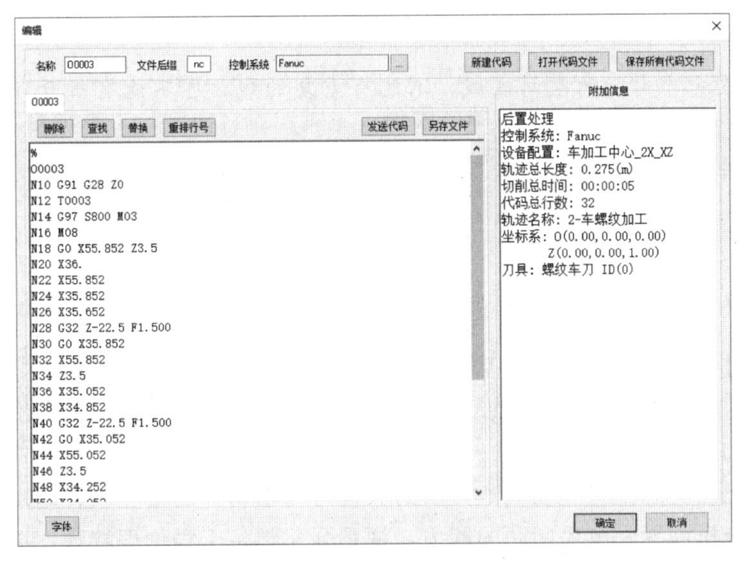

图 5-136　螺纹加工程序

四、素质拓展

王智，1998 年毕业于长春汽车工业高等专科学校，现为中国第一汽车股份有限公司研发总院试制所加工中心操作工，是中国一汽首席技能大师、国家级技能大师工作室带头人、红旗工匠创新工作室集群领衔人，曾获全国技术能手、中央企业技术能手、吉林省优秀共产党员、吉林省劳动模范、中国一汽模范共产党员等荣誉称号，享受国务院政府特殊津贴。

王智在 CAD/CAM 软件、机床操作编程、零件加工、刀具夹具设计等方面具有很深的造诣，到目前为止王智解决 100 多项技术难题和攻关项目，完成多项国家级、省部级重点项目的试制加工任务。

多年来王智主动放弃休息日，连续奋战攻克技术难关，出色完成应用于大红旗检阅车的国内首款自主研发 V12 发动机的试制加工任务，精度达到国际领先水平，结束了核心部件须由国外加工的历史，填补国内 V 型发动机制造空白，使大红旗检阅车拥有中国"芯"。在中美国际数控技能大赛中，王智编辑宏程序指令，自动对 12 个坐标系进行计算、赋值，大大节省编程准备时间，并凭借多年的经验将 CAM 编程刀具直径及切削参数进行调整，保证了尺寸一次加工合格。在完成数量与对手打平的情况下，王智凭借质量大比分领先，最终一汽代表队获得了金奖，并获得夹具制造银奖，不仅为国家和一汽集团争得了荣誉，更向国际同行充分展示了中国高超的机械加工水平。

经验积累

① 在世界坐标系下进行的实体造型，一般对刀点在零件的上表面中心点，所以要在上表面中心点建立工件坐标系，但在二轴和三轴加工中仍然用世界坐标系编写程序，所以对刀时要特别注意。

② 三维球的键盘命令：F10 打开/关闭三维球；空格键将三维球分离/附着于选定的对象；Ctrl 在平移/旋转操作中激活增量捕捉。

③ 草图是一个封闭的空间区域，不能有重复的线，也不能有断开部分，如果有要进行修改。

④ 数控车内外轮廓粗加工不再绘制毛坯轮廓曲线，但是要创建毛坯。

项目总结

本项目通过数控铣削加工工艺基础、平面型腔零件的造型设计与加工、三全育人影像浮雕加工、空间一号主舱体的造型设计与加工、球轴零件的造型设计与车削加工实例，介绍 CAXA 制造工程师毛坯创建方法、坐标系建立方法及各种加工轨迹生成方法。在课程学习过程中，把马克思主义立场观点方法的教育与科学精神的培养结合起来，提高学生正确认识问题、分析问题和解决问题的能力，注重强化学生工程伦理教育，培养学生精益求精的大国工匠精神，激发学生科技报国的家国情怀和使命担当。

项目考核

① 按如图 5-137 给定的尺寸进行实体造型，凸轮厚 15mm，用直径为 10mm 的端面铣刀做渐开凸轮外轮廓的加工轨迹。

② 试用影像浮雕加工功能雕刻如图 5-138 所示连年有余平面模型，厚度为 0.4mm。

③ 用轮廓线精加工、平面区域式粗加工和孔加工命令加工如图 5-139 所示的零件，台体零件模型如图 5-140 所示。

④ 按下列可乐瓶底曲面模型尺寸造型并编制加工程序，如图 5-141 所示。可乐瓶底曲面造型和凹模型腔造型，如图 5-142 所示。

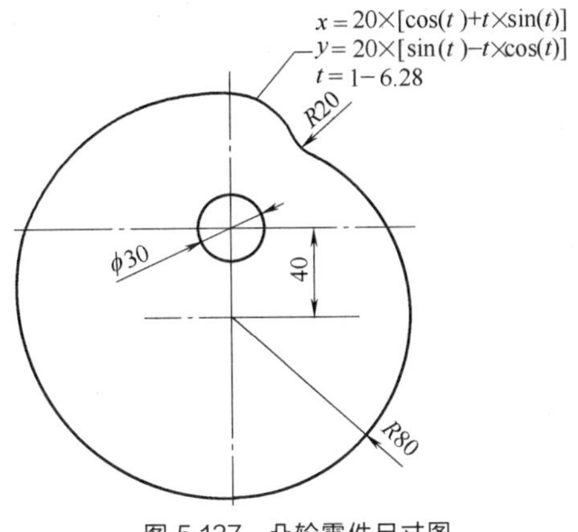

图 5-137　凸轮零件尺寸图

图 5-138　连年有余平面图

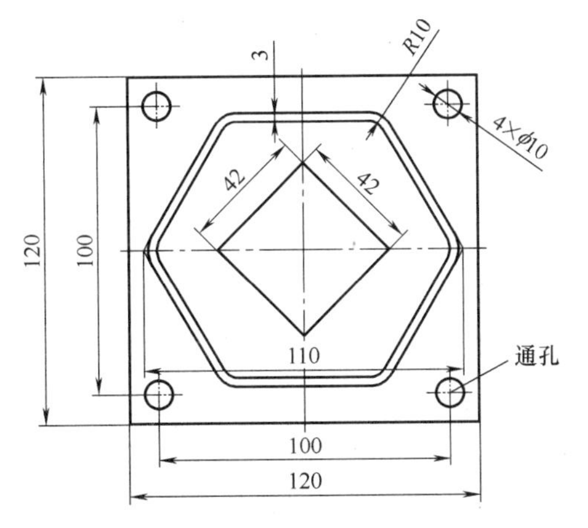

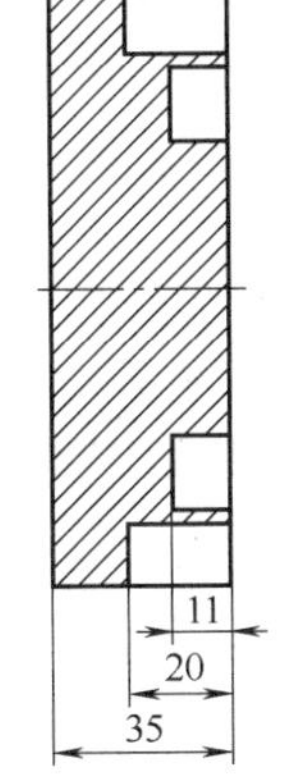

图 5-139　台体零件尺寸图

图 5-140　台体零件模型

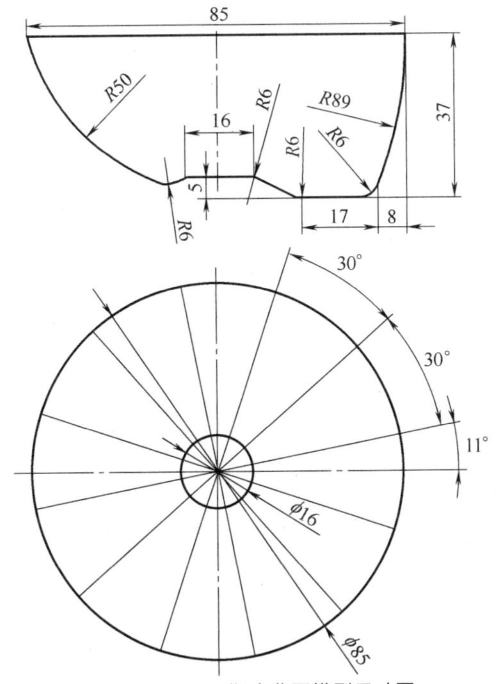

图 5-141　可乐瓶底曲面模型尺寸图

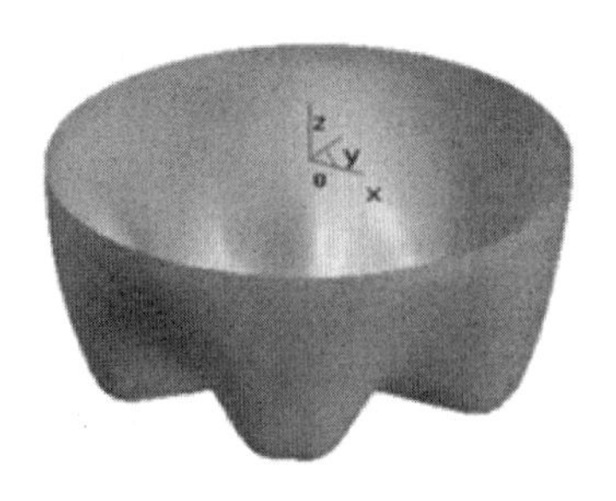

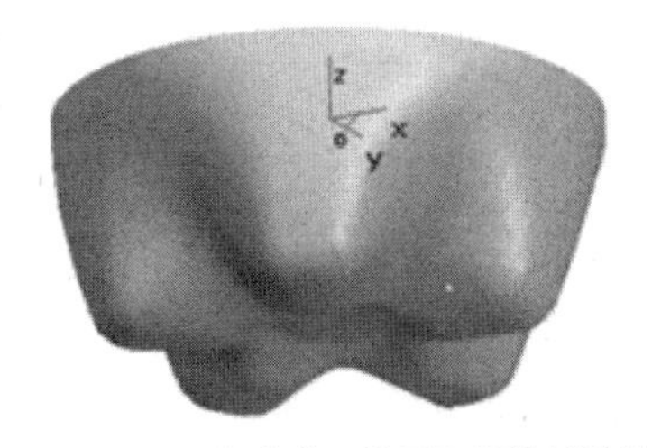

图 5-142　可乐瓶底曲面造型和凹模型腔造型

⑤ 根据图 5-143 所示扇轮零件图，完成扇轮零件的三维 CAD 造型设计，并采用适当加工方法完成扇轮零件粗加工、上表面精加工、扇轮顶部球面精加工和扇轮叶片加工的程序编制。零件材料为 45 钢。

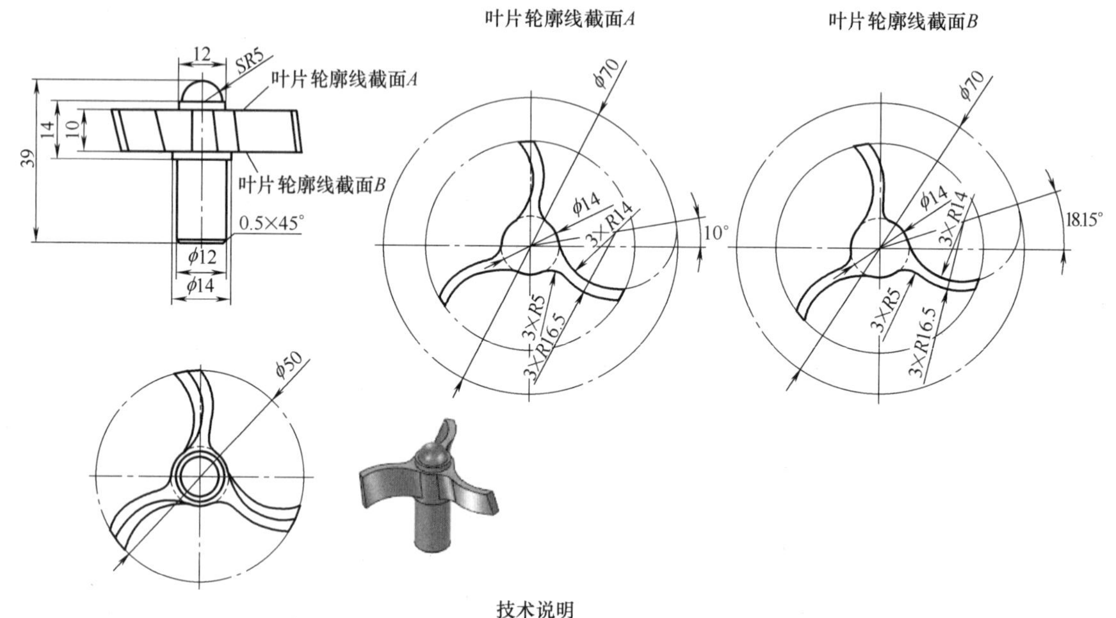

技术说明

1.扇轮三个叶片呈120°均布，且每个叶片的叶形一致。

2.叶形由"叶片轮廓线截面A"和"叶片轮廓线截面B"组成直纹面。

图 5-143 扇轮零件图

⑥ 完成图 5-144 球面零件轮廓设计及内外轮廓的粗精加工程序编制。已知工件毛坯尺寸为：毛坯材料 ϕ60mm×55mm，材料为 45 钢。

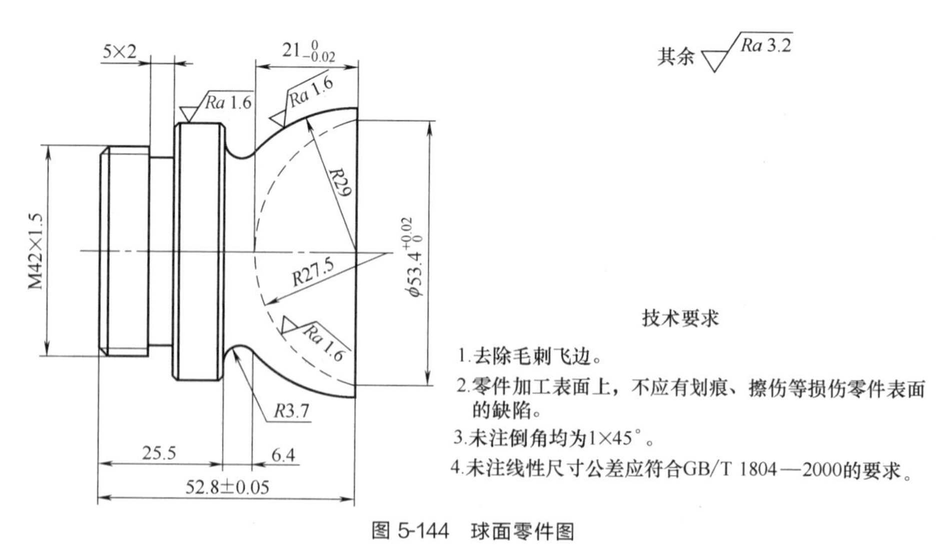

技术要求

1.去除毛刺飞边。

2.零件加工表面上，不应有划痕、擦伤等损伤零件表面的缺陷。

3.未注倒角均为1×45°。

4.未注线性尺寸公差应符合GB/T 1804—2000的要求。

图 5-144 球面零件图

项目六

CAXA CAM制造工程师2022典型零件的设计与加工

CAXA CAM 制造工程师 2022 软件提供了二轴加工、三轴加工、四轴加工、五轴加工、叶轮加工、孔加工、浮雕加工和车铣复合加工等多种加工类型、五十多种加工策略，每一种加工策略，针对不同工件的情况，又可以有不同的特色，基本上满足了数控铣床、加工中心的编程加工需求。在进行以上加工方式操作时，正确地填写各种加工参数，如刀次、铣刀每层下降高度、行距、拔模基准、切削量、行距、补偿等，是非常重要的。

本项目主要通过机器人造型设计与加工、一帆风顺图像浮雕加工、配合零件的设计与加工、奥运会标志的造型设计与加工、叶轮零件造型设计与加工、啮合座零件造型设计与加工实例，介绍 CAXA CAM 制造工程师 2022 中的毛坯创建、铣螺纹加工、四轴柱面曲线加工、参数线精加工、平面自适应加工、图像浮雕加工、四轴轨迹包裹加工、五轴侧铣加工、五轴限制面精加工、五轴 G01 钻孔加工、等高线粗加工、等高线精加工等加工策略。

◎**育人目标**

• 通过机器人造型设计与加工、配合零件的设计与加工、叶轮零件造型设计与加工、啮合座零件造型设计与加工，引导学生养成认真负责的工作态度，树立大局意识和核心意识，增强学生的责任担当，培养学生孜孜不倦、精益求精的工匠精神，自觉遵守职业道德和职业规范。

• 通过一帆风顺图像浮雕加工，希望同学们今后一路平平安安，事业积极向上，品格纯朴高尚，不断增强"四个自信"，坚定不移听党话、跟党走。

• 通过奥运会标志的造型设计与加工，引导和激励青年学生传承奥运精神，在新时代舞台上砥砺奋斗、不负时代、不负韶华，为实现中国梦贡献青春力量。

◎**知识目标**

• 了解数控铣削加工基础知识，学会根据零件的结构特点和技术要求，设计正确的加工工艺方案。

• 掌握工件坐标系的建立和使用方法。

• 掌握三维曲线绘制和公式曲线使用功能。

• 掌握曲面造型方法及 3D 实体设计造型方法。

• 掌握多轴加工轨迹生成、加工轨迹仿真和后处理的操作方法。

• 掌握数控铣床基本操作方法和安全操作规程。

◎能力目标

• 学习中国共产党百年党史所承载的实践品格，练就过硬本领。

• 激发学生的学习兴趣，充分发挥学生学习的积极性和主动性，强化学生工程伦理教育，不断培育学生精益求精、爱岗敬业、不畏困难、求真务实的工匠精神。

• 培养学生团队合作意识，实践能力、创新能力，为将来走上工作岗位打下坚实的基础。

• 培养积极、严谨的科学态度和工作作风，提高数控机床操作的安全意识。

• 培养参与专业实践活动的热情，提高分析问题和解决问题的能力。

任务一　机器人主体造型设计与加工

一、任务引入

人类用智慧创造出各式各样的机器人，而且越来越智能。它们多样的造型设计、丰富的功能用途深受青年人的喜爱。本任务完成如图 6-1 所示的机器人主体零件的造型设计与加工。文字雕刻要求：在图示区域刻字，字体为楷体，字高约 9mm，深约 0.15mm，双线空心刻字。

二、任务分析

机器人零件加工部位多，且各加工面不在同一平面内，所以要分别在加工面建立工件坐标系，然后使用合适的加工功能生成加工轨迹。本任务完成机器人零件的造型设计与加工。主要通过绘制草图，然后利用拉伸增料、拉伸除料等方法完成实体建模，利用平面区域粗加工、平面轮廓精加工、铣螺纹加工、等高线粗加工、等高线精加工、四轴柱面曲线加工等功能，完成机器人主体零件的加工。

三、任务实施

1. 机器人主体的造型设计

①在工程模式环境下，打开草图功能区，单击“草图”按钮下方的小箭头，出现基准面选择选项，单击选择“在 X-Y 基准面”图标，在 X-Y 基准面内新建草图，进入草图绘图环境。单击“多边形”按钮，在属性菜单中选择“内切圆”，边数为 6，捕捉坐标中心点，单击右键，在弹出的编辑对话框中输入内切圆半径 31，回车确定退出，完成正六角形绘制，如图 6-2 所示。

② 在草图功能区，在修改面板上，单击“过渡”按钮，输入过渡半径 10，捕捉相邻两边，完成各角过渡。在左边的设计环境树中，单击 2D 草图，单击右键，在弹出的菜单中选择“生成—创建拉伸特征”，弹出拉伸特征对话框，选择独立零件，输入距离 12，单击“确定”，即可完成拉伸增料特征造型，如图 6-3 所示。

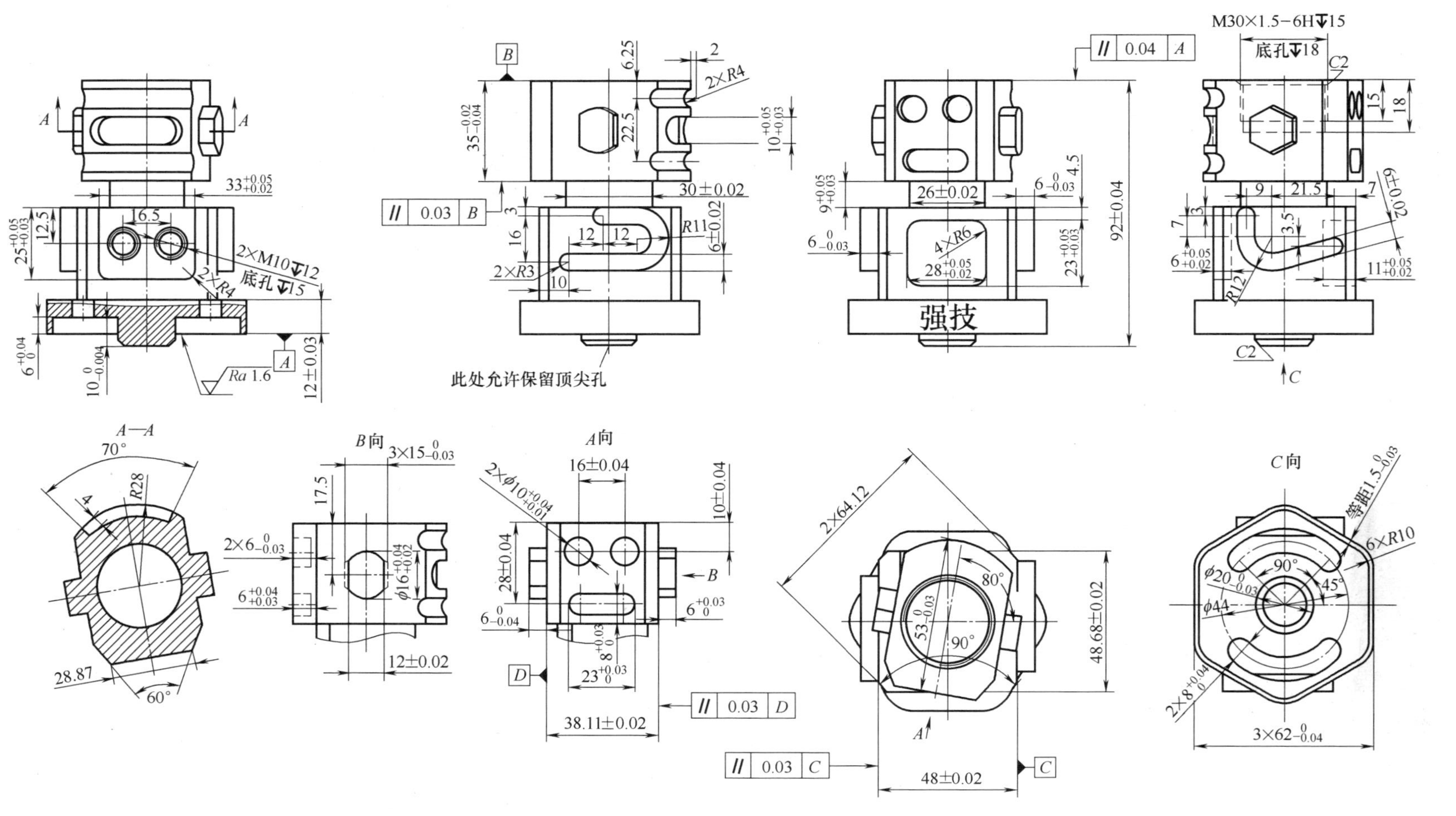

图 6-1　机器人主体零件图

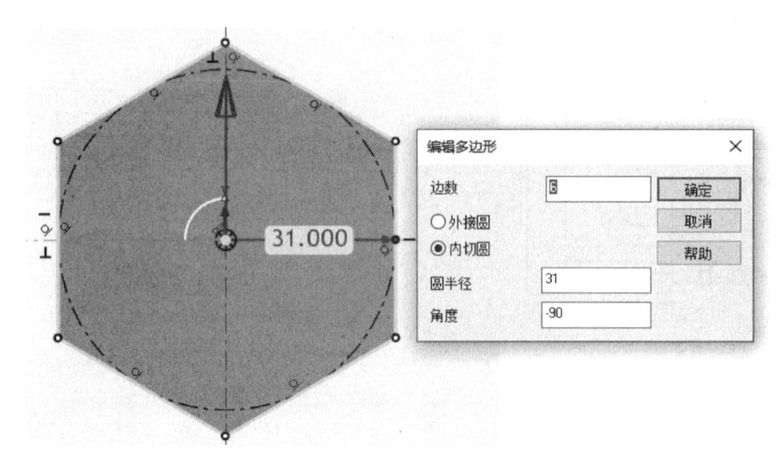

图 6-2　绘制六边形草图

③ 打开草图功能区，单击“草图”按钮下方的小箭头，出现基准面选择选项，单击选择“在 *X*-*Y* 基准面”图标，在 *X*-*Y* 基准面内新建草图，进入草图绘图环境。单击“多边形”按钮，在属性菜单中选择“内切圆”，边数为 6，捕捉坐标中心点，单击右键，在弹出的编辑对话框中输入内切圆半径 28，回车确定退出，完成正六边形绘制。在草图功能区，在修改面板上，单击“过渡”按钮，输入过渡半径 10，捕捉相邻两边，完成各角过渡。完成草图后，在左边的设计环境树中，单击 2D 草图，单击右键，在弹出的菜单中选择“生成—创建拉伸特征”，弹出拉伸特征对话框，单击相关零件，选择除料，输入距离 6，方向拉伸反向，单击“确定”，即可完成拉伸除料特征造型，如图 6-4 所示。

④ 同理，在下面完成 *Φ*20 高 10 的圆柱体的实体造型，并单击特征修改面板上圆角过渡图标，进行 *C*2 倒角过渡，如图 6-5 所示。

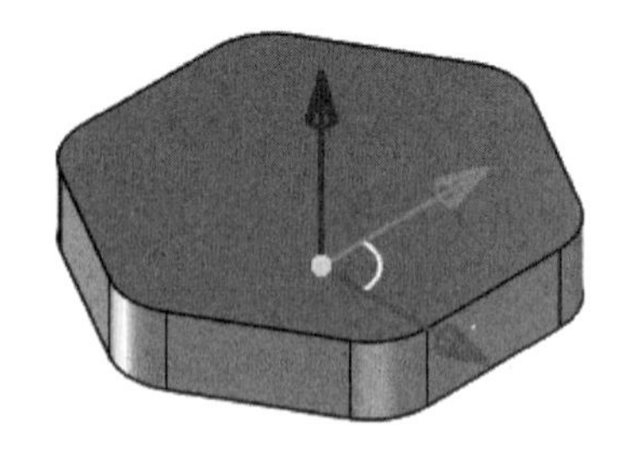

图 6-3　创建六边形实体

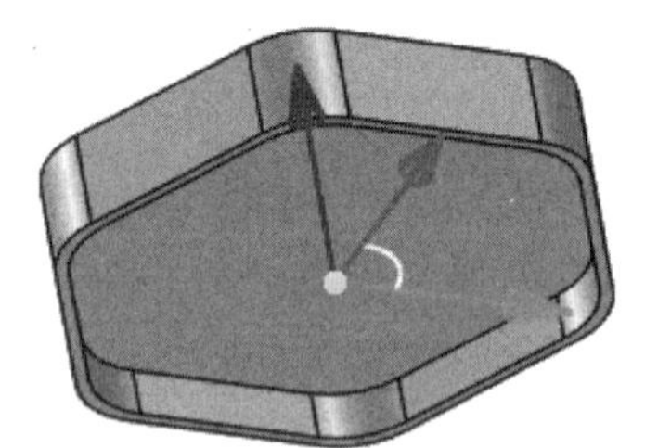

图 6-4　创建六边形内孔

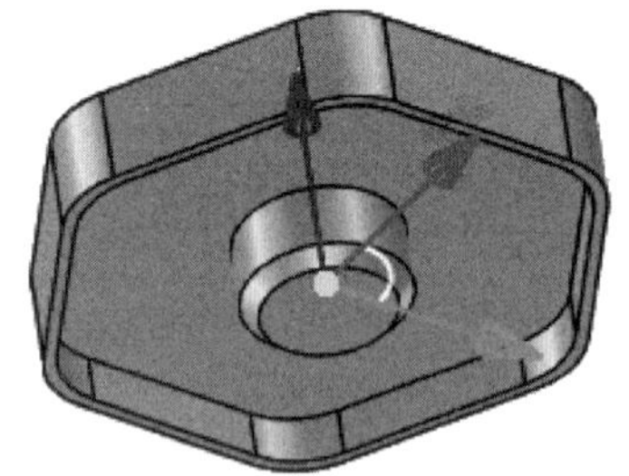

图 6-5　创建圆柱实体

⑤ 打开草图功能区，单击“草图”按钮下方的小箭头，出现基准面选择选项，单击选择二维草图，单击捕捉上表面中心点，进入草图绘图环境。在草图绘制功能面板中，选择“圆心＋半径”图标 圆心+半径，绘制半径为 22、18 和 26 的圆。然后绘制一条 45° 的斜线，绘制 *R*4 圆，利用裁剪功能剪去不需要的线。单击“结束草图”按钮，单击“下拉”按钮中的完成，完成草图绘制，如图 6-6 所示。

⑥ 在左边的设计环境树中，单击 2D 草图，单击右键，在弹出的菜单中选择“生成—

创建拉伸特征”，弹出拉伸特征对话框，单击相关零件，选择除料，输入距离 10，方向拉伸反向，单击“确定”，即可完成拉伸除料特征造型，如图 6-7 所示。

⑦ 同理，在上面绘制长 48，宽 48.68 的长方形，对角斜角距离 64.12，完成草图，如图 6-8 所示。拉伸增料 32 后的实体造型，如图 6-9 所示。

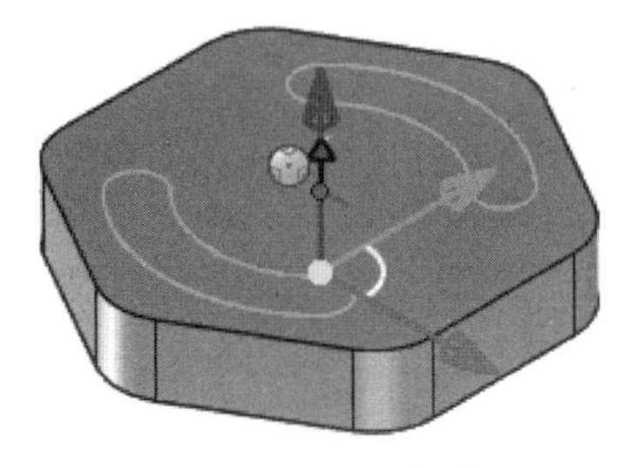

图 6-6　绘制圆弧槽草图

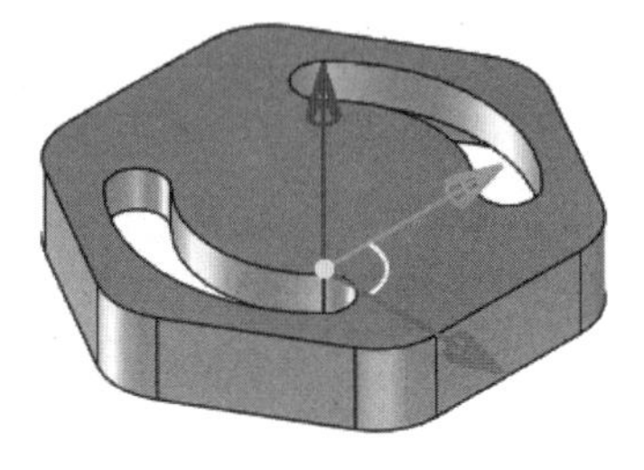

图 6-7　创建圆弧槽实体

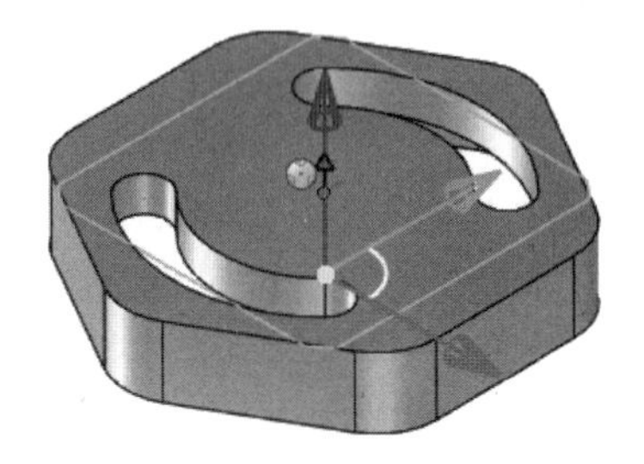

图 6-8　绘制长方形草图 1

⑧ 打开草图功能区，单击“草图”按钮下方的小箭头，出现基准面选择选项，单击选择二维草图，单击捕捉前表面中心点，进入草图绘图环境。绘制长 28，高 23 的长方形。在草图功能区，在修改面板上，单击“过渡”按钮，输入过渡半径 6，捕捉相邻两边，完成各角过渡，完成草图，如图 6-10 所示。在左边的设计环境树中，单击 2D 草图，单击右键，在弹出的菜单中选择“生成—创建拉伸特征”，弹出拉伸特征对话框，单击相关零件，选择除料，输入距离 11，方向拉伸反向，单击“确定”，即可完成拉伸除料特征造型，如图 6-11 所示。

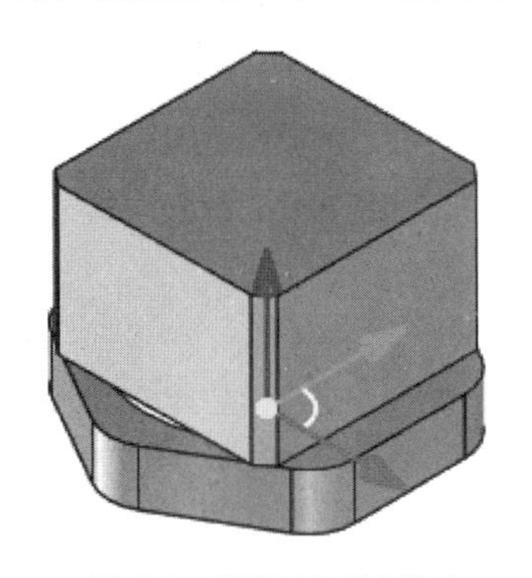

图 6-9　创建长方形实体 1

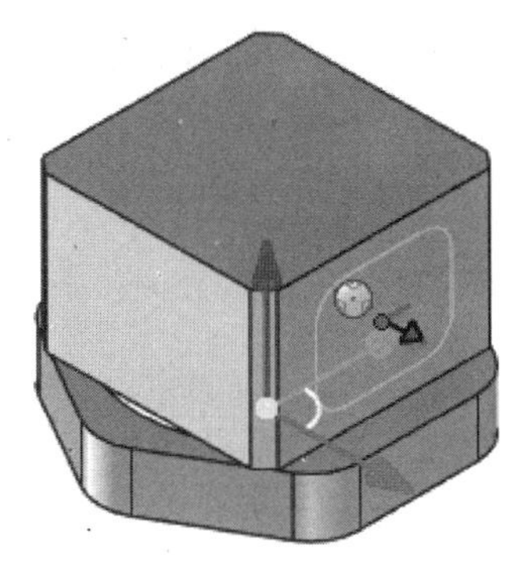

图 6-10　绘制长方形草图 2

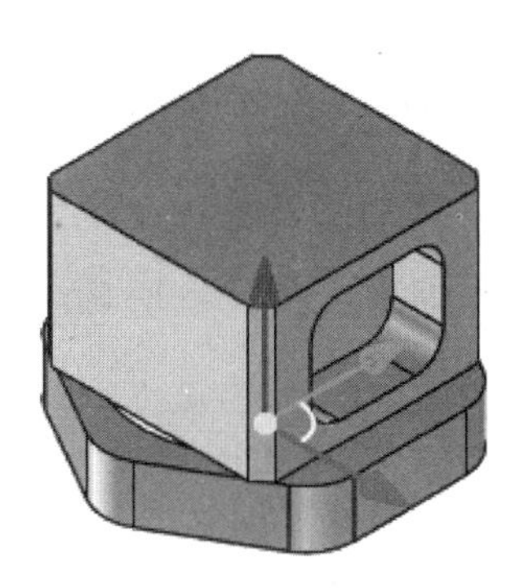

图 6-11　创建长方形槽实体 1

⑨ 打开草图功能区，单击“草图”按钮下方的小箭头，出现基准面选择选项，单击选择二维草图，单击捕捉后表面中心点，进入草图绘图环境。绘制长 33、高 25 的长方形。完成草图，如图 6-12 所示。在左边的设计环境树中，单击 2D 草图，单击右键，在弹出的菜单中选择“生成—创建拉伸特征”，弹出拉伸特征对话框，单击相关零件，选择除料，输入距离 6，方向拉伸反向，单击“确定”，即可完成拉伸除料特征造型，如图 6-13 所示。

⑩ 同理，在草图绘图环境中，在后面绘制两个 $R4.25$ 的圆，两圆中心距 16.5，完成草图，如图 6-14 所示。拉伸除料 15 后的实体造型，如图 6-15 所示。

⑪ 打开草图功能区，单击“草图”按钮下方的小箭头，出现基准面选择选项，单

击选择二维草图，单击捕捉左表面中心点，进入草图绘图环境。绘制如图 6-16 所示的草图。在左边的设计环境树中，单击 2D 草图，单击右键，在弹出的菜单中选择“生成—创建拉伸特征”，弹出拉伸特征对话框，单击相关零件，选择增料，输入距离 6，单击“确定”，即可完成拉伸增料特征造型，如图 6-17 所示。

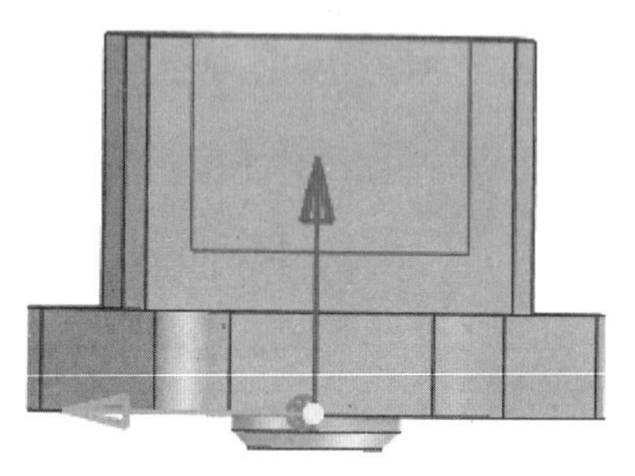

图 6-12 绘制长方形草图 3

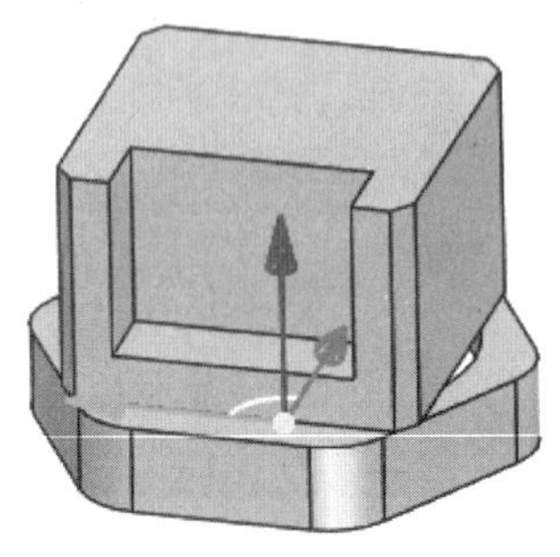

图 6-13 创建长方形槽实体 2

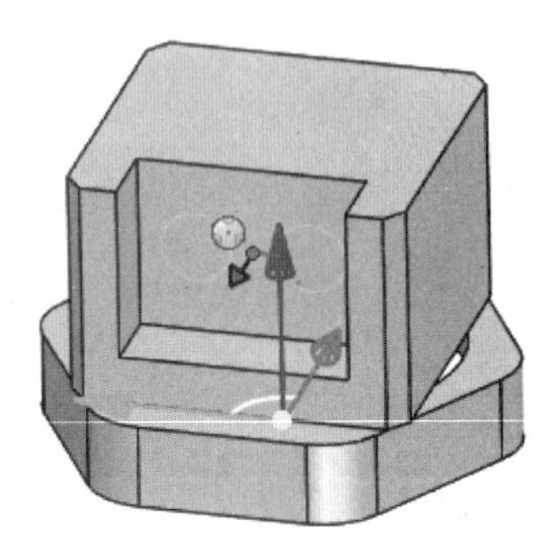

图 6-14 绘制长方形草图 4

图 6-15 创建圆孔实体

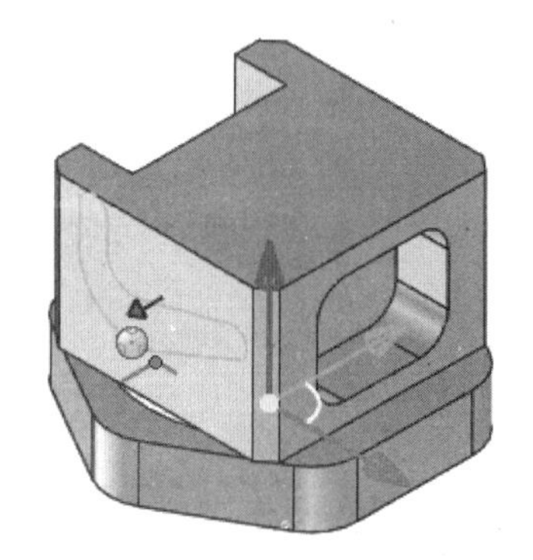

图 6-16 绘制草图 1

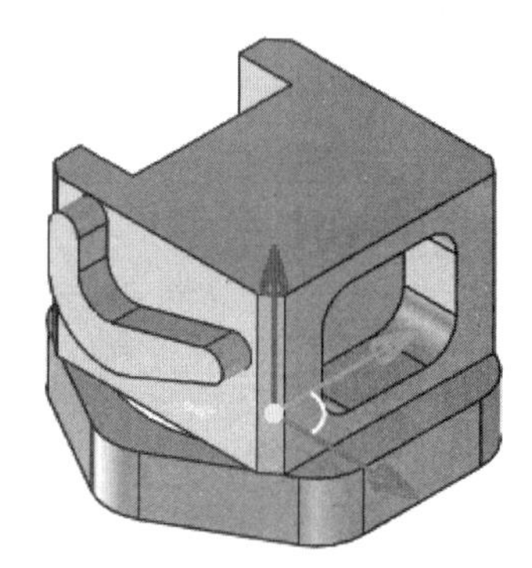

图 6-17 创建圆弧凸台实体 1

同理，在右侧绘制草图如图 6-18 所示的草图，拉伸增料 6mm 后的实体造型，如图 6-19 所示。

⑫ 打开草图功能区，单击“草图”按钮下方的小箭头，出现基准面选择选项，单击选择二维草图，单击捕捉上表面中心点，进入草图绘图环境。绘制长 26、宽 30 的长方形，完成草图。在左边的设计环境树中，单击 2D 草图，单击右键，在弹出的菜单中选择“生成—创建拉伸特征”，弹出拉伸特征对话框，单击相关零件，选择增料，输入距离 9，单击“确定”，即可完成拉伸增料特征造型，如图 6-20 所示。

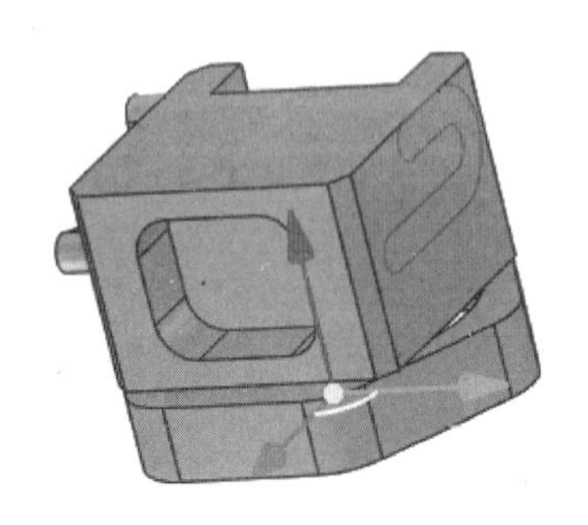

图 6-18 绘制草图 2

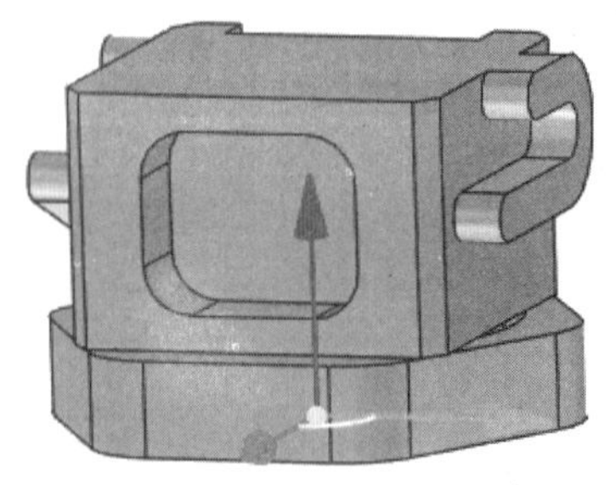

图 6-19 创建圆弧凸台实体 2

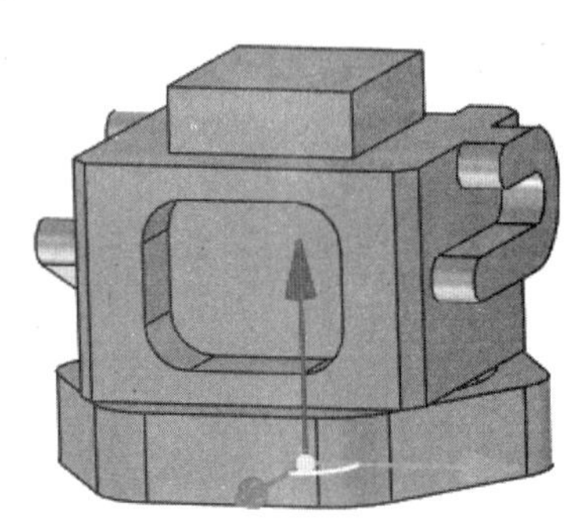

图 6-20 创建长方形实体 2

⑬ 同理，在上表面绘制如图 6-21 所示的草图。在草图功能区修改面板上单击“旋转”按钮，在左侧属性对话框中输入旋转角度－10，选择要旋转的草图，单击“确定”退出后，完成草图旋转，如图 6-22 所示。在左边的设计环境树中，单击 2D 草图，单击右键，在弹出的菜单中选择“生成—创建拉伸特征”，弹出拉伸特征对话框，单击相关零件，选择增料，输入距离 35，单击“确定”，即可完成拉伸增料特征造型，如图 6-23 所示。

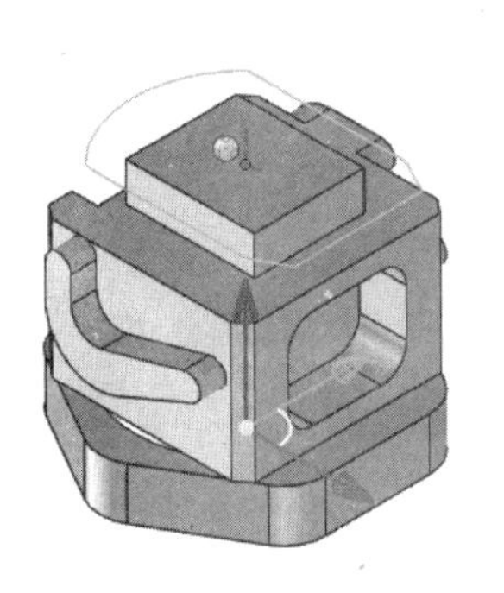
图 6-21 绘制草图 3

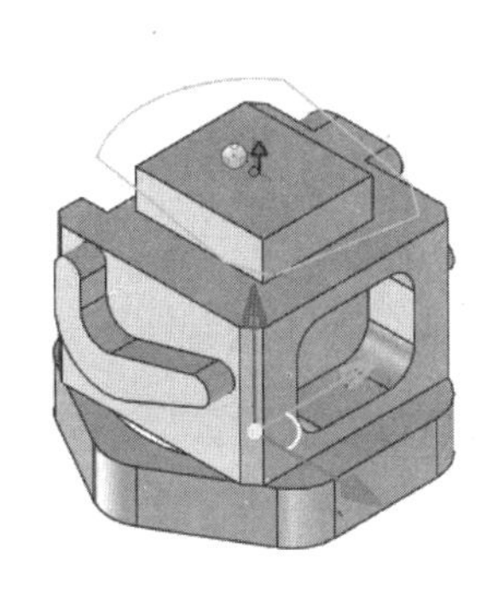
图 6-22 旋转草图

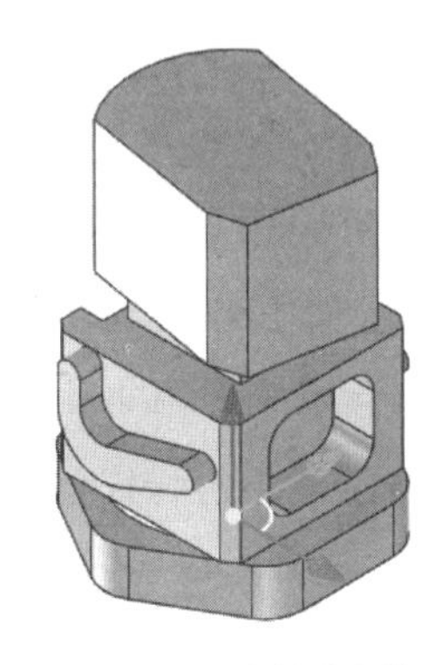
图 6-23 创建拉伸实体

⑭ 在前表面绘制如图 6-24 所示的草图。在左边的设计环境树中，单击 2D 草图，单击右键，在弹出的菜单中选择“生成—创建拉伸特征”，弹出拉伸特征对话框，单击相关零件，选择除料，输入距离 6，方向拉伸反向，单击“确定”，即可完成拉伸除料特征造型。如图 6-25 所示。

⑮ 在左侧绘制如图 6-26 所示的六边形草图。在左边的设计环境树中，单击 2D 草图，单击右键，在弹出的菜单中选择“生成—创建拉伸特征”，弹出拉伸特征对话框，单击相关零件，选择增料，输入距离 6，单击“确定”，即可完成拉伸增料特征造型，如图 6-27 所示。

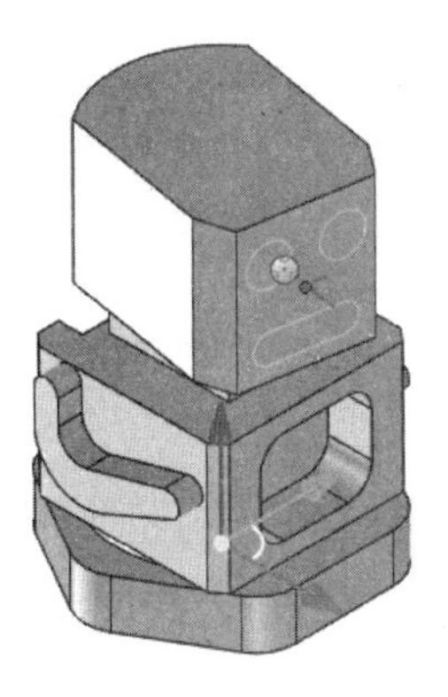
图 6-24 绘制草图 4

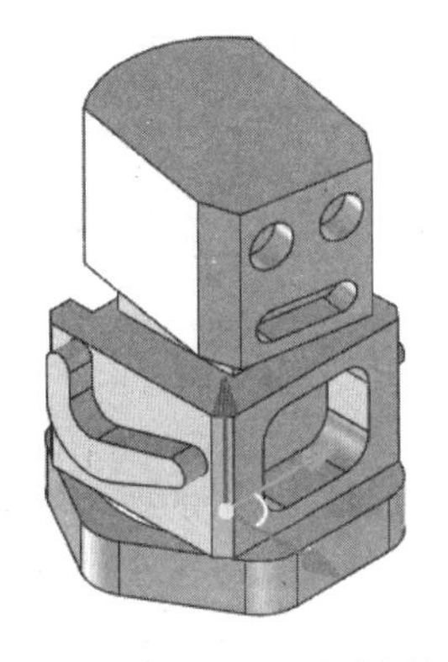
图 6-25 创建拉伸除料实体

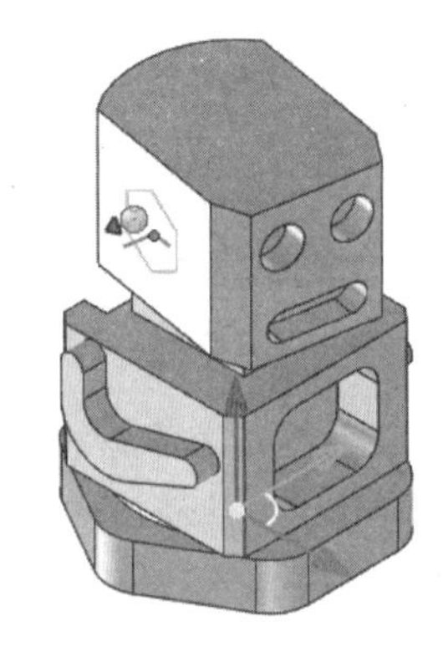
图 6-26 绘制六边形草图

⑯ 在右侧绘制如图 6-28 所示的六边形草图。在左边的设计环境树中，单击 2D 草图，单击右键，在弹出的菜单中选择“生成—创建拉伸特征”，弹出拉伸特征对话框，单击相关零件，选择增料，输入距离 6，单击“确定”，即可完成拉伸增料特征造型，如图 6-29 所示。

⑰ 在上表面绘制 $\Phi25.5$ 圆草图。在左边的设计环境树中，单击 2D 草图，单击右键，

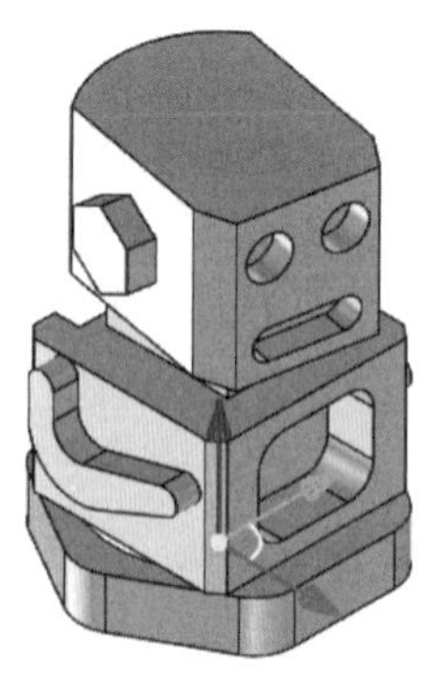

图 6-27　创建拉伸增料实体

图 6-28　绘制草图 5

图 6-29　创建拉伸增料实体

在弹出的菜单中选择“生成—创建拉伸特征”，弹出拉伸特征对话框，单击相关零件，选择除料，输入距离 18，方向拉伸反向，单击“确定”，即可完成拉伸除料特征造型，如图 6-30 所示。单击特征修改面板上圆角过渡图标进行 $C2$ 倒角过渡。如图 6-31 所示。

⑱ 打开草图功能区，单击“草图”按钮下方的小箭头，出现基准面选择选项，单击选择二维草图，单击捕捉前表面中心点，进入草图绘图环境。单击草图绘制面板上的文字图标 A 文字，在文字属性框中输入“强技”，字体高度 7，捕捉中点，字体位置选择中心，完成草图。在左边的设计环境树中，单击 2D 文字草图，单击右键，在弹出的菜单中选择“生成—创建拉伸特征”，弹出拉伸特征对话框，单击相关零件，选择除料，输入距离 0.15，方向拉伸反向，单击“确定”，即可完成拉伸除料特征造型，如图 6-32 所示。

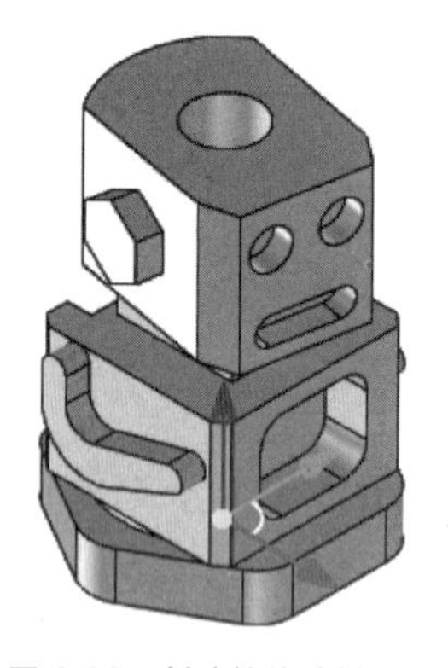

图 6-30　创建拉伸除料实体

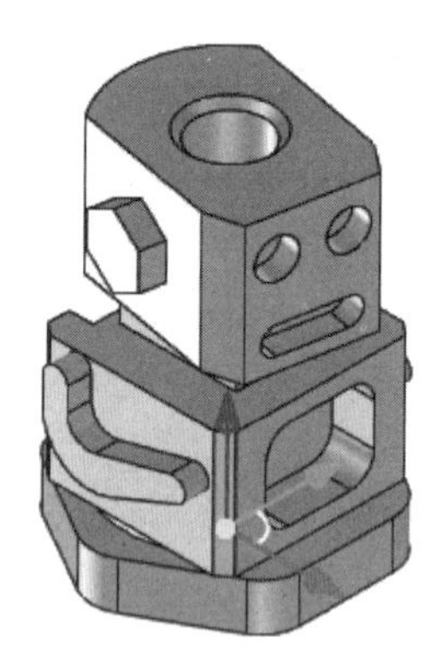

图 6-31　圆孔倒圆角

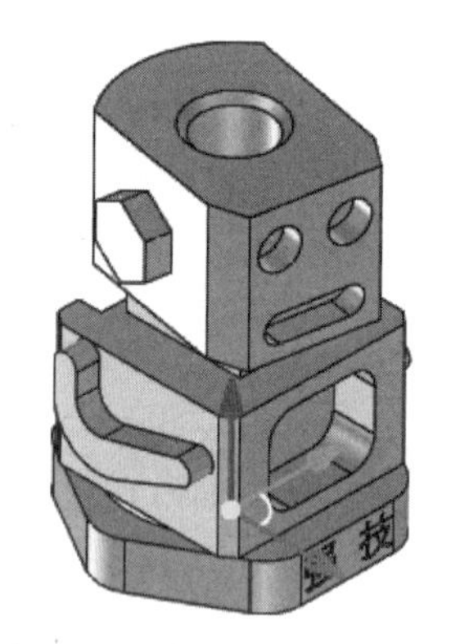

图 6-32　创建拉伸除料实体

2. 机器人上部螺纹加工

单击加工管理树中的毛坯，按右键在弹出的菜单中选择创建毛坯，打开创建毛坯对话框，选择圆柱体，输入底面中心点坐标（X0，Y0，Z0），轴向为 Y 轴，输入高度 95，半径 38，最后单击“确定”，退出对话框后，创建了一个圆柱体毛坯，如图 6-33 所示。

（1）上表面平面区域粗加工

① 打开制造功能区面板，单击二轴加工面板上的“平面区域粗加工”按钮，弹出平面区域粗加工对话框，设置加工参数：走刀方式选择“平行加工”，轮廓补偿选择“ON”，岛屿补偿选择“TO”，设置顶层高度 95，底层高度 89，每层下降高度 1，行距 5，如图 6-34 所示。

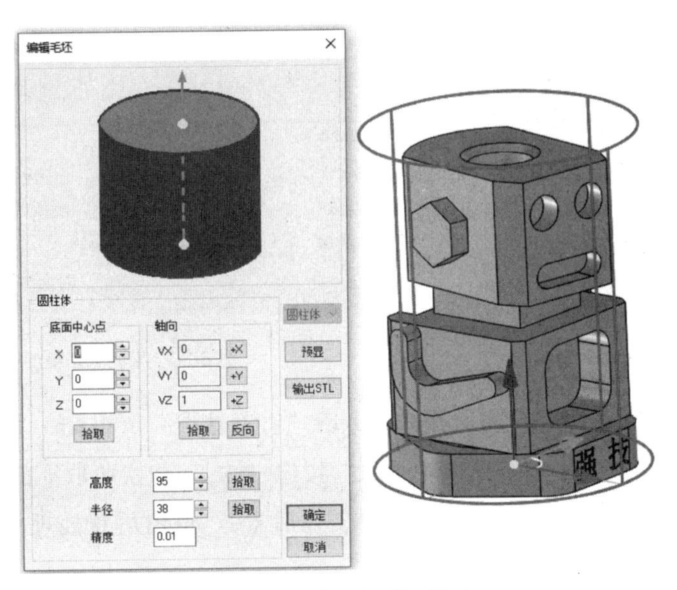

图 6-33　创建圆柱毛坯对话框

② 设置下刀方式为“垂直下刀”，刀具选择直径为 10 的立铣刀，在几何参数页，单击轮廓曲线，拾取 R38 外圆作为加工轮廓线。

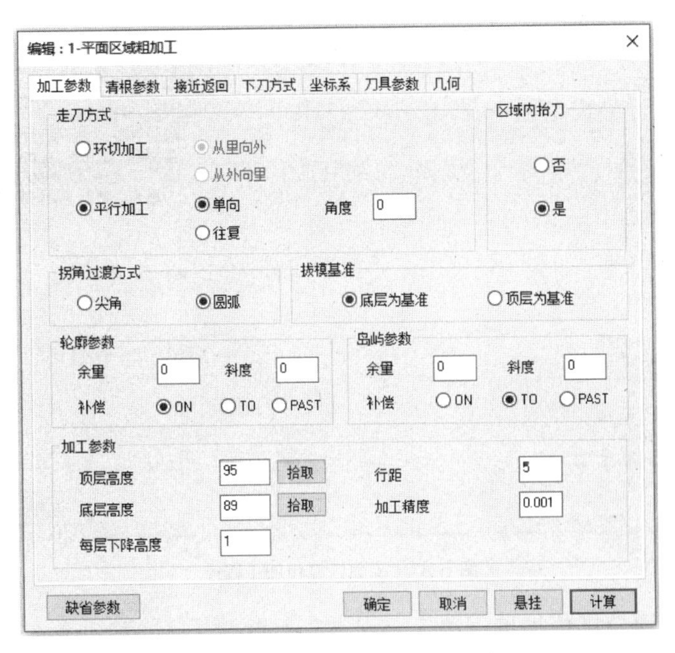

图 6-34　平面区域粗加工参数设置

③ 参数设置完成后，单击“确定”，退出平面区域粗加工对话框，系统自动生成平面区域粗加工轨迹，加工轨迹轴测显示如图 6-35 所示。

④ 在制造功能区，单击仿真加工面板上的“线框仿真”按钮，在弹出的窗口中，单击“拾取”按钮拾取，拾取平面区域粗加工轨迹，单击“前进”按钮，开始轨迹仿真加工，结果如图 6-36 所示。

图 6-35 平面区域粗加工轨迹

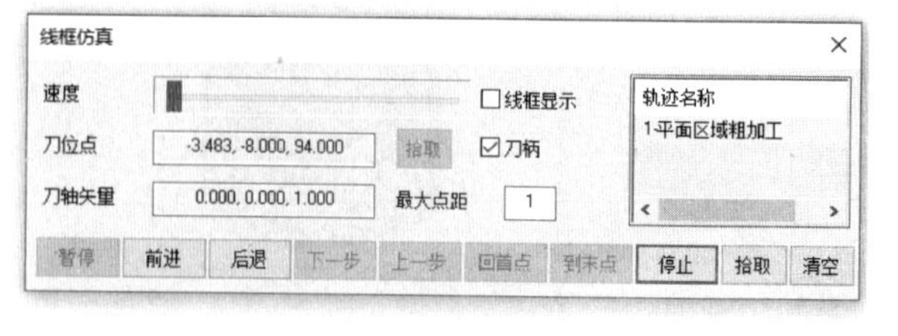

图 6-36 平面区域粗加工仿真

⑤ 在制造功能区，单击后置处理面板上的“后置处理”按钮 G，弹出后置处理对话框。选择控制系统文件 Fanuc，单击“拾取”按钮 拾取，依次拾取平面区域粗加工轨迹，选择“铣加工中心_3X”机床配置文件，单击“后置”，退出后置处理对话框，生成平面区域粗加工程序，如图 6-37 所示。

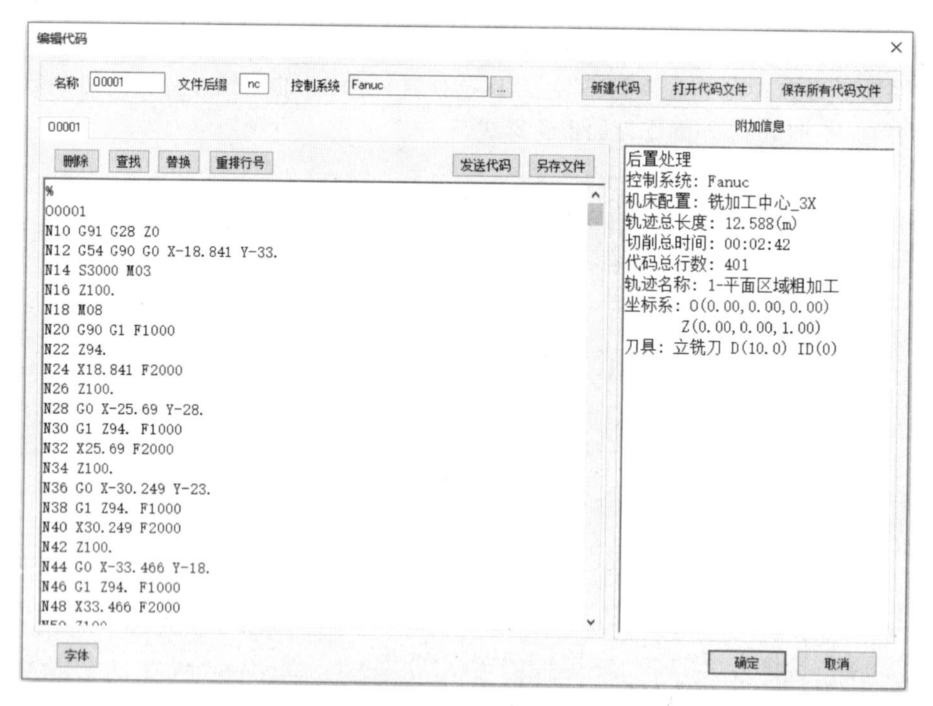

图 6-37 平面区域粗加工程序

（2）上表面平面轮廓精加工

① 打开制造功能区面板，单击二轴加工面板上的“平面轮廓精加工 1”按钮，弹出平面轮廓精加工 1 对话框，设置加工参数：刀次 10，设置顶层高度 89，底层高度 88，层度 0.5，右偏，如图 6-38 所示。

② 选择直径为 10 的立铣刀，在几何参数页，单击轮廓曲线，拾取 *R*38 外圆作为精加工轮廓曲线。

③ 参数设置完成后，单击“确定”，退出平面轮廓精加工 1 对话框，系统自动生成平面轮廓精加工轨迹，如图 6-39 所示。

图 6-38 加工参数设置对话框

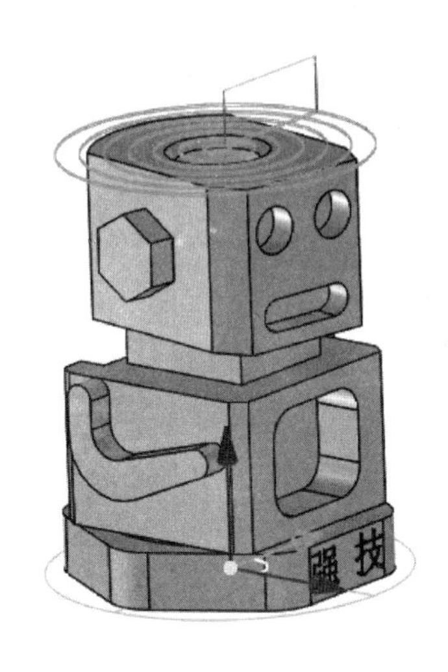

图 6-39 平面轮廓精加工轨迹

④ 在制造功能区，单击后置处理面板上的“后置处理”按钮G，弹出后置处理对话框。选择控制系统文件 Fanuc，单击“拾取”按钮拾取，拾取平面轮廓精加工，选择“铣加工中心_3X”机床配置文件，单击“后置”，退出后置处理对话框，生成平面轮廓精加工程序，如图 6-40 所示。

```
%
O0002
N10 G91 G28 Z0
N12 G54 G90 G0 X0. Y2.9
N14 S3000 M03
N16 Z100.
N18 M08
N20 G90
N22 Z98.5
N24 G1 Z88.5 F1000
N26 G17 G2 Y-2.9 I0. J-2.9 F2000
N28 Y2.9 I0. J2.9
N30 G1 Y7.9
N32 G2 Y-7.9 I0. J-7.9
N34 Y7.9 I0. J7.9
N36 G1 Y12.9
N38 G2 Y-12.9 I0. J-12.9
N40 Y12.9 I0. J12.9
N42 G1 Y17.9
N44 G2 Y-17.9 I0. J-17.9
```

图 6-40 平面轮廓精加工程序

（3）内孔铣螺纹加工

① 打开制造功能区面板，单击孔加工面板上的“铣螺纹加工”按钮，弹出铣螺纹加工对话框，设置加工参数：选择内螺纹，右旋，从上往下，螺纹长度 15，螺距 1.5，安全高 130，如图 6-41 所示。

② 选择直径为 10 的铣螺纹刀，切削速度 1200。在几何参数页，单击圆，拾取圆轮廓曲线。参数设置完成后，单击“确定”，退出铣螺纹加工对话框，系统自动生成铣螺纹加工轨迹，如图 6-42 所示。

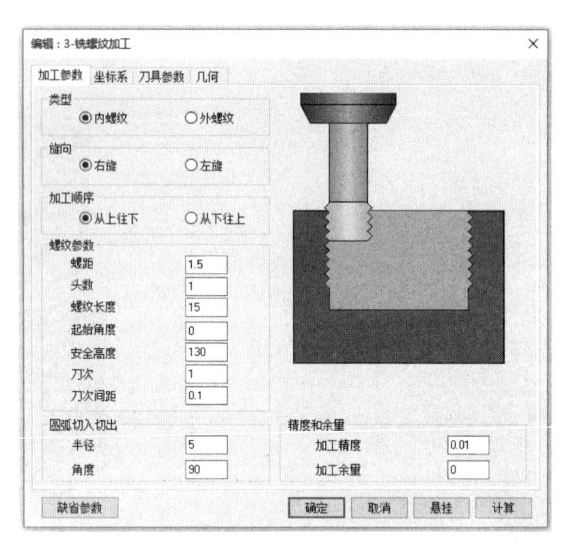

图 6-41　铣螺纹加工参数设置对话框

铣螺纹加工

③ 在制造功能区，单击后置处理面板上的“后置处理”按钮，弹出后置处理对话框。选择控制系统文件 Fanuc，单击“拾取”按钮，拾取铣螺纹加工轨迹，选择“铣加工中心_3X”机床配置文件，单击“后置”，退出后置处理对话框，生成铣螺纹加工程序，如图 6-43 所示。

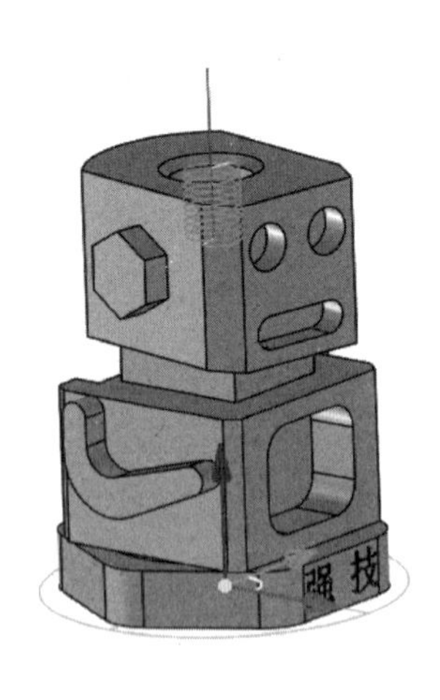

图 6-42　铣螺纹加工轨迹

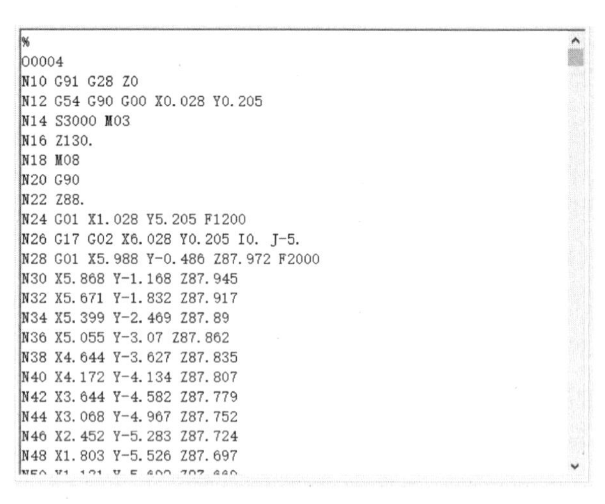

```
%
O0004
N10 G91 G28 Z0
N12 G54 G90 G00 X0.028 Y0.205
N14 S3000 M03
N16 Z130.
N18 M08
N20 G90
N22 Z88.
N24 G01 X1.028 Y5.205 F1200
N26 G17 G02 X6.028 Y0.205 I0. J-5.
N28 G01 X5.988 Y-0.486 Z87.972 F2000
N30 X5.868 Y-1.168 Z87.945
N32 X5.671 Y-1.832 Z87.917
N34 X5.399 Y-2.469 Z87.89
N36 X5.055 Y-3.07 Z87.862
N38 X4.644 Y-3.627 Z87.835
N40 X4.172 Y-4.134 Z87.807
N42 X3.644 Y-4.582 Z87.779
N44 X3.068 Y-4.967 Z87.752
N46 X2.452 Y-5.283 Z87.724
N48 X1.803 Y-5.526 Z87.697
```

图 6-43　铣螺纹加工程序

3. 机器人前面粗精加工

（1）建立坐标系 1

① 在左面的设计环境树中，右键单击机器人整体零件，在弹出的属性菜单中选择压缩。绘制如图 6-44 所示的坐标线。

② 打开制造功能区，单击“创建”面板上的“坐标系”按钮，弹出坐标系对话框，如图 6-45 所示。输入坐标系名称为 1，在 Z 轴矢量中单击方向，拾取 Z 轴线，单击 X 轴矢量方向，拾取 X 轴线，单击“确定”退出，创建了新的坐标系 1，如图 6-46 所示。

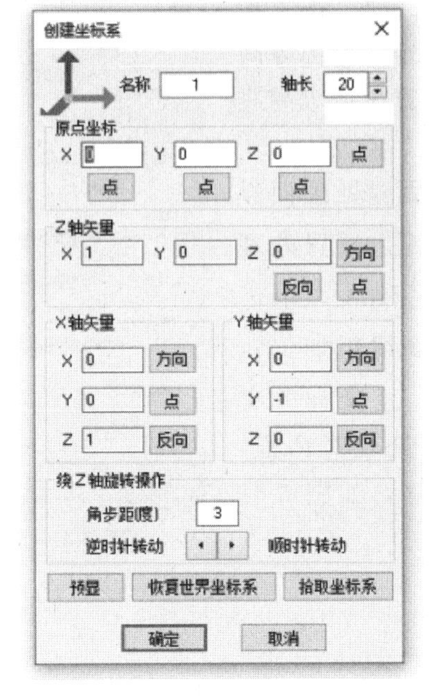

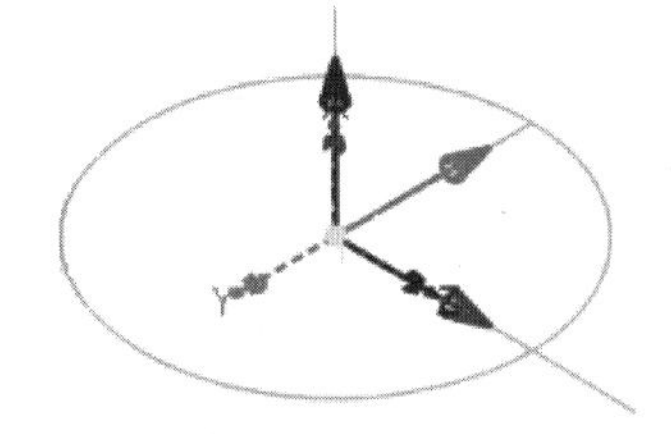

图6-44　绘制坐标线　　图6-45　创建坐标系对话框　　图6-46　创建工件坐标系1

（2）机器人前面等高线粗加工

① 在制造功能区，单击三轴加工面板上的“等高线粗加工”按钮，弹出等高线粗加工对话框，设置加工参数，走刀方式选择“往复”加工，加工方向“顺铣”，加工余量0.5，层高3，走刀方式“环切”，最大行距5，如图6-47所示。

② 在区域参数页，高度范围由用户确定，起始值38，终止值－20，如图6-48所示。连接参数设置如图6-49所示。

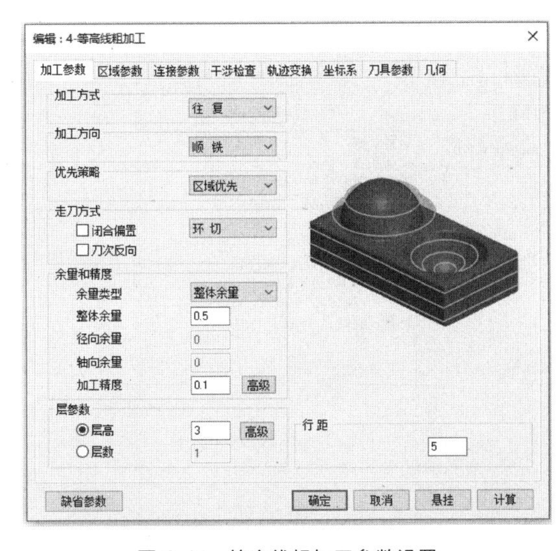

图6-47　等高线粗加工参数设置

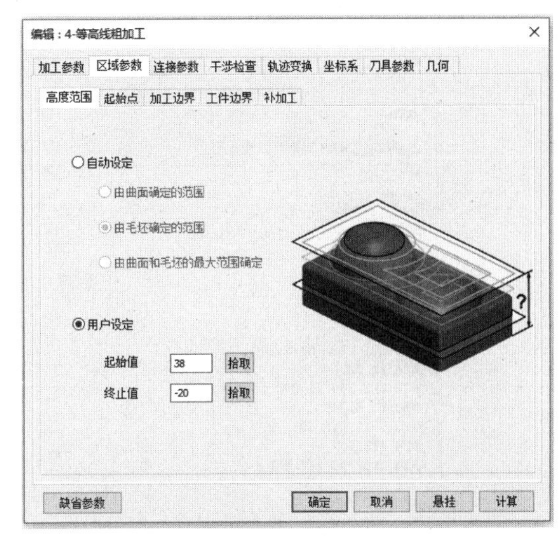

图6-48　等高线粗加工区域参数设置

③ 在几何参数页，单击加工曲面，在弹出的对话框中选择零件，单击拾取机器人零件，如图6-50所示。单击毛坯，拾取圆柱体毛坯。使用$\phi 8$的立铣刀，主轴转速2000，

切削速度 1200。下刀方式为自动。各个加工参数设置完成后，单击“确定”退出等高线粗加工对话框，系统自动计算生成等高线粗加工轨迹，如图 6-51 所示。

④ 在制造功能区，单击后置处理面板上的“后置处理”按钮 G，弹出后置处理对话框，选择控制系统文件 Fanuc，单击“拾取”按钮 拾取，拾取等高线粗加工轨迹，选择“铣加工中心_3X”机床配置文件，单击“后置”，退出后置处理对话框，生成机器人前面的粗加工程序，如图 6-52 所示。

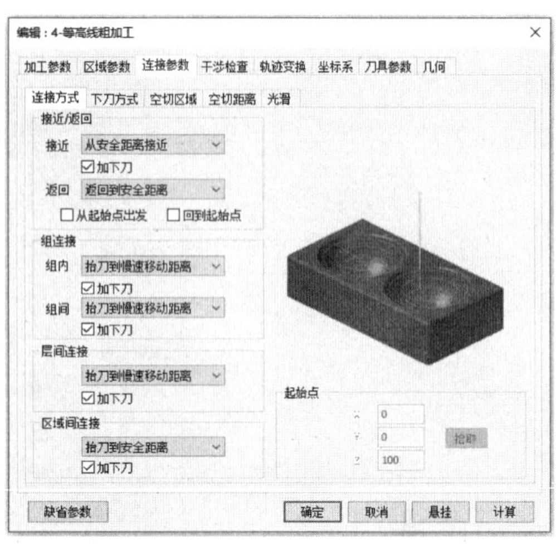

图 6-49 等高线粗加工连接参数设置

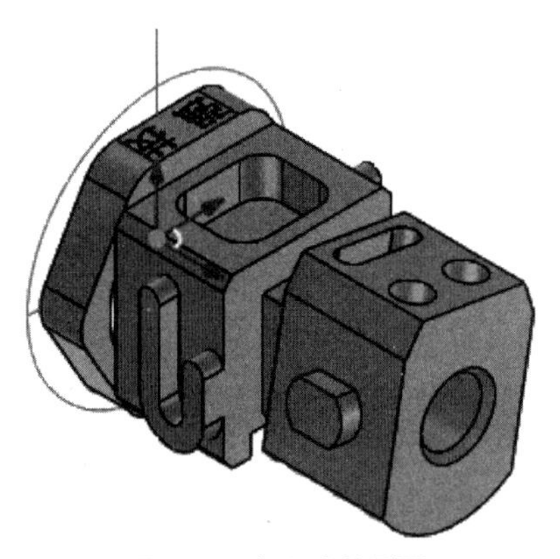

图 6-50 机器人轴测图

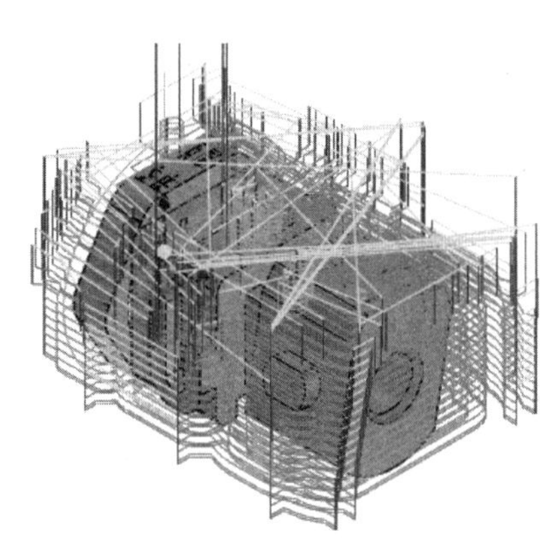

图 6-51 等高线粗加工轨迹

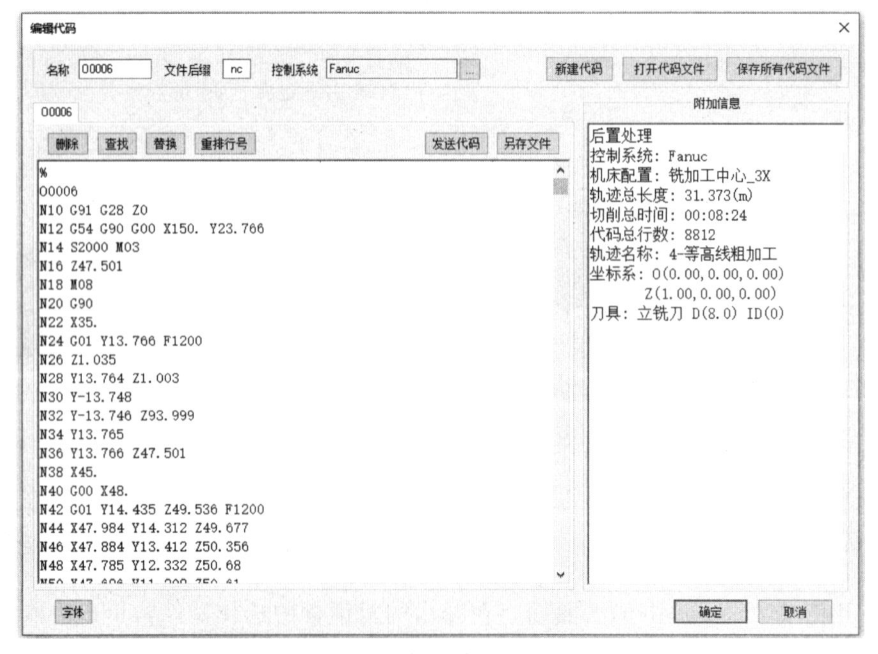

图 6-52 等高线粗加工程序

（3）机器人前面等高线精加工

① 在制造功能区，单击三轴加工面板上的“等高线精加工”按钮，弹出等高线精加工对话框，设置加工参数，加工方式选择单向加工，加工方向“顺铣”，加工顺序“从上向下”，加工余量 0，层高 0.3，如图 6-53 所示。

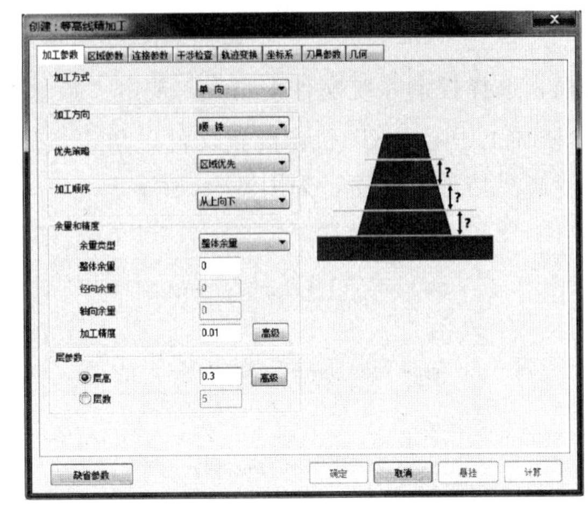

图 6-53　等高线精加工参数设置

② 在区域参数页，高度范围由用户确定，起始值 38，终止值 −20，如图 6-54（a）所示。刀具参数设置如图 6-54（b）所示。

③ 在几何参数页，单击加工曲面，在弹出的对话框中选择曲面，单击拾取机器人加工曲面，加工参数设置完成后，单击“确定”退出等高线精加工对话框，系统自动计算生成等高线精加工轨迹，如图 6-55 所示。

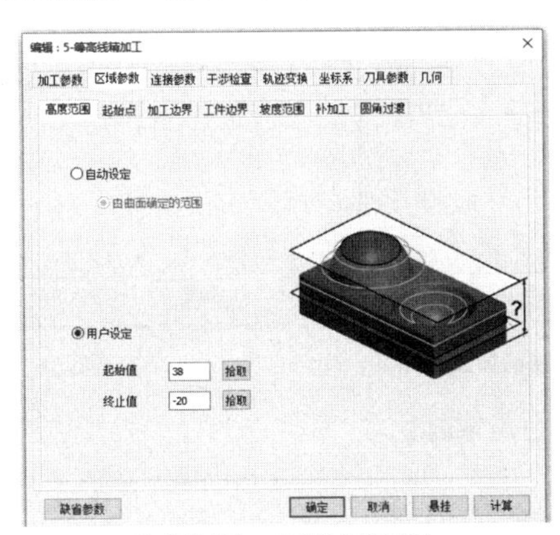

(a) 等高线精加工区域参数设置

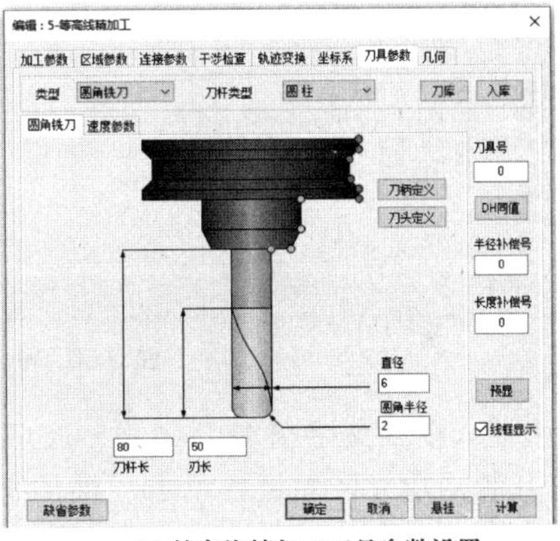

(b) 等高线精加工刀具参数设置

图 6-54　等高线精加工区域和刀具参数设置

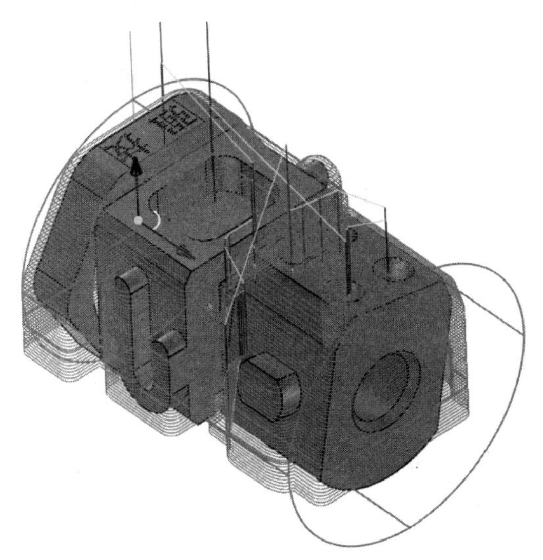

图 6-55　等高线精加工轨迹

④ 在制造功能区，单击后置处理面板上的“后置处理”按钮**G**，弹出后置处理对话框，选择控制系统文件 Fanuc，单击“拾取”按钮[拾取]，拾取等高线精加工轨迹，选择“铣加工中心_3X”机床配置文件，单击“后置”，退出后置处理对话框，生成机器人前面等高线精加工程序，如图 6-56 所示。

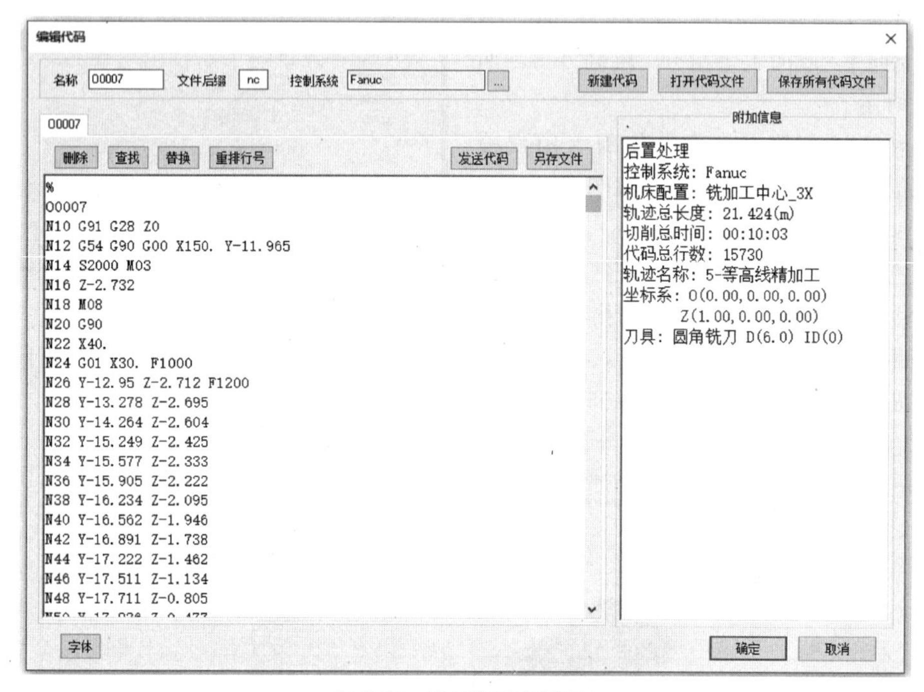

图 6-56 等高线精加工程序

(4) 机器人前面文字精加工

① 打开制造功能区面板，单击二轴加工面板上的“平面轮廓精加工 1”按钮，弹出平面轮廓精加工 1 对话框，设置加工参数：刀次 2，设置顶层高度 31，底层高度 30.85，层高 0.15，右偏，如图 6-57 所示。

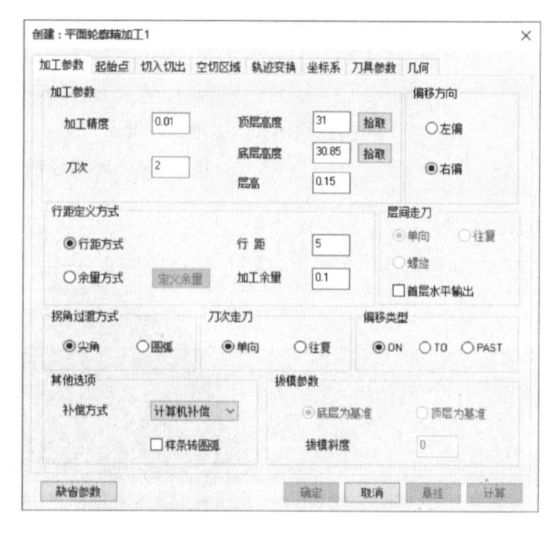

图 6-57 加工参数设置对话框

② 选择直径为 0.4 的球头铣刀，在几何参数页，单击轮廓曲线，在轮廓拾取工具中选择拾取元素类型为“面的所有内环”，单击拾取文字所在的面，如图 6-58 所示。

③ 参数设置完成后，单击“确定”，退出平面轮廓精加工对话框，系统自动生成平面轮廓精加工轨迹，如图 6-59 所示。

④ 在制造功能区，单击后置处理面板上的“后置处理”按钮**G**，弹出后置处理对话框。选择控制系统文件 Fanuc，单击“拾取”按钮[拾取]，拾取平面轮廓精加工，选择“铣加工中心_3X”机床配置文件，单击“后置”，退出后置处理对话框，生成文字平面轮廓精加工程序，如图 6-60 所示。

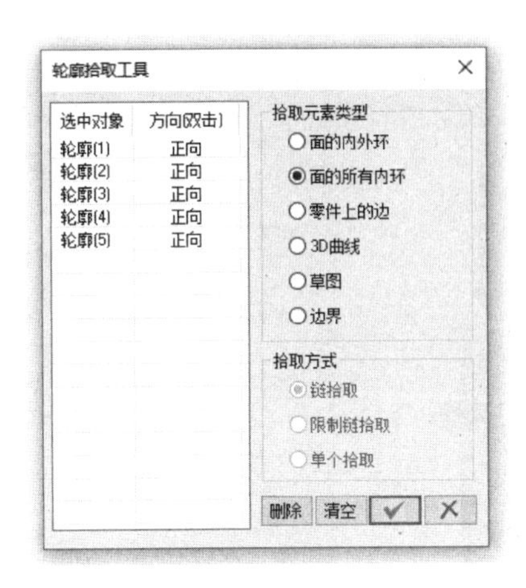

图 6-58　轮廓拾取拾工具

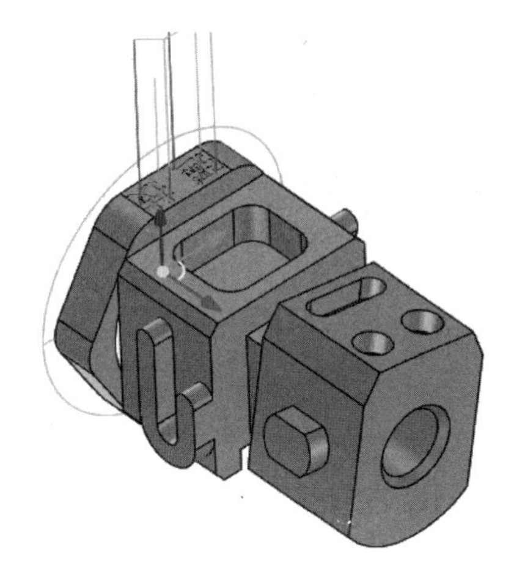

图 6-59　平面轮廓精加工轨迹

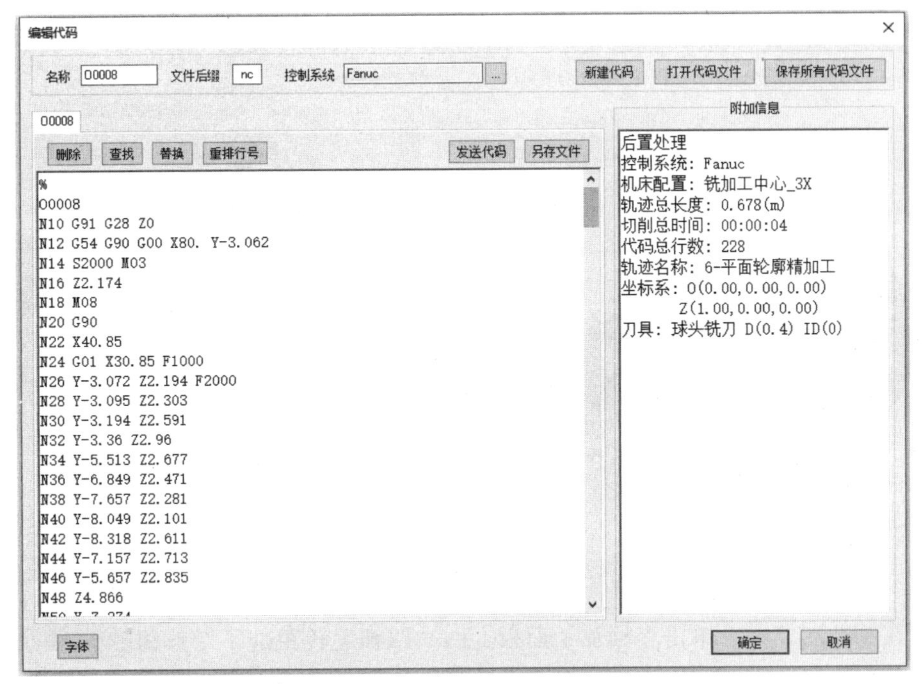

图 6-60　平面轮廓精加工程序

4. 机器人后面圆弧槽四轴加工

圆弧槽四轴加工

① 打开三维曲线选项卡，单击“三维曲线”按钮，在绘制功能区面板上，单击绘制圆弧中的“两点+半径”按钮，捕捉中心绘制 $R26.5$ 的圆弧，单击修改面板中的“移动曲线”按钮，给定偏移距离 $DZ=-6.25$，复制圆弧，如图 6-61 所示。同理绘制其它圆弧线，如图 6-62 所示。

② 在左面的设计环境树中，右键单击机器人整体零件，在弹出的属性菜单中选择压缩。打开制造功能区，单击“创建”面板上的“坐标系”按钮，弹出坐标系对话框，如图 6-63 所示。输入坐标系名称为 2，在 Z 轴矢量中单击方向，拾取 Z 轴线，单击 X 轴矢量方向，拾取 X 轴线，单击“确定”退出，创建了新的坐标系 2，如图 6-64 所示。

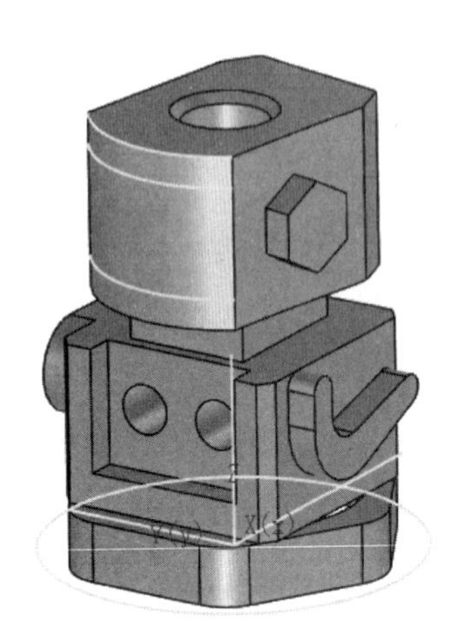
图 6-61　绘制圆弧线 1

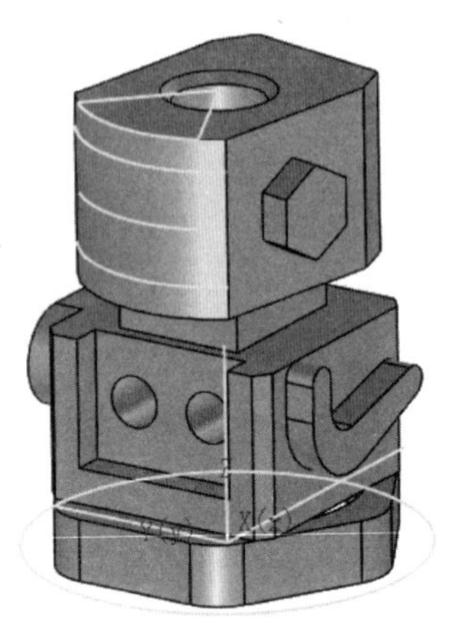
图 6-62　绘制圆弧线 2

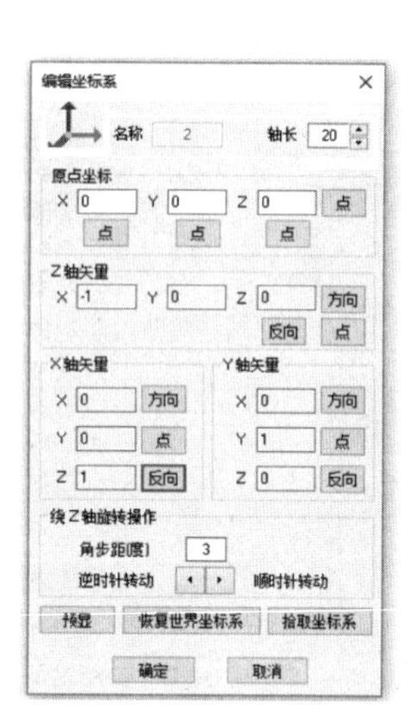

图 6-63　创建坐标系对话框

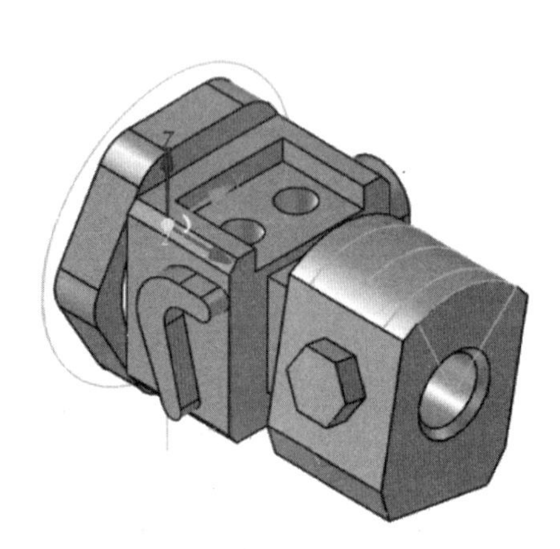
图 6-64　创建工件坐标系 2

图 6-65　四轴旋转粗加工对话框

③ 在制造功能区，单击多轴加工面板上的“四轴旋转粗加工”按钮，弹出四轴旋转粗加工对话框，如图 6-65 所示，加工方式：单向；加工方向：顺时针；走刀方式：绕轴线。区域参数设置，如图 6-66 所示。

注意：四轴柱面曲线加工是 CAXA CAM 制造工程师 2020 版功能，CAXA CAM 制造工程师 2022 版软件没有此功能，可以采用四轴旋转粗加工完成。

④ 在几何页面，单击拾取加工曲面，拾取加工毛坯。各个加工参数设置完成后，单击“确定”退出四轴旋转粗加工对话框，系统自动计算生成四轴旋转粗加工轨迹。同理生成其它两个圆弧槽加工轨迹，如图 6-67 所示。

⑤ 在制造功能区，单击仿真加工面板上的“实体仿真”按钮，在弹出的窗口中，单击“拾取”按钮 拾取 ，拾取三个圆弧槽四轴旋转粗加工轨迹，单击“仿真”按钮 仿真 ，进入仿真窗口中，单击“运行”按钮，开始轨迹仿真加工，结果如图 6-68 所示。

图 6-66　区域参数设置

图 6-67　四轴柱面曲线加工轨迹

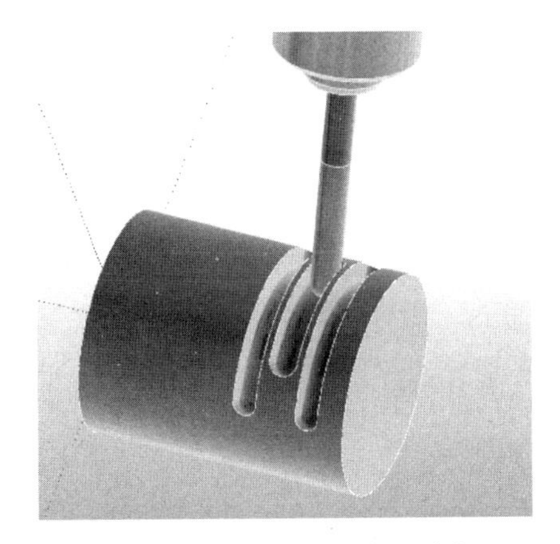

图 6-68　四轴柱面曲线加工仿真

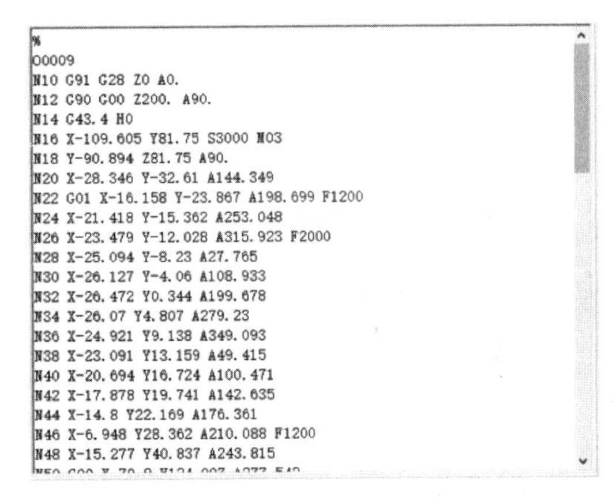

```
%
O0009
N10 G91 G28 Z0 A0.
N12 G90 G00 Z200. A90.
N14 G43.4 H0
N16 X-109.605 Y81.75 S3000 M03
N18 Y-90.894 Z81.75 A90.
N20 X-28.346 Y-32.61 A144.349
N22 G01 X-16.158 Y-23.867 A198.699 F1200
N24 X-21.418 Y-15.362 A253.048
N26 X-23.479 Y-12.028 A315.923 F2000
N28 X-25.094 Y-8.23 A27.765
N30 X-26.127 Y-4.06 A108.933
N32 X-26.472 Y0.344 A199.678
N34 X-26.07 Y4.807 A279.23
N36 X-24.921 Y9.138 A349.093
N38 X-23.091 Y13.159 A49.415
N40 X-20.694 Y16.724 A100.471
N42 X-17.878 Y19.741 A142.635
N44 X-14.8 Y22.169 A176.361
N46 X-6.948 Y28.362 A210.088 F1200
N48 X-15.277 Y40.837 A243.815
```

图 6-69　圆弧槽四轴旋转粗加工程序

⑥ 在制造功能区，单击后置处理面板上的“后置处理”按钮 G，弹出后置处理对话框。选择控制系统文件 Fanuc，单击“拾取”按钮 拾取 ，拾取三个圆弧槽加工轨迹，选择“铣加工中心_4X_TA”机床配置文件，单击“后置”，退出后置处理对话框，生成圆弧槽四轴旋转粗加工程序，如图 6-69 所示。

四、素质拓展

韩利萍，中共党员，中国航天科技集团有限公司第一研究院 519 厂加工中心操作工，国家级高级技师，航天特级技师，国家级劳模创新工作室和技能大师工作室负责人。她是央视 2017 年度“大国工匠”、党的十九大代表、全国五一劳动奖章获得者、全国三八红旗手标兵、中华技能大奖、全国技术能手、山西省委联系服务高级专家，享受国务院特殊津贴，2019 年被授予首届三晋工匠年度人物。

在航天三大里程碑工程中，作为航天地面发射装备零部件加工首席人选，她多次临危受命攻克制约工程研制的技术难关。2019 年，承担加工某超硬材料异形构件任务，该零件材料硬度高达 40～44HRC，产品形状复杂，空间型面对称度为 0.03mm，位置精度仅为 0.01mm，表面粗糙度要求 *Ra*1.6，试制阶段各空间位置精度超过公差严重，废品率很高，严重影响生产进度。她带领团队分析各种因素对变形的影响，经过近一个月的攻关，最终通过设计三套专用工装，将定位工装变“夹紧”为“拉紧”，实现异形构件一次装夹，多空间部位加工；采取小直径铣刀微量渐进铣削方式，消除应力释放对精度的影响。改造完成后，零件各个加工要素尺寸精度和形位公差全部满足工艺要求，确保了装备机构质量的稳定可靠。

从业近 30 年，她在载人航天、嫦娥探月、北斗导航和新一代运载火箭发射支持系统，以及国家重点国防装备产品的研制生产中，发扬航天“三大精神”，以国为重，刻苦攻关，以严慎细实的作风在三尺铣台诠释了劳模精神、劳动精神、工匠精神的时代内涵，在实现航天强国目标的时代征程中践行着矢志不渝的初心使命。

任务二　一帆风顺图像浮雕加工

一、任务引入

浮雕加工一般都需要用雕刻机，但是用 CAXA CAM 制造工程师 2022 软件的平面图像浮雕加工功能，使用普通的数控机床就可以加工浮雕。试用浮雕加工功能雕刻如图 6-70 所示一帆风顺平面图，厚度为 1.2mm。

二、任务分析

CAXA CAM 制造工程师 2022 软件中的图像浮雕加工是对平面图像进行加工的，并且支持 *.bmp 等格式的灰度图像，刀具的雕刻深度随灰度图片的明暗变化而变化。由于图像浮雕的加工效果基本由图像的灰度值决定，因此浮雕加工的关键在于原始图形的建立。如果要加工一张彩色的图片或者其他格式的图片，必须先对其格式进行转换。手绘图形可以扫描或拍照，然后用 Photoshop 转换为 *.bmp 格式，对其灰度值进行调整后就可以进行浮雕数控加工。本任务生成深度 1.2mm 的一帆风顺浮雕加工程序。

① 在创新模式环境下，单击选中设计元素库中的一个长方体图素，按住鼠标左键把它拖到设计环境当中，然后松开鼠

图 6-70　一帆风顺平面图片

标左键。在选中零件上用鼠标左键再单击一次，进入智能图素编辑状态，鼠标移向红色手柄，鼠标变成一个手形和双箭头时，单击右键弹出编辑包围盒对话框，输入长度 105，宽度 155，高度 10，单击“确定”，退出编辑包围盒对话框，完成长方体的创建。

② 先单击长方体，按 F10 键打开三维球，把鼠标移到三维球中心点单击右键，在弹出的属性菜单中选择到点，捕捉长方体上表面角点，再按空格键附着三维球，把鼠标移到三维球中心点单击右键，在弹出的属性菜单中选择编辑位置，输入长度 0，宽度 0，高度 0，完成长方体的移动，如图 6-71（a）所示。

③ 单击加工管理树中的毛坯，按右键在弹出的菜单中选择创建毛坯，打开创建毛坯对话框，选择长方体，单击拾取参照模型，拾取长方体零件，单击“确定”，退出对话框后，创建了一个长方体毛坯，如图 6-71（b）所示。

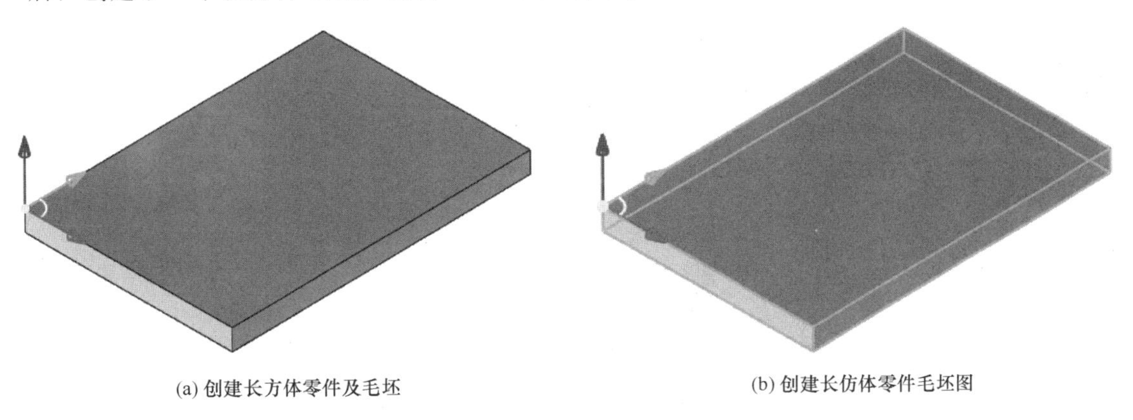

(a) 创建长方体零件及毛坯　　(b) 创建长仿体零件毛坯图

图 6-71　创建长方体

④ 打开制造功能区面板，单击图像加工面板上的“图像浮雕加工”按钮，弹出图像浮雕加工对话框，单击“打开”，选择一帆风顺灰度图像，如图 6-72 所示。

⑤ 设置加工参数：顶层高 0，深 1.2mm，加工行距 0.1，走刀方式往复，层数 1，选择白色最高，如图 6-73 所示。

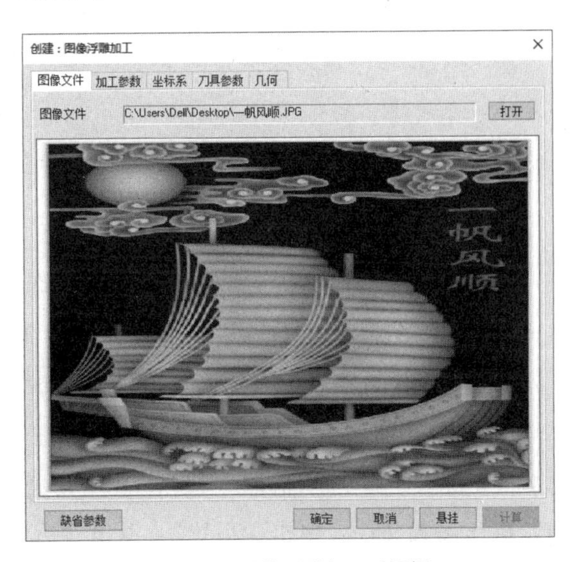

图 6-72　图像浮雕加工对话框

⑥ 刀具选择 ϕ0.1 雕刻刀。在几何页，单击“定位点”，如图 6-74 所示，在零件上捕捉坐标零点。各参数设置完后，单击“确定”，退出对话框，生成图像浮雕加工轨迹，如图 6-75 所示。

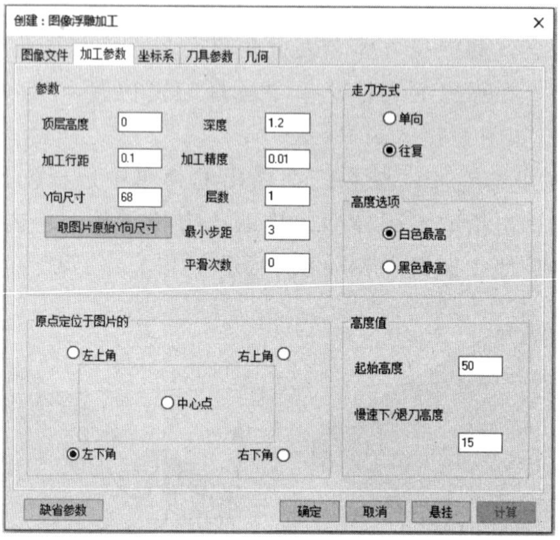

图 6-73　图像浮雕加工参数设置

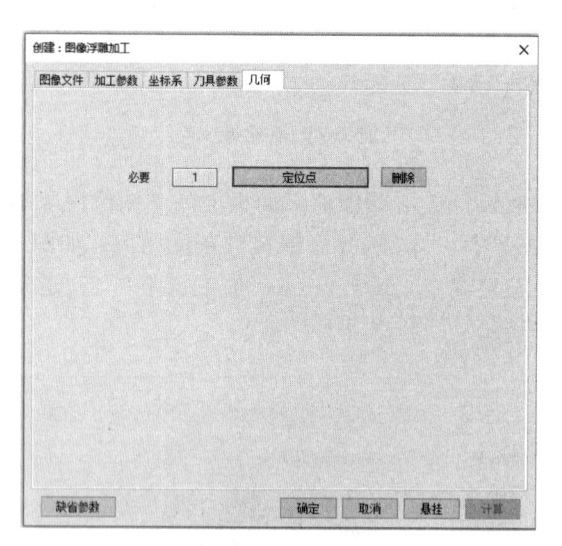

图 6-74　几何定位点设置

⑦ 在制造功能区，单击仿真加工面板上的“实体仿真”按钮，在弹出的窗口中，单击“拾取”按钮，拾取图像浮雕加工轨迹，单击“仿真”按钮，进入仿真窗口中，单击“运行”按钮，开始轨迹仿真加工，结果如图 6-76 所示。

⑧ 在制造功能区，单击后置处理面板上的“后置处理”按钮，弹出“后置处理”对话框。选择控制系统文件 Fanuc，单击“拾取”按钮，拾取图像浮雕加工轨迹，选择“铣加工中心 _ 3X”机床配置文件，单击“后置”，退出“后置处理”对话框，生成图像浮雕加工程序，如图 6-77 所示。

图 6-75　图像浮雕加工轨迹

图 6-76　图像浮雕加工轨迹仿真

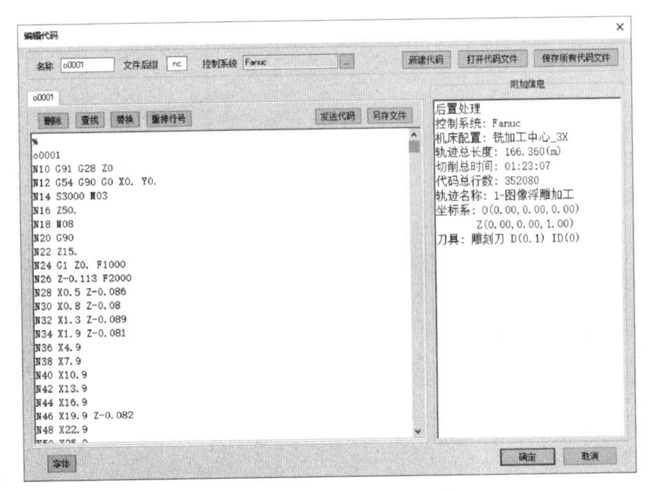

图 6-77　图像浮雕加工程序

三、素质拓展

一帆风顺花，天南星科、白鹤芋属多年生草本，一帆风顺翠绿叶片，洁白佛焰苞，非常清新幽雅。一帆风顺的花朵形状类似一张白帆，给人一种顺利前行的感觉，寓意着万事顺利、平平安安，可将一帆风顺送给即将远行的朋友，希望他能够顺利的到达目的地，一路平平安安。一帆风顺本意是指船挂着满帆顺风行驶，比喻非常顺利，没有任何阻碍。出自：唐・孟郊《送崔爽之湖南》："定知一日帆，使得千里风"。

任务三　配合零件的设计与加工

一、任务引入

零件一般有配合精度要求，选择配合零件加工顺序是：加工量少、测量方便。在有销孔和腔槽结构零件中，先进行销孔预加工，腔槽部位粗精加工，最后进行销孔精加工。一般粗加工切削参数选得较高，加工过程中零件可能有微量位移。为了避免有孔和腔槽部位加工中出现位置误差，应采用上述加工顺序。配合尺寸确定的原则是：配合面外形尽量靠近下偏差，配合面内腔应尽可能靠近上偏差，以保证配合精度和相配零件的尺寸精度。

本任务是完成图 6-78 配合件 1 和图 6-79 配合件 2 设计造型与加工。配合件实体模型如图 6-80 和图 6-81，图 6-82 为件 1 和件 2 的配合图，表 6-1 和表 6-2 为曲线点坐标。

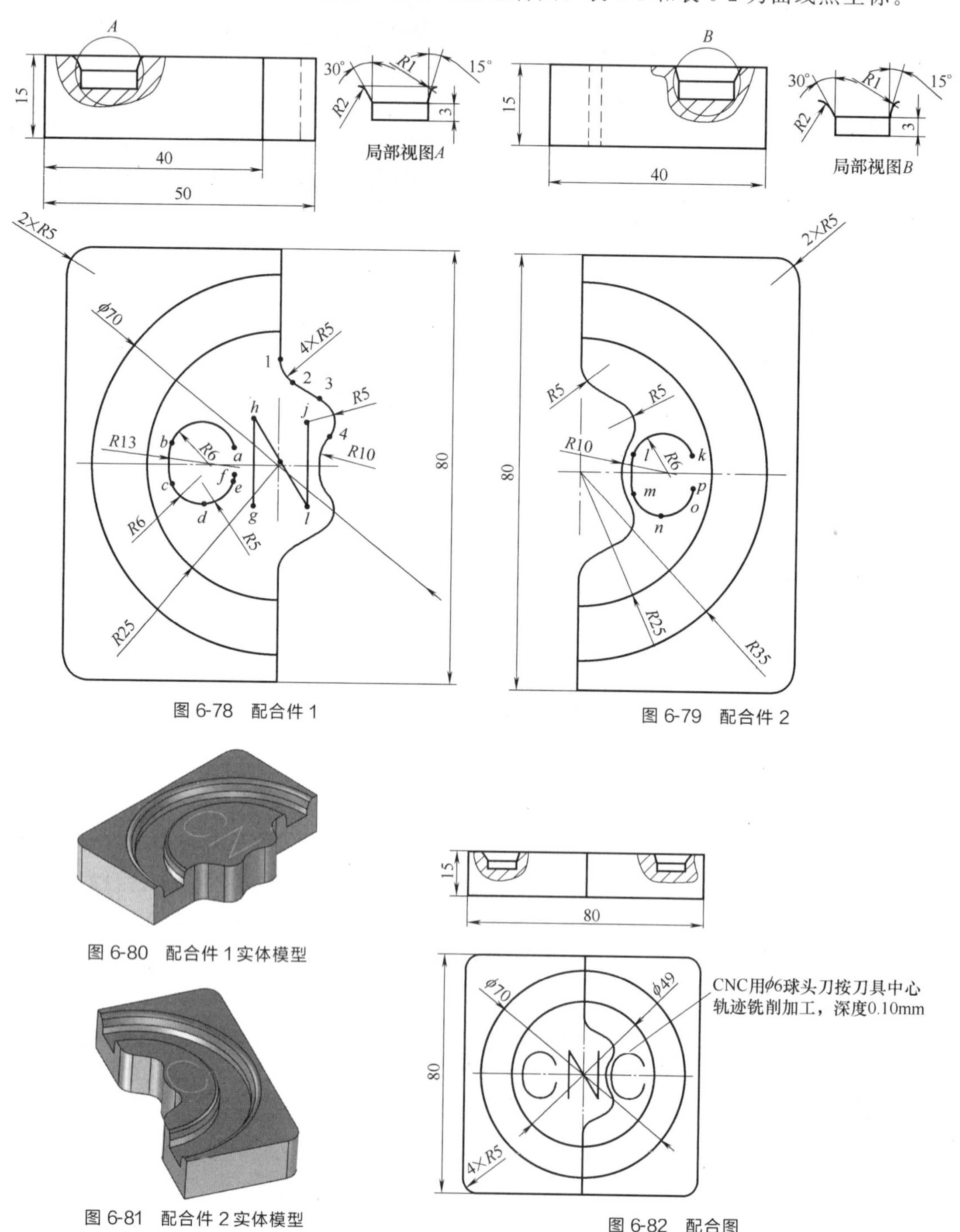

图 6-78 配合件 1

图 6-79 配合件 2

图 6-80 配合件 1 实体模型

图 6-81 配合件 2 实体模型

图 6-82 配合图

表 6-1　曲线点坐标 1

点	x	y	点	x	y
a	−9.5	3.3	*i*	5	−8
b	−20.166	4.217	*g*	5	8
c	−20.183	−3.850	*k*	20.6	3.3
d	−14.476	−8	*l*	9.934	4.217
e	−9.644	−4.288	*m*	9.917	−3.850
f	−9.248	−2.8	*n*	15.646	−8
g	−5	−8	*o*	20.459	−4.288
h	−5	8	*p*	20.856	−2.8

表 6-2　曲线点坐标 2

点	x	y	点	x	y
1	0	19.887	3	7.5	12.65
2	2.5	15.557	4	9.156	5.56

二、任务分析

本任务完成配合零件的设计与加工，主要通过设计元素库和三维球等方法完成实体建模，利用等高线粗加工、平面区域粗加工、参数线加工、平面轮廓精加工等功能，完成配合零件的加工。

三、 任务实施

1. 零件造型设计

① 在创新模式环境下，单击选中设计元素库中的一个长方体图素，按住鼠标左键把它拖到设计环境当中，然后松开鼠标左键。在选中零件上用鼠标左键再单击一次，进入智能图素编辑状态，鼠标移向红色手柄，鼠标变成一个手形和双箭头时，单击右键弹出编辑包围盒对话框，输入要修改的尺寸数据，如图 6-83 所示，单击“确定”退出编辑包围盒对话框，完成正方体的创建。

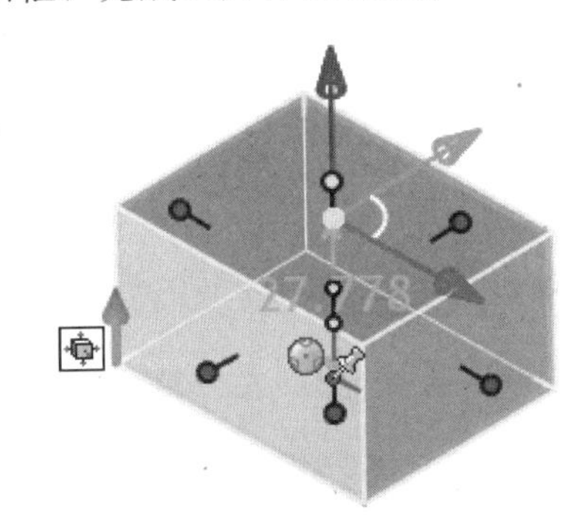

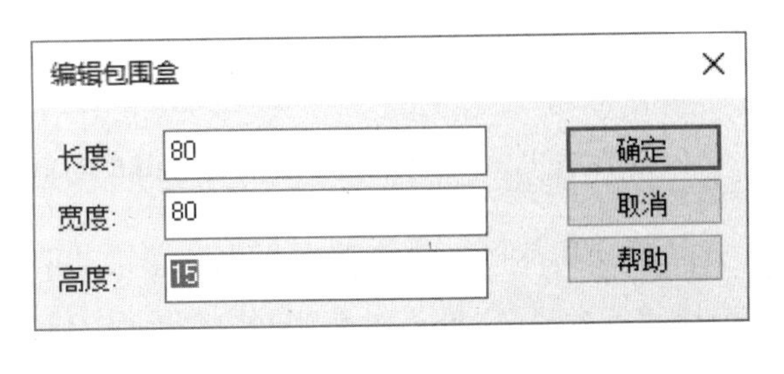

图 6-83　编辑包围盒

② 打开特征功能区，在修改面板上，单击“圆角过渡”按钮，在左侧的属性对话框中，选择“等半径”，输入过渡半径 5，拾取正方体四个竖边，完成圆角过渡，如图 6-84

所示。

③ 打开草图功能区，单击“草图”按钮下方的小箭头，出现基准面选择选项。单击选择“在 Z-X 基准面”图标，在 Z-X 基准面内新建草图，进入草图绘图环境。利用草图绘制和修改功能，绘制如图 6-85 所示的草图，单击“结束草图”按钮 完成，单击“下拉”按钮中的 完成，完成草图绘制。

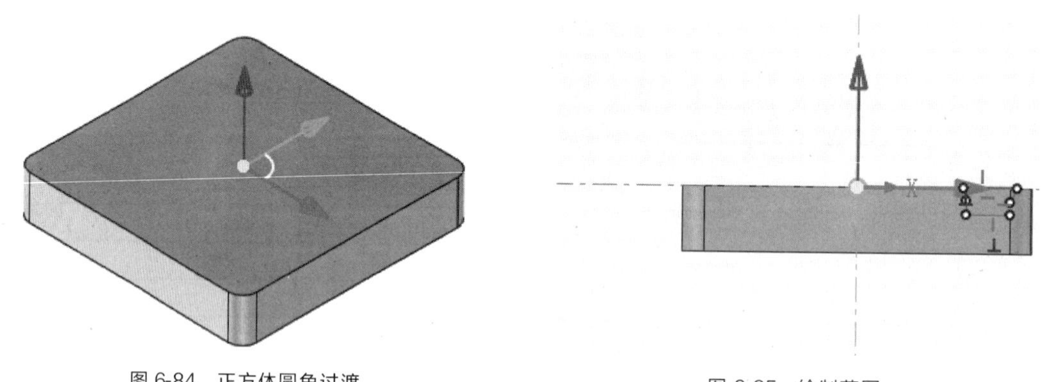

图 6-84　正方体圆角过渡

图 6-85　绘制草图

④ 在左边的设计环境树中，单击 2D 草图 1，单击右键，在弹出的菜单中选择“生成—创建旋转特征”，弹出旋转特征对话框，如图 6-86 所示。拾取相关零件，类型选择“除料”，旋转角度 360°，单击“确定”，即可完成旋转除料特征造型，如图 6-87 所示。

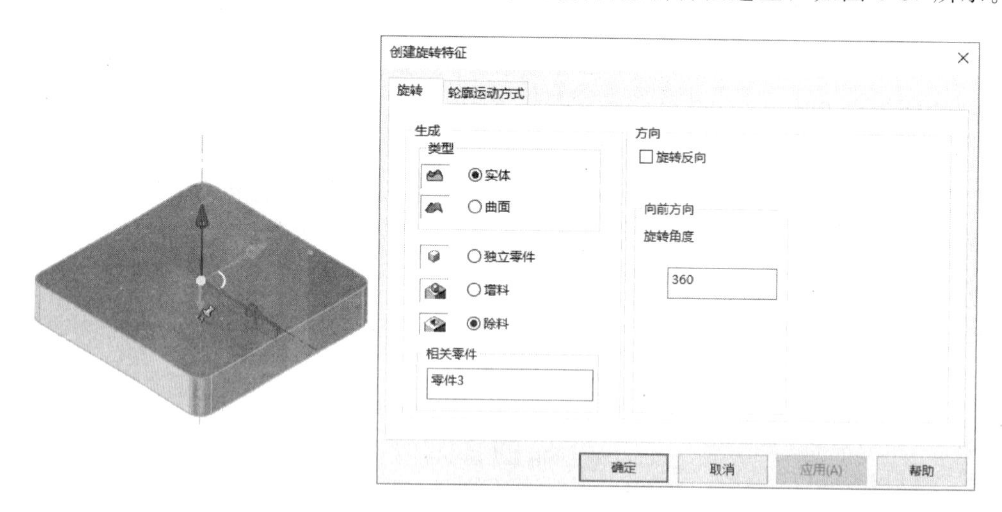

图 6-86　创建旋转除料特征

⑤ 打开特征功能区，在修改面板上，单击“圆角过渡”按钮，在左侧的属性对话框中，选择“等半径”，输入过渡半径 2，拾取 $R35$ 圆的边线，完成圆角过渡，修改过渡半径 1，同理完成 $R24.5$ 圆的圆角过渡，如图 6-88 所示。

⑥ 打开草图功能区，单击“草图”按钮下方的小箭头，出现基准面选择选项，单击选择“二维草图”，单击正方体上表面中心点，进入草图绘图环境。利用草图绘制和修改功能，绘制如图 6-89 所示的草图，单击“结束草图”按钮 完成，单击“下拉”按钮中的

✓，完成草图绘制，如图 6-90 所示。

⑦ 在左边的设计环境树中，单击 2D 草图 2，单击右键，在弹出的菜单中选择“生成—创建拉伸特征”，弹出拉伸特征对话框，类型选择独立零件，方向相反，输入距离 20，单击“确定”，即可完成拉伸增料特征造型，如图 6-91 所示。

⑧ 打开特征功能区，在修改面板上，单击“分割”按钮 分割，在左侧的属性对话框中，选择目标零件，择工具零件，单击“确定”生成并退出，单击选择工具零件，单击右键在弹出的属性菜单中选择“隐藏选择对象”，结果如图 6-92 所示。

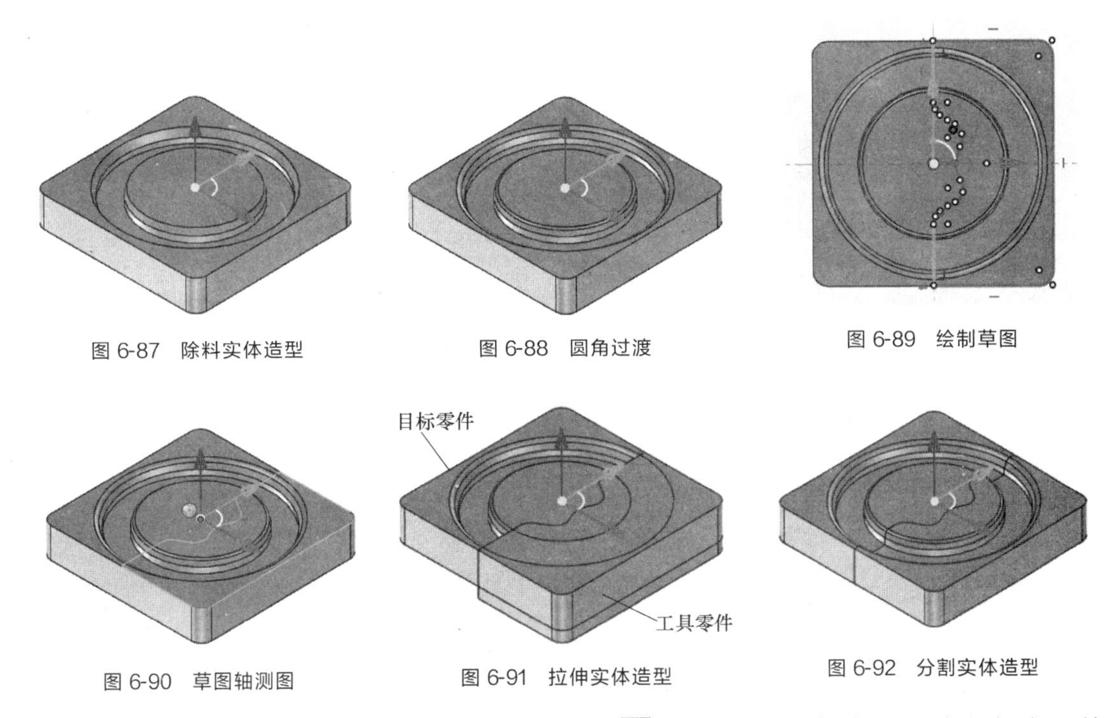

图 6-87　除料实体造型　　图 6-88　圆角过渡　　图 6-89　绘制草图

图 6-90　草图轴测图　　图 6-91　拉伸实体造型　　图 6-92　分割实体造型

⑨ 打开曲线功能区，单击“三维曲线”按钮，按 F5 键，参看 CNC 点坐标表，利用圆弧、直线等功能绘制 CNC 曲线，如图 6-93 所示，图 6-94 为 CNC 曲线轴测图。

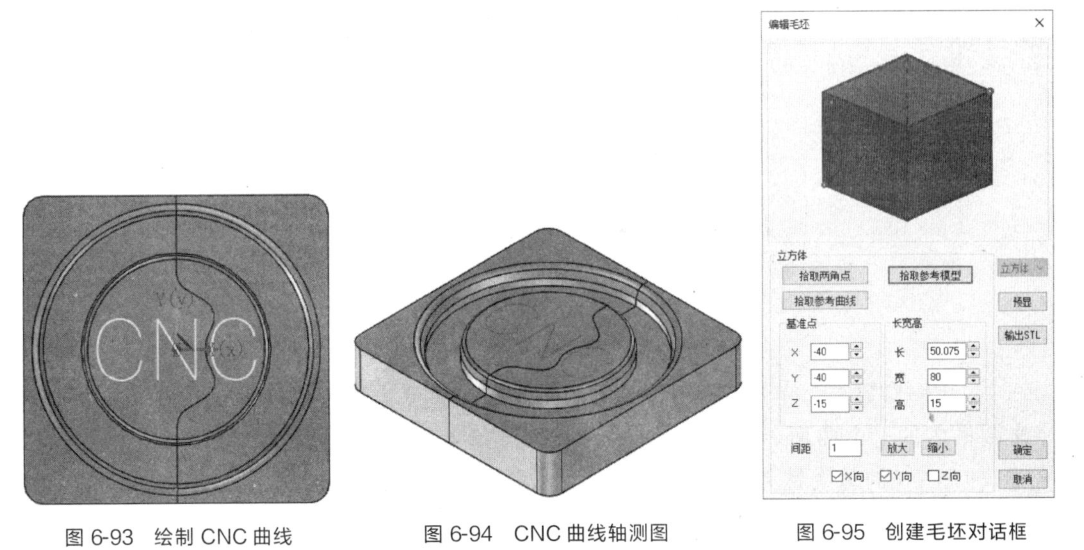

图 6-93　绘制 CNC 曲线　　图 6-94　CNC 曲线轴测图　　图 6-95　创建毛坯对话框

2. 配合件 1 半圆槽等高线粗加工

① 单击加工管理树中的毛坯，按右键在弹出的菜单中选择创建毛坯，打开创建毛坯对话框，如图 6-95 所示。选择“拾取参考模型”，单击配合件 1，最后单击“确定”，退出对话框后，创建一个长方体毛坯，如图 6-96 所示。

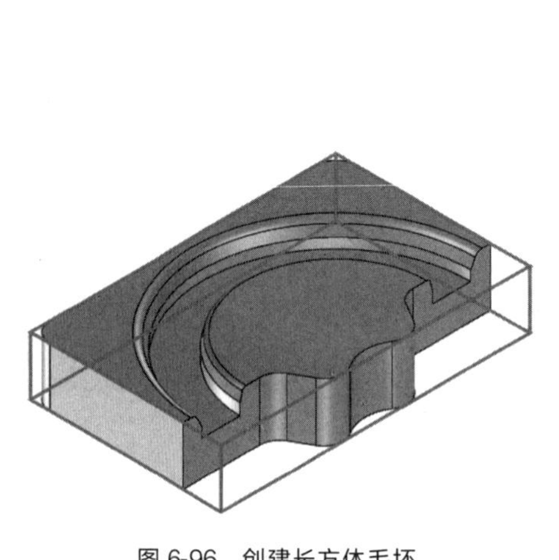

图 6-96 创建长方体毛坯

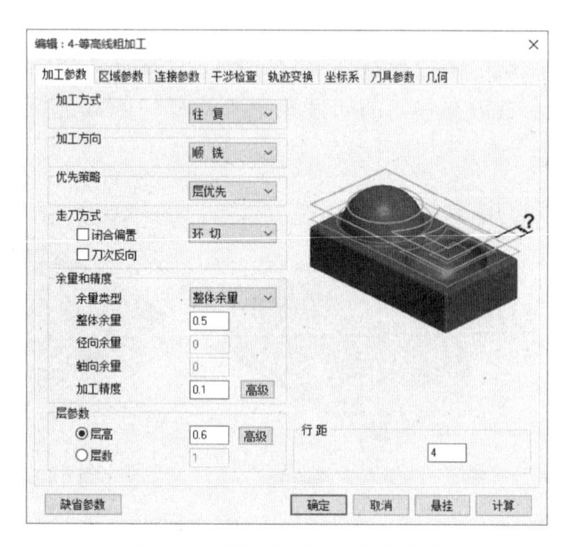

图 6-97 等高线粗加工参数设置

② 在制造功能区，单击三轴加工面板上的“等高线粗加工”按钮，弹出等高线粗加工对话框，设置加工参数，走刀方式选择“往复”加工，加工方向“顺铣”，加工余量 0.5，层高 0.6，走刀方式“环切”，最大行距 4，如图 6-97 所示。

③ 在区域参数页，高度范围由曲面确定，单击拾取加工边界，选择拾取配合件 1 中半圆槽内的轮廓加工边界，如图 6-98 所示。刀具中心位于加工边界内侧，如图 6-99 所示。

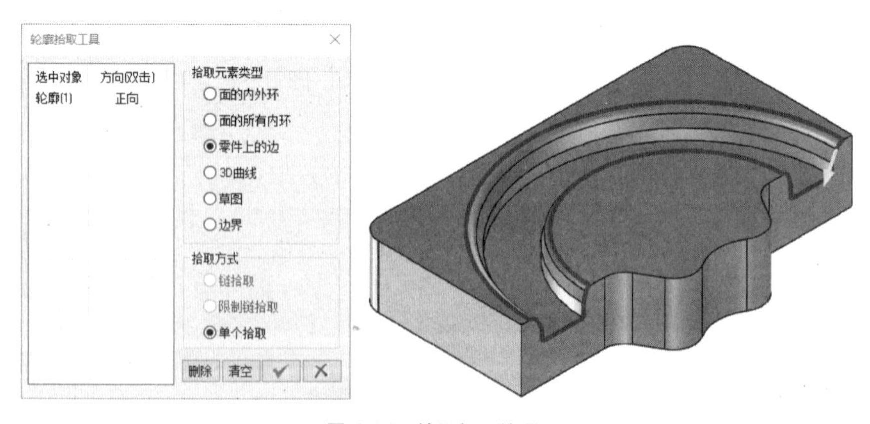

图 6-98 拾取加工边界

④ 在几何参数页，单击“加工曲面”，在弹出的对话框中选择曲面，单击拾取配合件 1 中半圆槽内的七个曲面，单击“毛坯”，拾取长方体毛坯，如图 6-100 所示。

⑤ 使用 $\phi 6$ 的球头铣刀，主轴转速 1500，切削速度 1200，下刀方式为“直线”，倾斜角 90°。各个加工参数设置完成后，单击“确定”退出等高线粗加工对话框，系统自动计

算生成等高线粗加工轨迹，如图 6-101 所示。

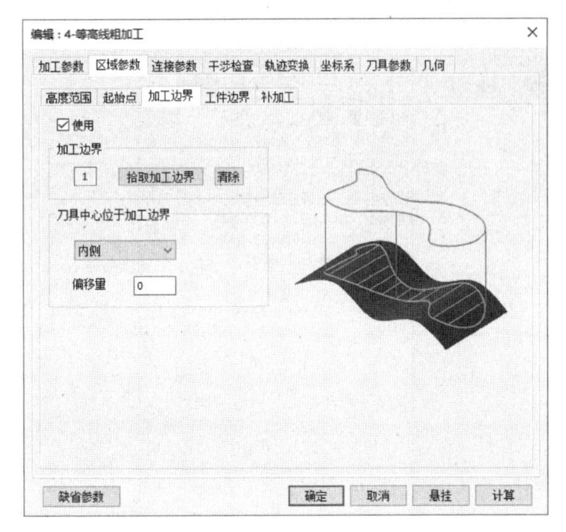

图 6-99　等高线粗加工区域参数设置

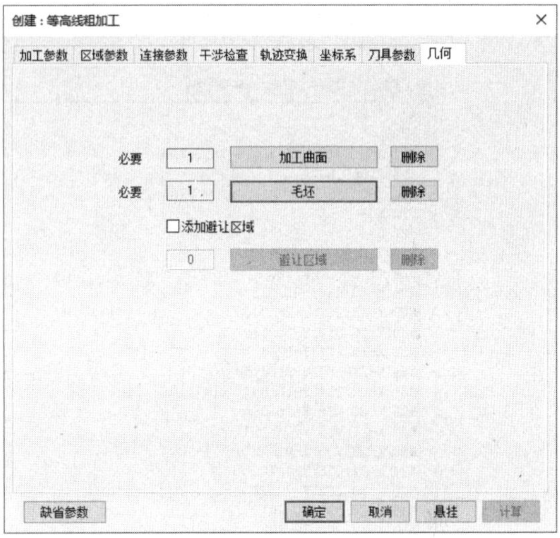

图 6-100　等高线粗加工几何参数设置

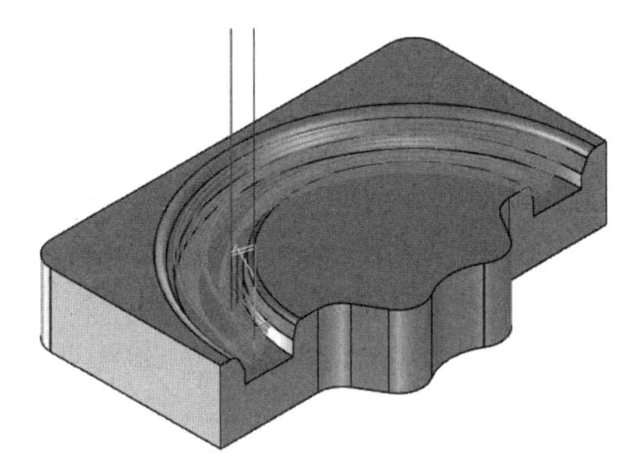

图 6-101　等高线粗加工轨迹

⑥ 在制造功能区，单击后置处理面板上的“后置处理”按钮 G，弹出后置处理对话框，选择控制系统文件 Fanuc，单击“拾取”按钮 拾取，拾取等高线粗加工轨迹，选择“铣加工中心_3X”机床配置文件，单击“后置”，退出后置处理对话框，生成配合件 1 中半圆槽内型腔的粗加工程序，如图 6-102 所示。

3. 配合件 1 半圆槽平面区域粗加工

① 打开制造功能区面板，单击二轴加工面板上的“平面区域粗加工”按钮，弹出平面区域粗加工对话框，设置加工参数：走刀方式选择“环切加工”“从外向里”，轮廓参数选择“TO”，岛屿参数选择“TO”，设置顶层高度 1，底层高度 −6，每层下降高度 1，行距 4，如图 6-103 所示。

② 设置下刀方式为“垂直下刀”，刀具选择直径为 6 的立铣刀，主轴转速 1000，切削速度 1000。在几何参数页，单击轮廓曲线，拾取零件加工轮廓线，如图 6-104 所示。

③ 参数设置完成后，单击“确定”，退出平面区域粗加工对话框，系统自动生成平面区域粗加工轨迹，加工轨迹轴测显示如图 6-105 所示。

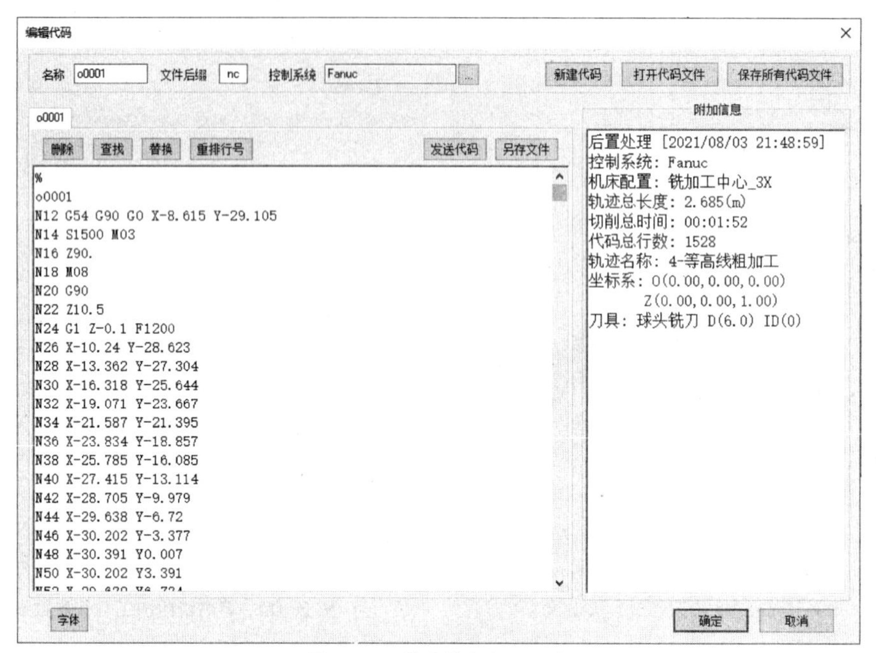

图 6-102 等高线粗加工程序

图 6-103 平面区域粗加工参数设置

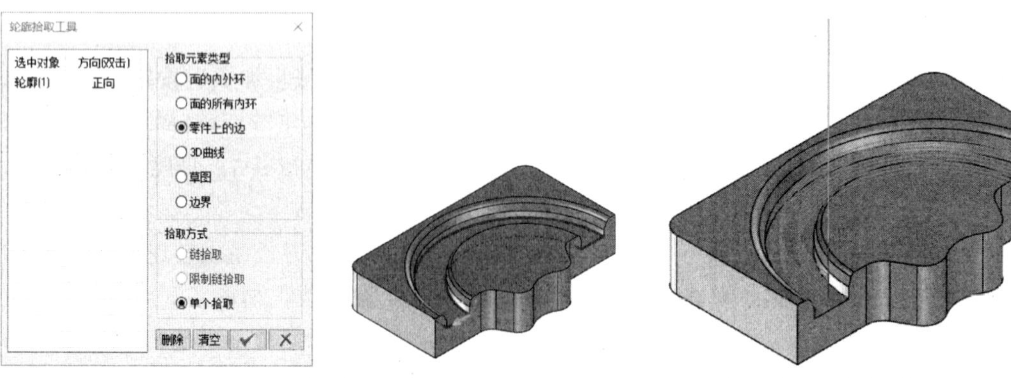

图 6-104 拾取加工轮廓

图 6-105 平面区域粗加工轨迹

④ 在制造功能区，单击后置处理面板上的“后置处理”按钮 G，弹出后置处理对话框。选择控制系统文件 Fanuc，单击“拾取”按钮 拾取，依次拾取平面区域粗加工轨迹，选择“铣加工中心_3X”机床配置文件，单击“后置”，退出后置处理对话框，生成半圆槽平面区域粗加工程序，如图 6-106 所示。

4. 配合件 1 过渡圆角参数线精加工

① 打开制造功能区面板，单击三轴加工面板上的“参数线精加工”按钮，弹出参数线精加工对话框，设置加工参数：行距 1，走刀方式“往复”，如图 6-107 所示。

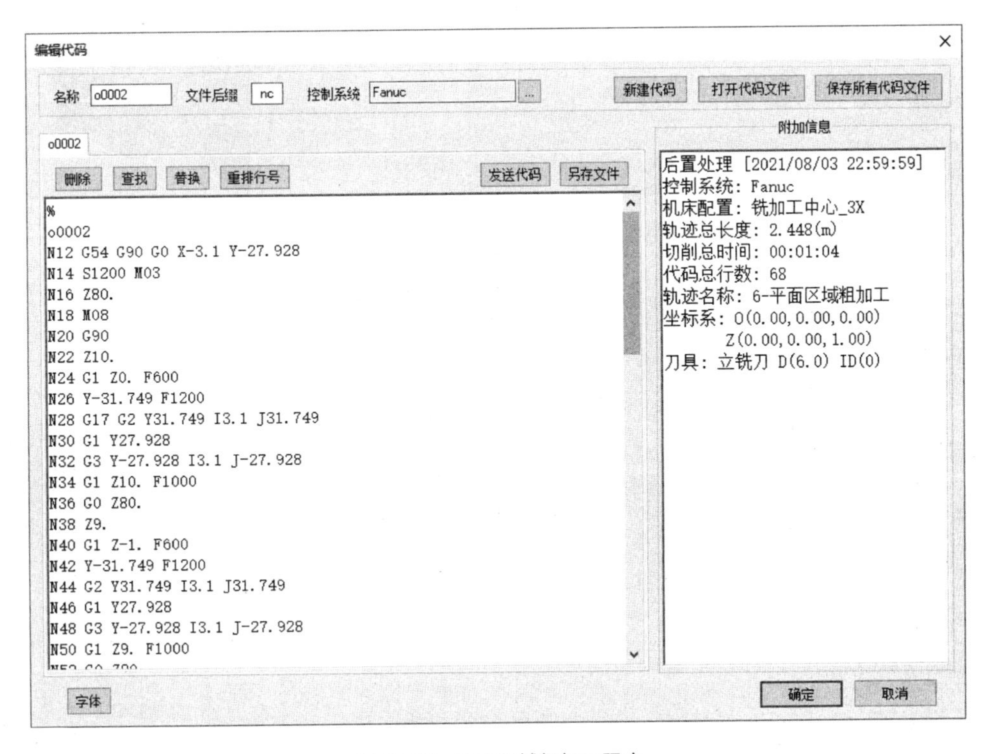

图 6-106　平面区域粗加工程序

② 选择直径为 2 的球头铣刀，主轴转速 2000，切削速度 1000。在几何参数页，单击加工曲面，拾取 $R2$ 和 $R1$ 过渡圆角加工曲面。

③ 参数设置完成后，单击“确定”，退出参数线精加工对话框，系统自动生成参数线精加工轨迹，加工轨迹轴测显示如图 6-108 所示。

④ 在制造功能区，单击后置处理面板上的“后置处理”按钮 G，弹出后置处理对话框。选择控制系统文件 Fanuc，单击“拾取”按钮 拾取，拾取参数线精加工轨迹，选择“铣加工中心_3X”机床配置文件，单击“后置”，退出后置处理对话框，生成过渡圆角曲面精加工程序，如图 6-109 所示。

5. 配合件 1 外轮廓平面区域粗加工

① 打开曲线功能区，单击“三维曲线”按钮，利用提取曲线、直线等功能绘制加工轮廓线，如图 6-110 所示。

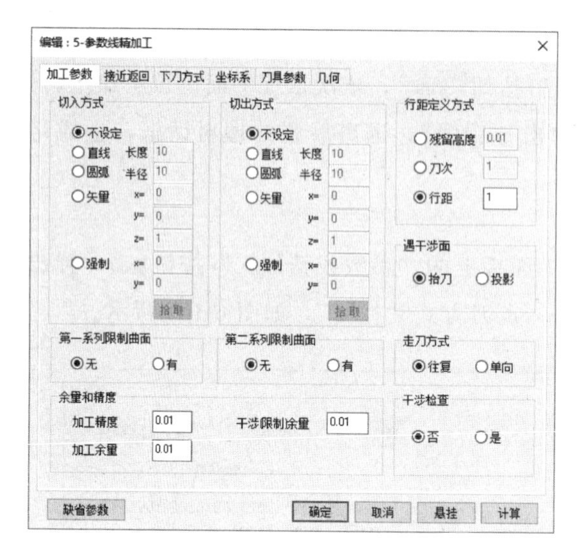

图 6-107 参数线精加工参数设置

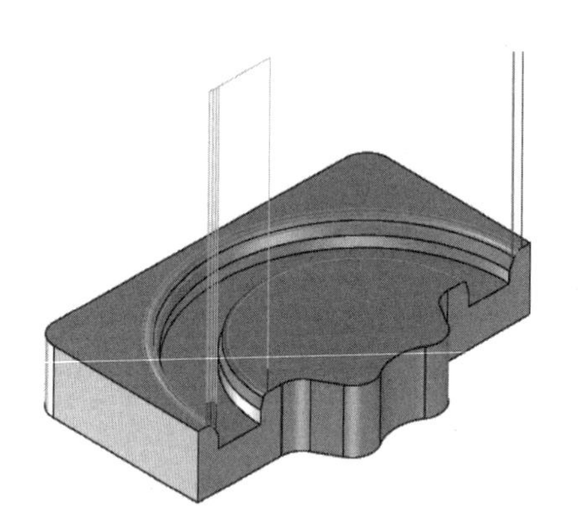

图 6-108 参数线精加工轨迹

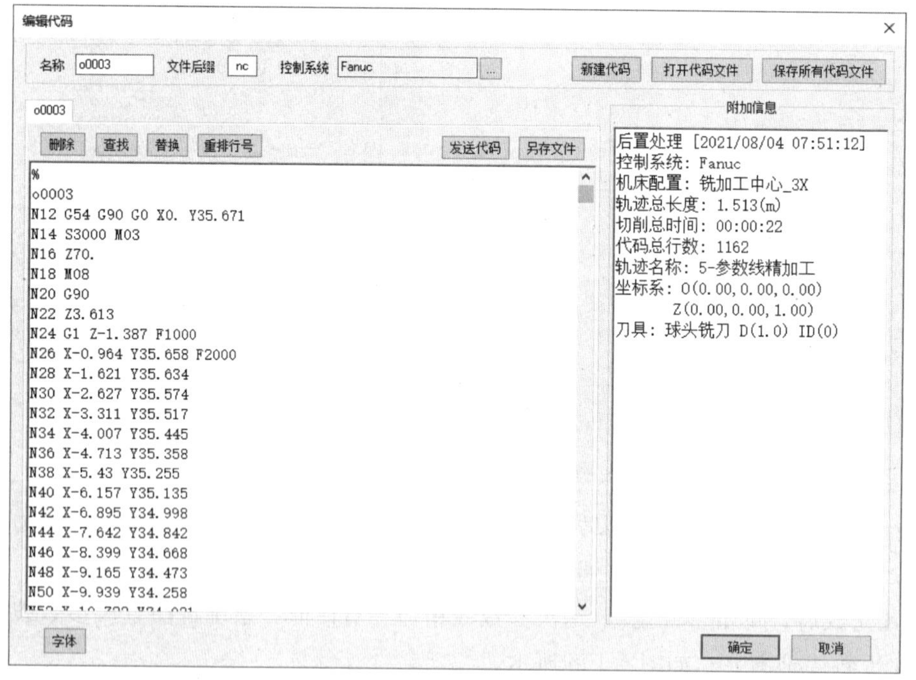

图 6-109 过渡圆角精加工程序

配合件 1
外轮廓平面
区域粗加工

② 打开制造功能区面板，单击二轴加工面板上的“平面区域粗加工”按钮，弹出平面区域粗加工对话框，设置加工参数：走刀方式选择“环切加工”“从外向里”，轮廓参数选择“TO”，岛屿参数选择“TO”，设置顶层高度 1，底层高度 −15，每层下降高度 1，行距 4。

③ 设置下刀方式为“垂直下刀”，刀具选择直径为 3 的立铣刀，主轴转速 1200，切削速度 1000。在几何参数页，单击轮廓曲线，拾取零件加工轮廓线。

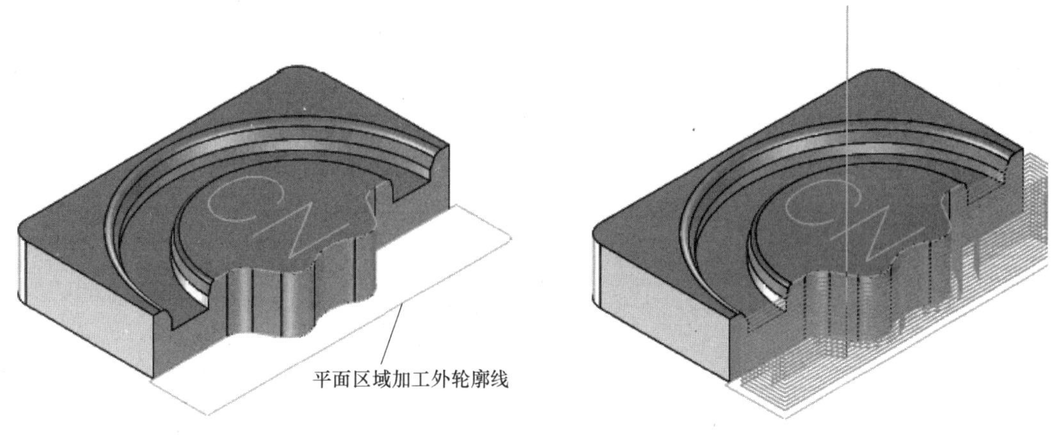

图 6-110　绘制加工轮廓线　　　　图 6-111　平面区域粗加工轨迹

④ 参数设置完成后，单击“确定”，退出平面区域粗加工对话框，系统自动生成平面区域粗加工轨迹，如图 6-111 所示。

⑤ 在制造功能区，单击后置处理面板上的“后置处理”按钮G，弹出后置处理对话框。选择控制系统文件 Fanuc，单击“拾取”按钮 拾取 ，拾取平面区域粗加工轨迹，选择“铣加工中心_3X”机床配置文件，单击“后置”，退出后置处理对话框，生成平面区域粗加工程序，如图 6-112 所示。

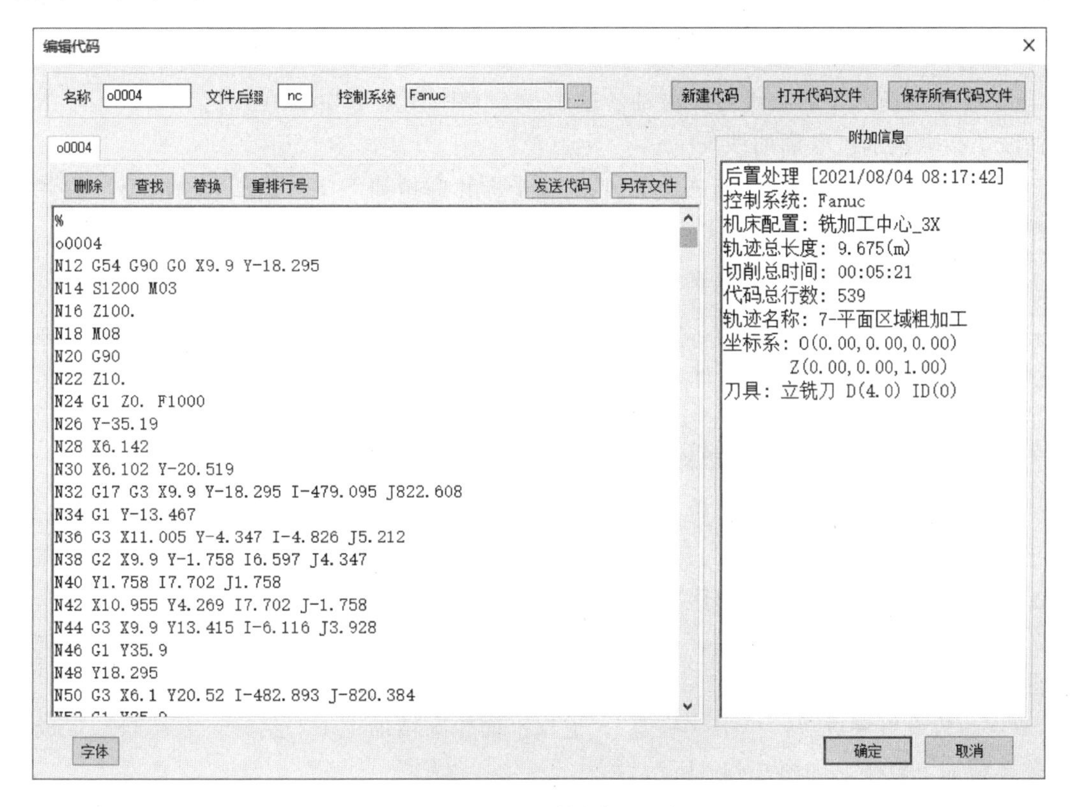

图 6-112　平面区域粗加工程序

6. 配合件 1 平面轮廓精加工

① 打开制造功能区面板，单击二轴加工面板上的“平面轮廓精加工 2”按钮，弹出平面轮廓精加工 2 对话框，设置加工参数：往复加工，顺铣层优先，从上向下，设置顶层高度 1，底层高度－15，层高 1，加工左侧，如图 6-113 所示。

配合件 1 外轮廓精加工

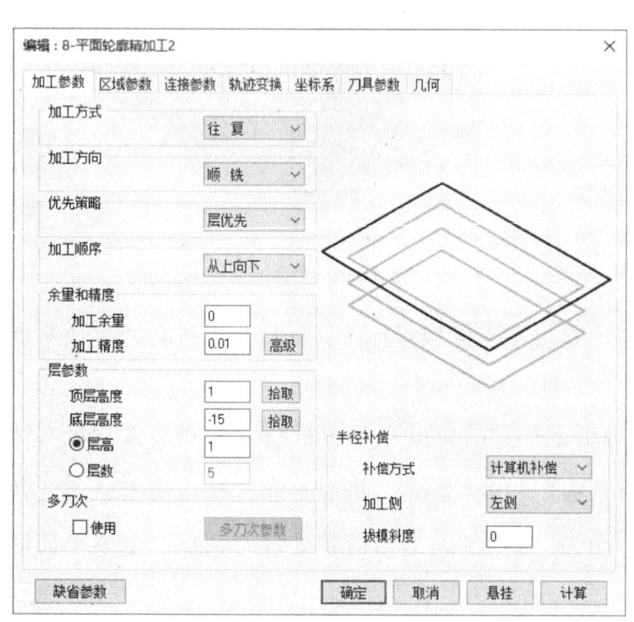

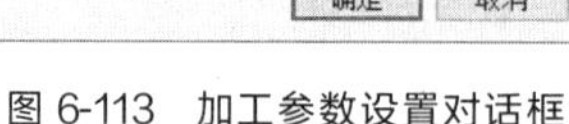

图 6-113　加工参数设置对话框

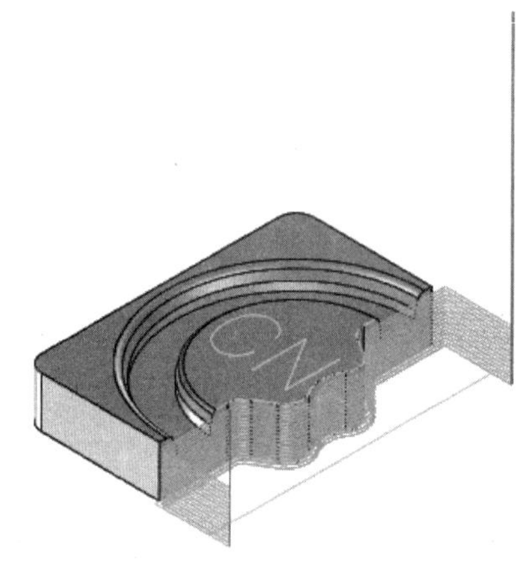

图 6-114　平面轮廓精加工轨迹

② 选择直径为 4 的立铣刀，主轴转速 1200，切削速度 1000。在几何参数页，单击轮廓曲线，拾取精加工轮廓曲线。

③ 参数设置完成后，单击“确定”，退出平面轮廓精加工 2 对话框，系统自动生成平面轮廓精加工轨迹，如图 6-114 所示。

④ 在制造功能区，单击后置处理面板上的“后置处理”按钮 G，弹出后置处理对话框。选择控制系统文件 Fanuc，单击“拾取”按钮 拾取，拾取平面轮廓精加工，选择“铣加工中心_3X”机床配置文件，单击“后置”，退出后置处理对话框，生成平面轮廓精加工程序，如图 6-115 所示。

7. 配合件 1 CN 文字曲线精加工

① 打开制造功能区面板，单击二轴加工面板上的“平面轮廓精加工 1”按钮，弹出平面轮廓精加工 1 对话框，设置加工参数：刀次为 1，设置顶层高度 0.2，底层高度－0.2，每层下降高度 0.2，偏移类型选择“ON”，如图 6-116 所示。

② 选择直径为 6 的立铣刀，主轴转速 1000，切削速度 1000。在几何参数页，单击轮廓曲线，拾取 C 文字轮廓曲线。

③ 参数设置完成后，单击“确定”，退出平面轮廓精加工 1 对话框，系统自动生成平面轮廓精加工轨迹，如图 6-117 所示。

④ 同理完成 N 文字轮廓曲线加工轨迹生成，如图 6-117 所示。

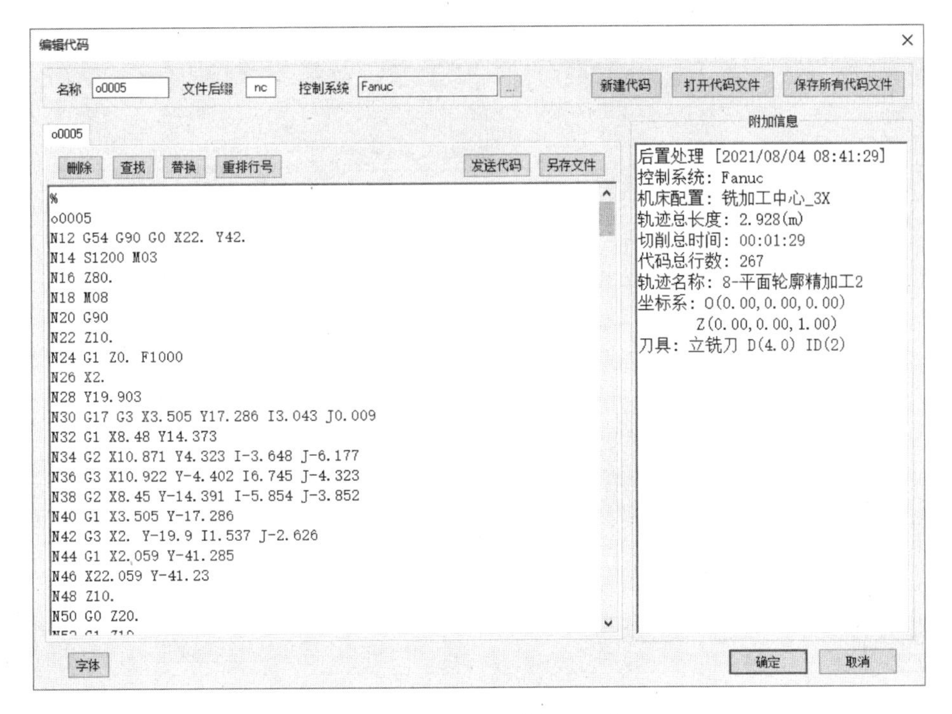

图 6-115　平面轮廓精加工程序

图 6-116　加工参数设置对话框

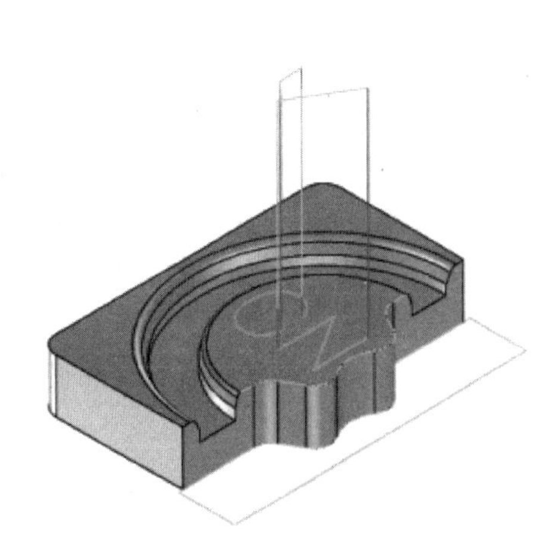

图 6-117　平面轮廓精加工 1 轨迹

⑤ 在制造功能区，单击后置处理面板上的“后置处理”按钮 G，弹出后置处理对话框。选择控制系统文件 Fanuc，单击“拾取”按钮 拾取，拾取 CN 文字曲线平面轮廓精加工轨迹，选择“铣加工中心_3X”机床配置文件，单击“后置”，退出后置处理对话框，生成 CN 文字曲线平面轮廓精加工程序，如图 6-118 所示。

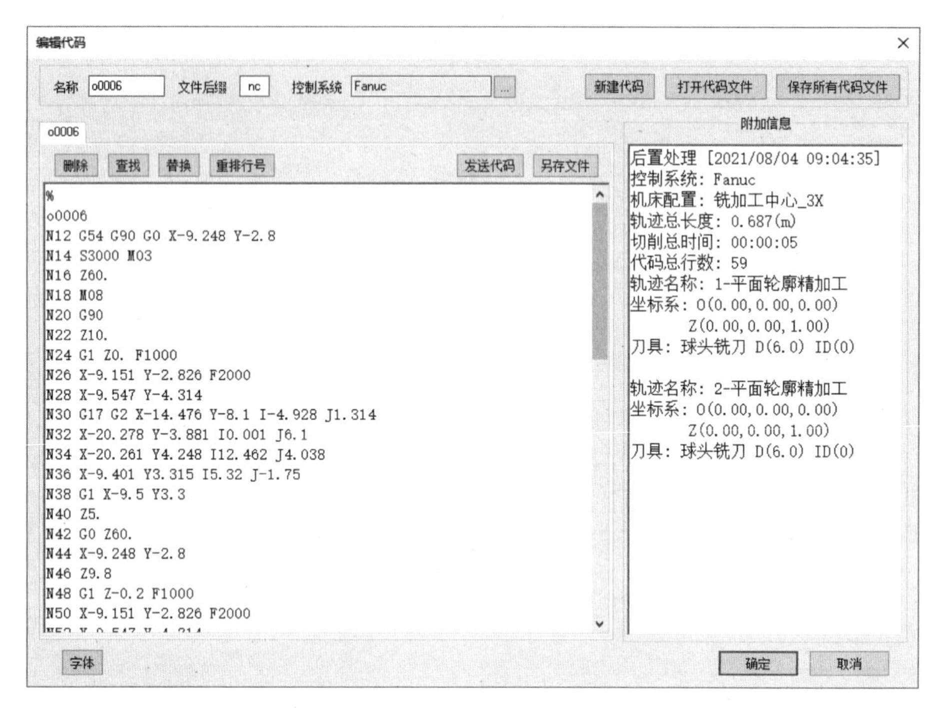

图 6-118 CN 文字曲线精加工程序

8. 配合件 2 圆弧槽等高线粗加工

① 单击加工管理树中的毛坯，按右键在弹出的菜单中选择创建毛坯，打开创建毛坯对话框，选择拾取参考模型，单击配合件 2，最后单击“确定”，退出对话框后，创建了一个长方体毛坯。

② 在制造功能区，单击三轴加工面板上的“等高线粗加工”按钮，弹出等高线粗加工对话框，设置加工参数，走刀方式选择“往复”加工，加工方向“顺铣”，加工余量 0.4，层高 0.6，走刀方式“环切”，最大行距 3，如图 6-119 所示。

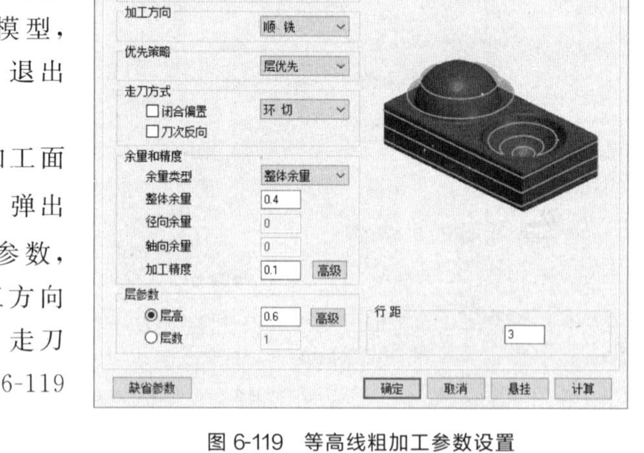

图 6-119 等高线粗加工参数设置

③ 在区域参数页，高度范围由曲面确定，单击拾取加工边界，选择拾取配合件 1 中半圆槽内的轮廓加工边界，如图 6-120 所示，刀具中心位于加工边界内侧。

④ 在几何参数页，单击加工曲面，在弹出的对话框中选择曲面，单击拾取配合件 2 中半圆槽内的七个曲面，单击毛坯，拾取长方体毛坯。

⑤ 使用 $\phi 6$ 的球头铣刀，主轴转速 1500，切削速度 1200。下刀方式为“直线”，倾斜角 90°。各个加工参数设置完成后，单击“确定”退出等高线粗加工对话框，系统自动计算生成等高线粗加工轨迹，如图 6-121 所示。

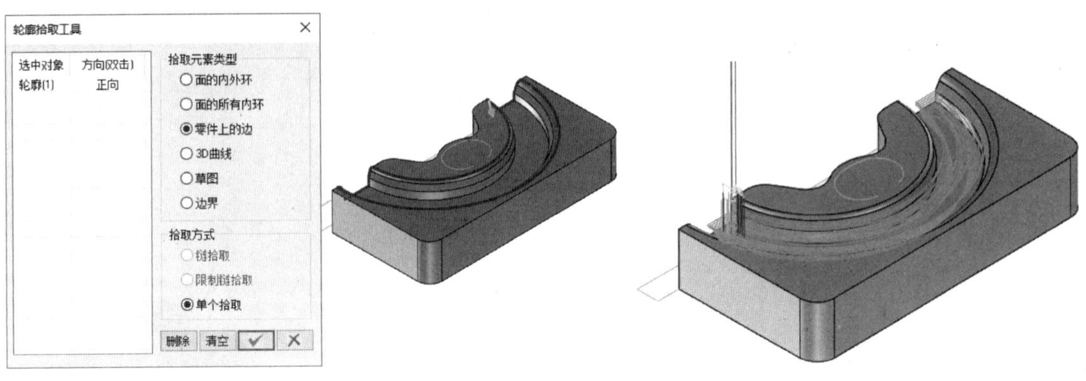

图 6-120　拾取加工边界

图 6-121　等高线粗加工轨迹

9. 配合件 2 圆弧槽平面区域粗加工

① 打开制造功能区面板，单击二轴加工面板上的“平面区域粗加工”按钮，弹出平面区域粗加工对话框，设置加工参数：走刀方式选择“环切加工”“从里向外”，轮廓参数选择“TO”，岛屿参数选择“TO”，设置顶层高度 1，底层高度 −6，每层下降高度 1，行距 3，如图 6-122 所示。

② 设置下刀方式为“垂直下刀”，刀具选择直径为 6 的立铣刀，主轴转速 1000，切削速度 1000。在几何参数页，单击轮廓曲线，拾取零件加工轮廓线。

③ 参数设置完成后，单击“确定”，退出平面区域粗加工对话框，系统自动生成平面区域粗加工轨迹，如图 6-123 所示。

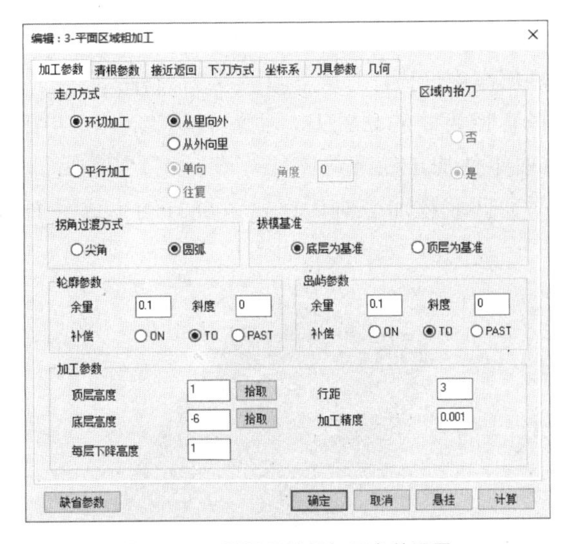

图 6-122　平面区域粗加工参数设置

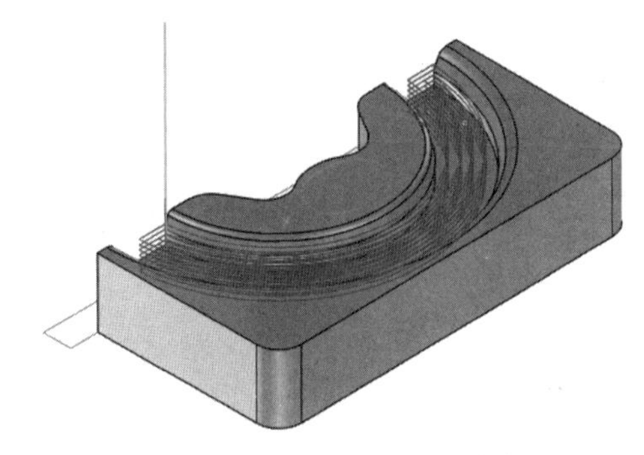

图 6-123　平面区域粗加工轨迹

10. 配合件 2 过渡圆角参数线精加工

① 打开制造功能区面板，单击三轴加工面板上的“参数线精加工”按钮，弹出参数线精加工对话框，设置加工参数：行距 0.6，走刀方式“往复”，如图 6-124 所示。

② 选择直径为 3 的球头铣刀，主轴转速 2000，切削速度 1000。在几何参数页，单击

加工曲面，拾取 $R2$ 和 $R1$ 过渡圆角加工曲面。

③ 参数设置完成后，单击“确定”，退出参数线精加工对话框，系统自动生成参数线精加工轨迹，如图 6-125 所示。

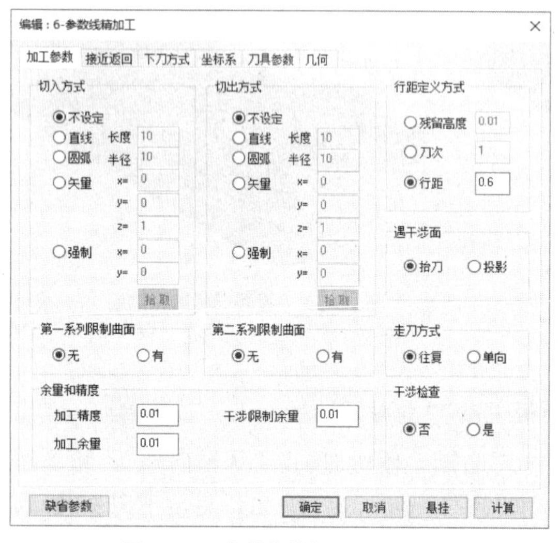

图 6-124 参数线精加工参数设置

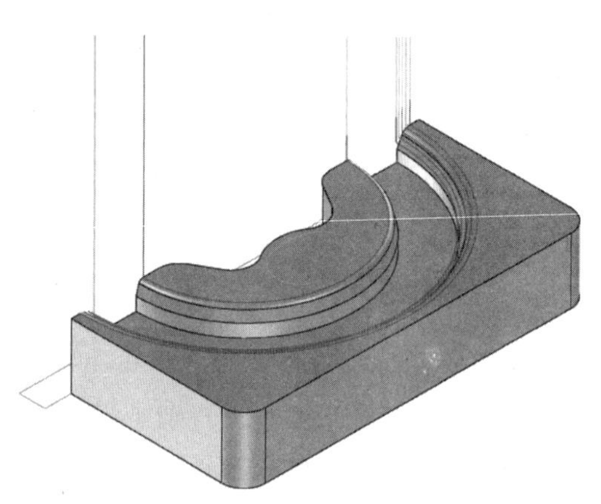

图 6-125 参数线精加工轨迹

11. 配合件 2 外轮廓平面区域粗加工

① 打开曲线功能区，单击“三维曲线”按钮，利用提取曲线、直线等功能绘制加工轮廓线，如图 6-126 所示。

② 打开制造功能区面板，单击二轴加工面板上的“平面区域粗加工”按钮，弹出平面区域粗加工对话框，设置加工参数：走刀方式选择“环切加工”“从外向里”，轮廓参数选择“TO”，岛屿参数选择“TO”，设置顶层高度 1，底层高度 −15，每层下降高度 1，行距 3。

③ 设置下刀方式为“垂直下刀”，刀具选择直径为 3 的立铣刀，主轴转速 1200，切削速度 1000。在几何参数页，单击轮廓曲线，拾取零件加工轮廓线。

④ 参数设置完成后，单击“确定”，退出平面区域粗加工对话框，系统自动生成平面区域粗加工轨迹，如图 6-127 所示。

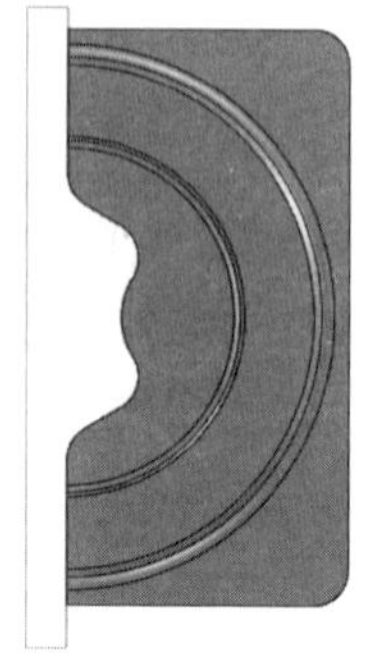

图 6-126 绘制加工轮廓线

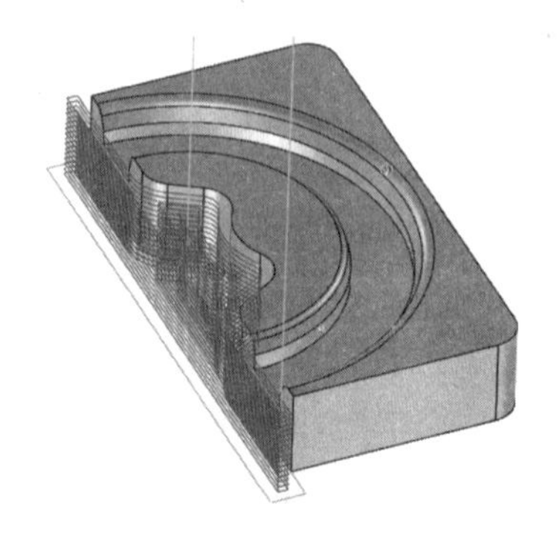

图 6-127 平面区域粗加工轨迹

12. 配合件 2 平面轮廓精加工

① 打开制造功能区面板，单击二轴加工面板上的“平面轮廓精加工 2”按钮，弹

出平面轮廓精加工 2 对话框，设置加工参数：往复加工，顺铣层优先，从上向下，设置顶层高度 1，底层高度 −15，层高 1，加工左侧，如图 6-128 所示。

② 选择直径为 4 的立铣刀，主轴转速 1200，切削速度 1000。在几何参数页，单击轮廓曲线，拾取精加工轮廓曲线。

③ 参数设置完成后，单击“确定”，退出平面轮廓精加工 2 对话框，系统自动生成平面轮廓精加工轨迹，如图 6-129 所示。

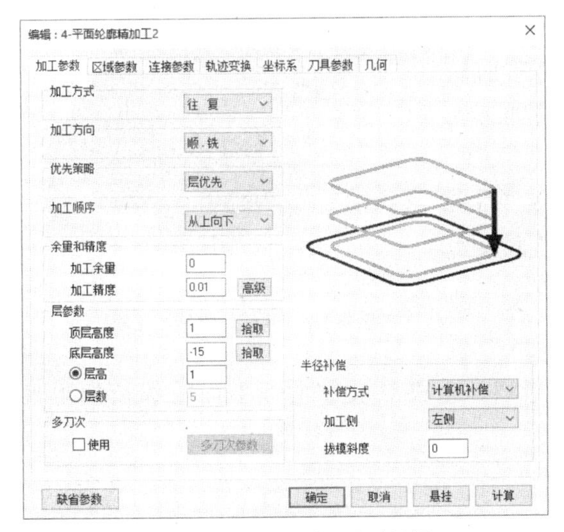

图 6-128 加工参数设置对话框

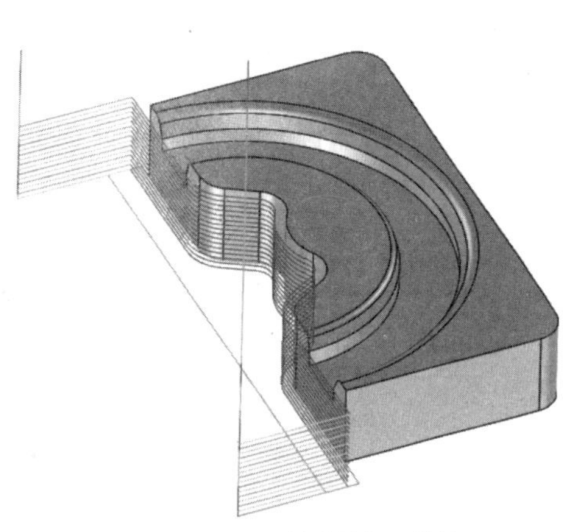

图 6-129 平面轮廓精加工轨迹

④ 在制造功能区，单击后置处理面板上的“后置处理”按钮 G，弹出后置处理对话框。选择控制系统文件 Fanuc，单击“拾取”按钮 拾取，拾取平面轮廓精加工，选择“铣加工中心_3X”机床配置文件，单击“后置”，退出后置处理对话框，生成平面轮廓精加工程序，如图 6-130 所示。

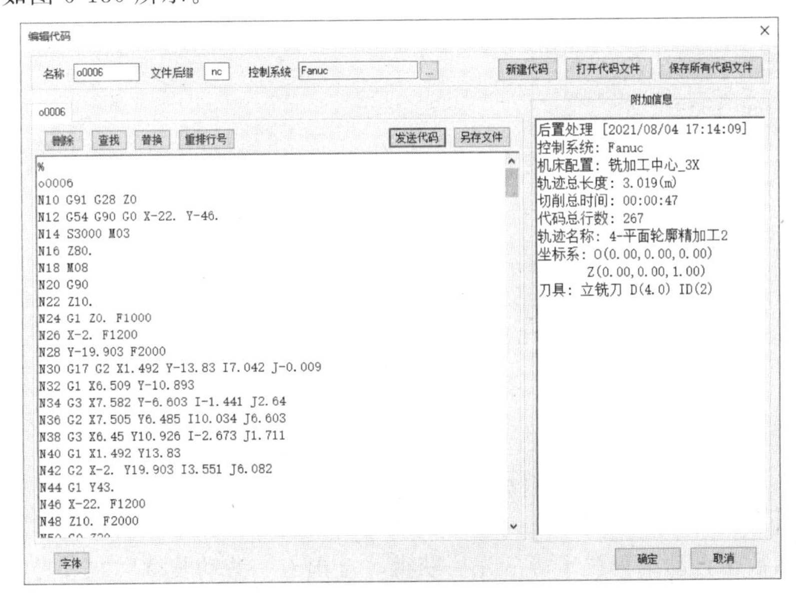

图 6-130 平面轮廓精加工程序

13. 配合件 2 C 文字曲线精加工

① 打开制造功能区面板，单击二轴加工面板上的“平面轮廓精加工 1”按钮，弹出平面轮廓精加工 1 对话框，设置加工参数：刀次为 1，设置顶层高度 0.2，底层高度－0.2，每层下降高度 0.2，偏移类型选择“ON”。

② 选择直径为 6 的立铣刀，主轴转速 1000，切削速度 1000。在几何参数页，单击轮廓曲线，拾取 C 文字轮廓曲线。

③ 参数设置完成后，单击“确定”，退出平面轮廓精加工 1 对话框，系统自动生成平面轮廓精加工轨迹，如图 6-131 所示。

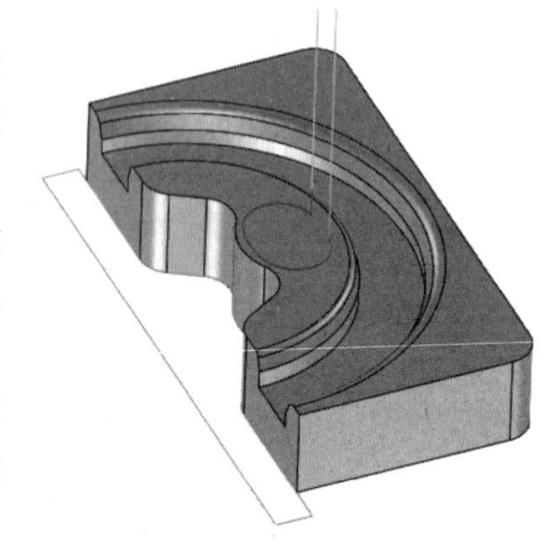

图 6-131 平面轮廓精加工轨迹

④ 在制造功能区，单击后置处理面板上的“后置处理”按钮，弹出后置处理对话框。选择控制系统文件 Fanuc，单击“拾取”按钮拾取，拾取 C 文字曲线平面轮廓精加工轨迹，选择“铣加工中心_3X”机床配置文件，单击“后置”，退出后置处理对话框，生成 C 文字曲线平面轮廓精加工程序，如图 6-132 所示。

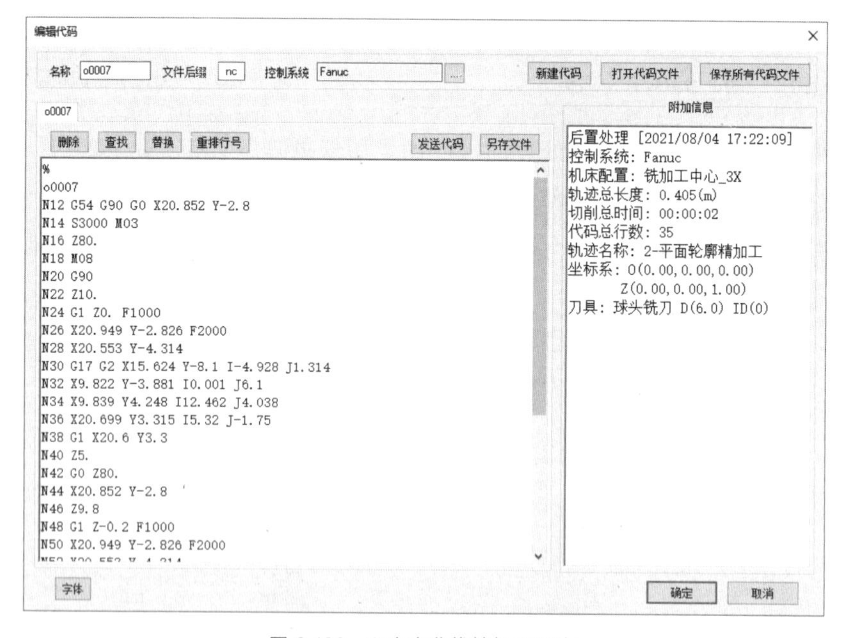

图 6-132 C 文字曲线精加工程序

四、素质拓展

陈行行，1990 年出生于山东省济宁市微山县鲁桥镇。毕业于山东技师学院。现任中国工程物理研究院机械制造工艺研究所高级技师。他精通多轴联动加工技术、高速高精度加工技术和参数化自动编程技术等。先后获得“全国五一劳动奖章”“全国技术能手”“四川工匠”等荣誉称号。2019 年 1 月 18 日，陈行行当选 2018 年“大国工匠年度人物”。

在制作国家某重大专项分子泵项目的一个核心零部件动叶轮加工过程中，面对精度要求高、程序调试烦琐的难题，他通过创新优化铣削方式，深入挖掘设备功能，不仅攻克了产品质量差的难题，还将加工效率提升了 3.5 倍。再例如，2015 年，在解决某部件加工难题中，陈行行可以用比头发丝还细 0.02mm 的刀具，在直径不到 2cm 的圆盘上打出了 36 个小孔，这比用绣花针给老鼠种睫毛还难。在高速旋转的刀具作用下，36 个小孔，精确成型。再例如，在某型号定型产品重要零件的批量加工中，陈行行通过对加工刀具、切削方式，加工程序及装夹方式进行优化，使加工效率提高了 1 倍，有效解决了因刚性差导致的加工变形问题，节省了钳工研磨工序，产品合格率高于 98%。

陈行行是我们学习的榜样，他敢想敢干、苦干实干、能干巧干的优秀品质，以及干一行、爱一行、精一行的“工匠”精神是时代发展最需要的品质，也是中国新一代技能大师的真实写照，在平凡的工作岗位上坚守，用精湛的技术报效祖国。

任务四 奥运会标志的造型设计与加工

一、任务引入

2008 北京奥运会会徽以中国传统文化符号——印章（肖形印）作为标志主体图案的表现形式。本任务主要完成如图 6-133 所示的奥运主标志的曲线造型设计，并选择四轴轨迹包裹加工方法在圆柱体上雕刻奥运会标志图案。

图 6-133 所示的奥运主标志的平面图形由曲线 1、曲线 2、曲线 3、曲线 4 和曲线 5 组成，对应点的坐标如表 6-3～表 6-7 所示。

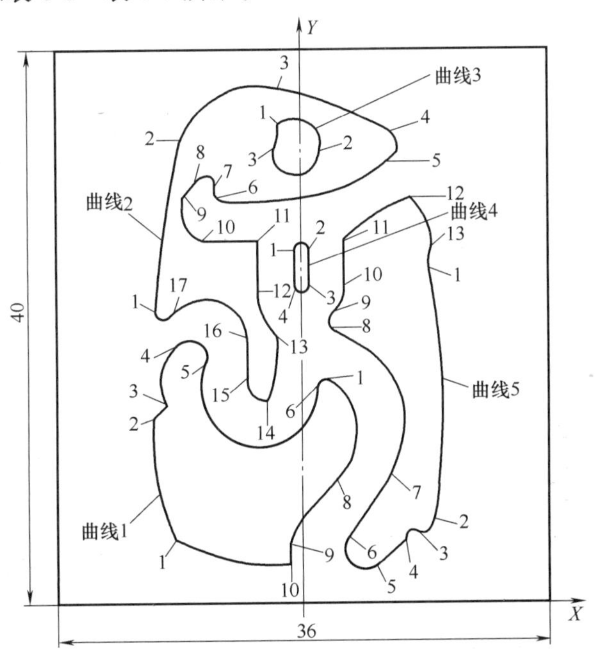

图 6-133 奥运标志图

表 6-3 曲线 1 坐标点

序号	X	Y	属性	参数
1	−9.474	4.652	圆弧	R=18.766
2	−10.761	13.407	直线	—
3	−9.846	14.313	圆弧	R=3.434
4	−8.823	18.879	圆弧	R=1.263
5	−6.972	17.289	圆弧	R=4.231
6	1.057	15.779	圆弧	R=0.506
7	1.933	16.187	圆弧	R=4.419
8	2.505	9.049	圆弧	R=12.877
9	−0.974	4.294	直线	—
10	−0.974	2.751	圆弧	R=18.533
1	−9.474	4.652		

表 6-4 曲线 2 坐标点

序号	X	Y	属性	参数
1	−10.636	21.13	圆弧	R=79.945
2	−8.77	33.529	圆弧	R=6.420
3	−1.763	37.302	圆弧	R=23.333
4	6.487	34.15	圆弧	R=1.500
5	6.548	31.981	圆弧	R=16.569
6	−5.953	29.254	圆弧	R=0.6
7	−6.42	30.017	圆弧	R=0.677
8	−7.583	30.652	直线	—
9	−8.647	29.449	圆弧	R=3.158
10	−7.358	26.192	直线	—
11	−3.224	26.309	直线	—
12	−3.224	22.567	圆弧	R=4.621
13	−1.874	19.302	圆弧	R=8.843
14	−2.607	14.595	圆弧	R=1.752
15	−3.968	16.453	圆弧	R=14.234
16	−4.006	19.265	圆弧	R=3.157
17	−9.687	20.78	圆弧	R=0.527
1	−10.636	21.13		

表 6-5　曲线 3 坐标点

序号	X	Y	属性	参数
1	−1.71	34.658	圆弧	R=1.955
2	1.32	32.692	圆弧	R=1.704
3	−2.074	32.802	直线	—
1	−1.71	34.658		

表 6-6　曲线 4 坐标点

序号	X	Y	属性	参数
1	−0.5	25.5	圆弧	R=0.5
2	0.5	25.5	直线	—
3	0.5	23	圆弧	R=0.5
4	−0.5	23	直线	—
1	−0.5	25.5		

表 6-7　曲线 5 坐标点

序号	X	Y	属性	参数
1	9.326	24.052	圆弧	R=49.334
2	9.689	5.9	圆弧	R=0.971
3	8.272	5.202	圆弧	R=0.510
4	7.526	4.602	直线	—
5	5.323	2.718	圆弧	R=1.411
6	3.324	4.677	圆弧	R=55.911
7	6.482	9.316	圆弧	R=6.907
8	2.29	19.606	圆弧	R=0.800
9	2.142	20.933	圆弧	R=2.600
10	3.076	22.929	直线	—
11	3.076	26.286	圆弧	R=15.082
12	7.921	29.356	圆弧	R=4.503
13	9.526	25.752	圆弧	R=2.305
1	9.326	24.052		

二、任务分析

北京奥运会会徽“中国印”是阴文印。印章上文字或图像有凹凸两种形体，凹下的称阴文（又称雌字），反之称阳文。阴文印即是印章文字或图像凹下的印章。印章钤盖出来的效果印底呈红色，文字呈白色，跟北京奥运会会徽的图像特点吻合。

奥运标志曲线节点坐标总点数有 47 个，要求手工输入无误，使用雕刻刀刻线，刻线深度为 0.2mm。

本任务完成奥运标志曲线的设计与加工。主要通过三维曲线绘制、线面包裹等方法完成实体建模，利用雕刻加工、四轴轨迹包裹加工等功能，完成奥运标志的雕刻加工。

三、任务实施

1. 奥运标志的造型设计

① 在曲线功能区，单击“三维曲线”按钮，在绘制功能区面板上，单击“圆弧”，选择“两点_半径”方式，输入表 6-3 曲线 1 中的 1 点和 2 点坐标，回车后输入半径 18.766，回车完成 $R18.766$ 的圆弧绘制，单击“直线”按钮，捕捉曲线 1 中的 2 点，输入 3 点的坐标，完成直线 2 点到 3 点的绘制。同理依次完成其它圆弧和直线的绘制，如图 6-134 所示。

② 在绘制功能区面板上，单击“圆弧”，选择“两点_半径”方式，输入表 6-4 曲线 2 中的 1 点和 2 点坐标，回车后输入半径 79.945，回车完成 $R79.945$ 的圆弧绘制，同理依次完成其它圆弧的绘制，如图 6-135 所示。

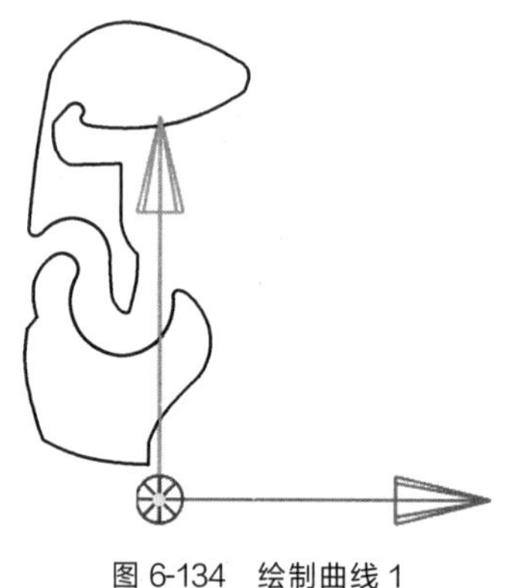
图 6-134 绘制曲线 1

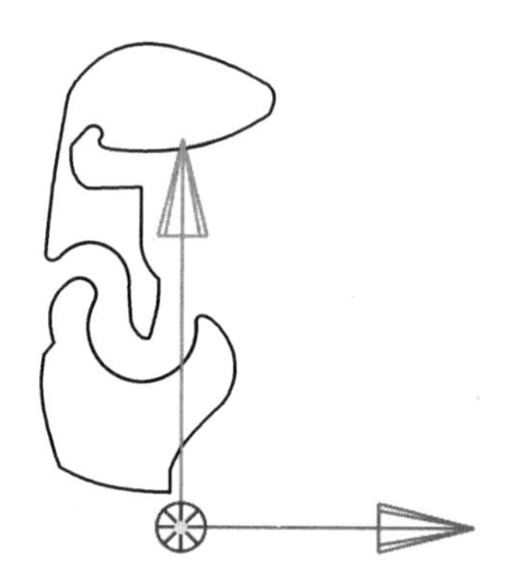
图 6-135 绘制曲线 2

③ 在绘制功能区面板上，利用圆弧两点半径和直线功能绘制曲线 3 和曲线 4 的平面图形（坐标点见表 6-5 和表 6-6），如图 6-136 所示。

④ 同理利用圆弧两点半径和直线功能绘制曲线 5（坐标点见表 6-7），单击“确定”退出三维曲线绘制，隐藏坐标系，如图 6-137 所示。

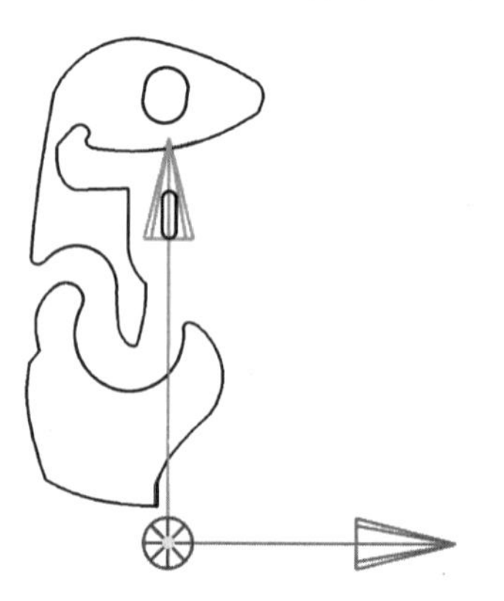
图 6-136 绘制曲线 3 和绘制曲线 4

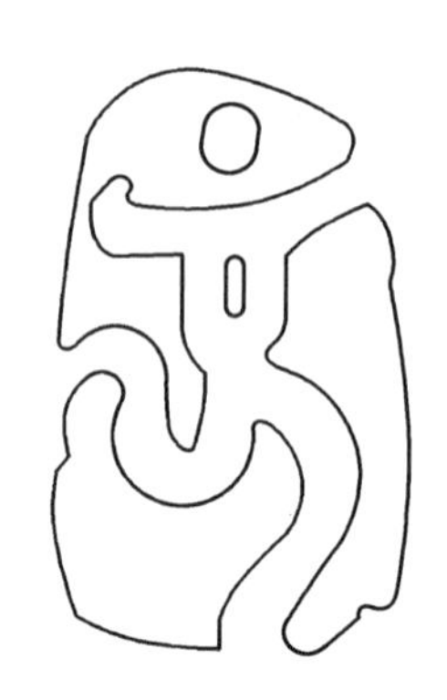
图 6-137 绘制曲线 5

2. 奥运标志线面包裹造型设计

① 单击选中设计元素库中的圆柱图素，则拖入设计环境中时，双击零件出现包围盒及尺寸手柄。鼠标移向红色手柄，鼠标变成一个手形和双箭头时，单击右键弹出编辑包围

盒对话框，输入长度 36，宽度 36，高度 50，单击“确定”退出对话框。

注意： XY 平面造型过程中长度值一定要小于等于曲面造型中圆的周长，宽度值要小于等于曲面的高度，即 XY 平面上的图形不能超出曲面区域。本例中 X 正方向是长度方向（圆周方向），Y 正方向是宽度方向（高度方向）。

单击圆柱体，按 F10 键打开三维球，按空格键让三维球脱离图素后，拖拉三维球中心点到圆柱体底面中心位置，再按空格键让三维球附着图素，右键点击三维球的中心，然后从弹出的菜单中选择“编辑位置”，输入长度 40，宽度 0，高度 0，单击“确定”退出对话框。利用三维球将圆柱体绕 X 轴旋转 90°，如图 6-138 所示。

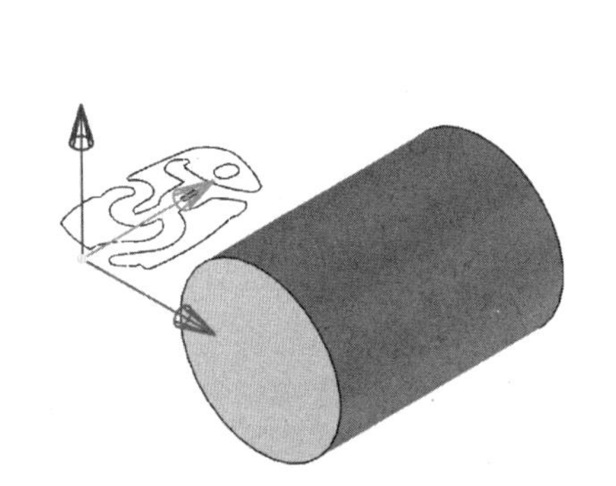

图 6-138 创建圆柱体

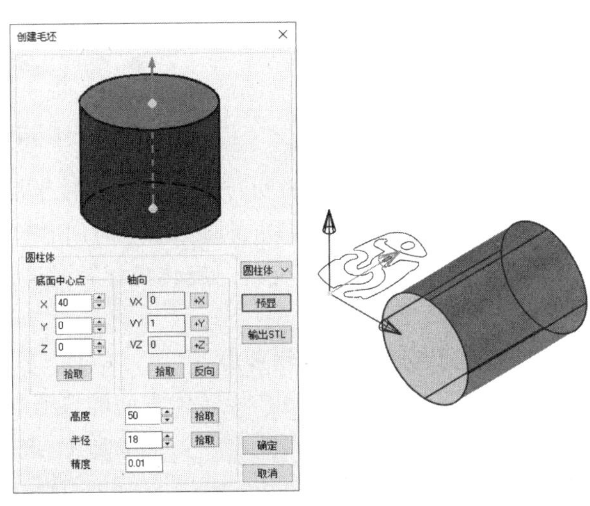

图 6-139 创建圆柱毛坯对话框

② 单击加工管理树中的毛坯，按右键在弹出的菜单中选择创建毛坯，打开创建毛坯对话框，选择圆柱体，输入底面中心点坐标（40，0，0），轴向为 Y 轴，输入高度 50，半径 18，最后单击“确定”，退出对话框后，创建了一个圆柱体毛坯，如图 6-139 所示。

③ 在曲线功能区，单击常用面板上的“线面包裹”按钮，在弹出的线面包裹对话框中，选择圆柱体毛坯，拾取奥运会标志，输入轴向偏移 5，角度偏移 90°，如图 6-140 所示。单击“确定”退出对话框，完成线面包裹造型，如图 6-141 所示。

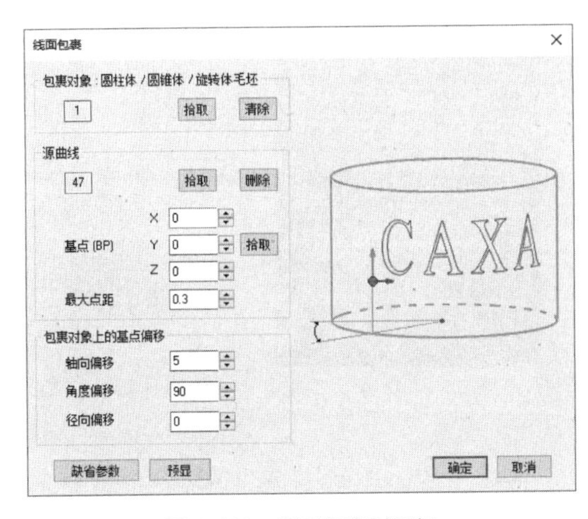

图 6-140 线面包裹对话框

图 6-141 线面包裹

多轴机床是指一台机床上除了具有 X、Y、Z 三个移动坐标轴外，至少还有 1～2 个旋转坐标轴，即四轴或五轴的数控机床。如图 6-142 所示。

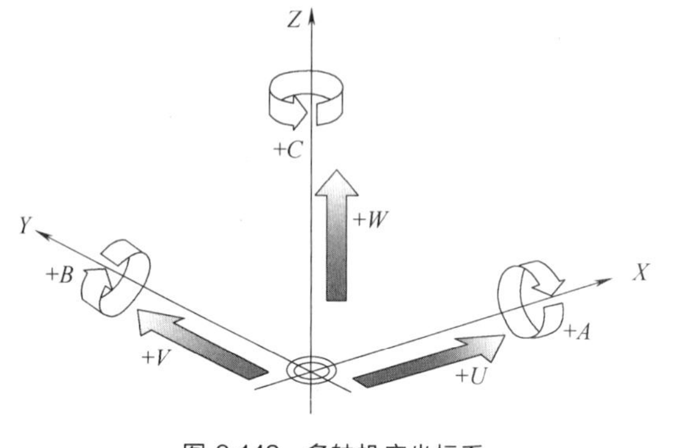

图 6-142 多轴机床坐标系

奥运标志
四轴轨迹
包裹加工

所以造型时，圆柱体的回转轴线要和旋转坐标轴一致，本任务圆柱体的回转轴线是 Y 轴，旋转坐标轴是 +B，在生成加工程序时用“铣加工中心-4X-TB”机床配置文件，如果圆柱体的回转轴线绕 X 轴旋转，旋转坐标轴是 +A，生成加工程序时就用“铣加工中心-4X-TA”机床配置文件。

3. 奥运标志四轴轨迹包裹加工

将二轴、三轴轨迹包裹在旋转体表面的轨迹加工方法是一种非常实用的柱面刻字加工方法。首先在平面上，使用雕刻、切割等加工方法生成轨迹，再将轨迹包裹到柱面上，即可生成柱面上刻字的轨迹。

① 在制造功能区，单击二轴加工面板上“雕刻加工”按钮 C，在弹出的对话框中设置顶层高度 0，底层高度 −0.2，如图 6-143 所示。在几何页单击图案轮廓，分别拾取奥运标志 5 个曲线轮廓，如图 6-144 所示。单击“确定”退出对话框，生成雕刻加工轨迹，如图 6-145 所示。

② 在制造功能区，单击多轴加工面板上“四轴轨迹包裹”加工按钮，在弹出的对话框中，拾取圆柱体毛坯，拾取雕刻加工轨迹，设置轴向偏移 5，角度偏移 90°，如图 6-146 所示。单击“确定”退出四轴轨迹包裹加工对话框，生成加工轨迹，如图 6-147 所示。

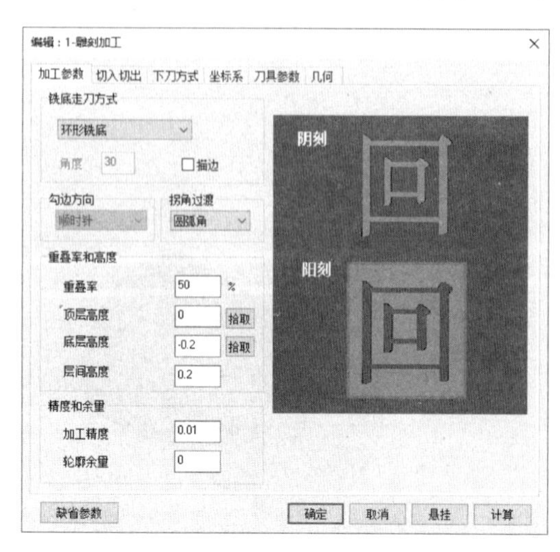

图 6-143 雕刻加工参数设置

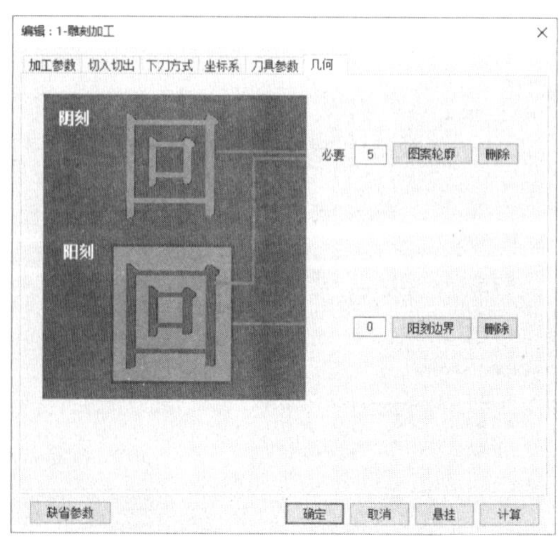

图 6-144 雕刻加工几何参数设置

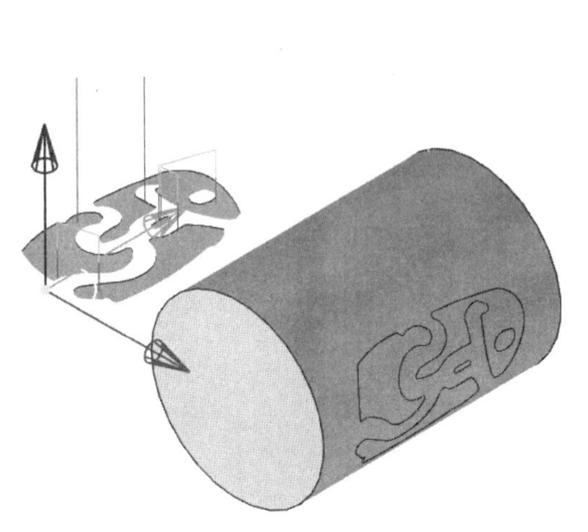

图 6-145　雕刻加工轨迹

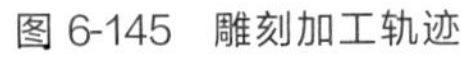

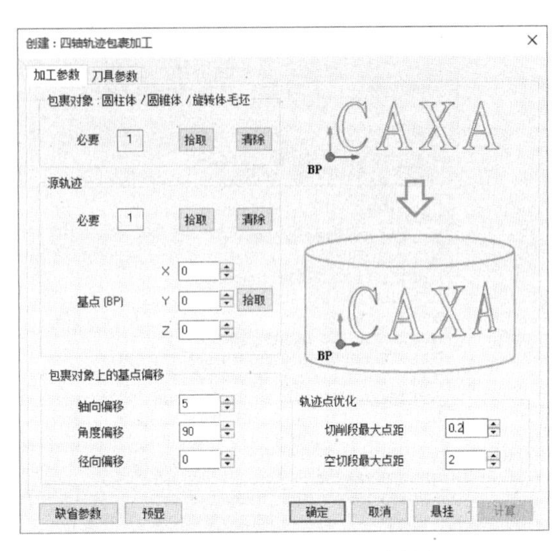

图 6-146　四轴轨迹包裹加工参数设置

③ 在制造功能区，单击仿真加工面板上的“实体仿真”按钮，在弹出的窗口中，单击“拾取”按钮 拾取 ，拾取四轴轨迹包裹加工轨迹，单击“仿真”按钮 仿真 ，进入仿真窗口中，单击“运行”按钮，开始轨迹仿真加工，结果如图 6-148 所示。

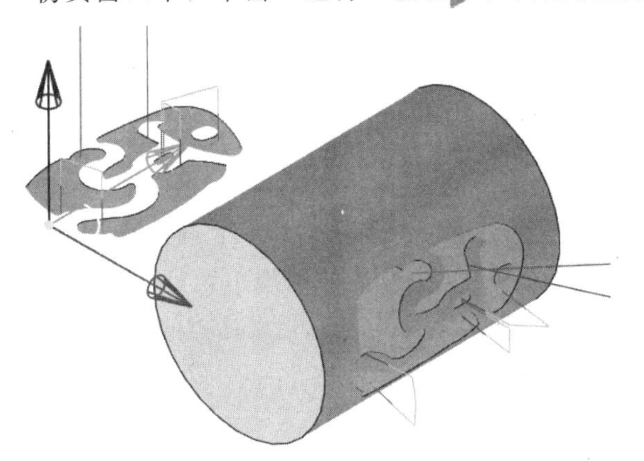

图 6-147　四轴轨迹包裹加工轨迹

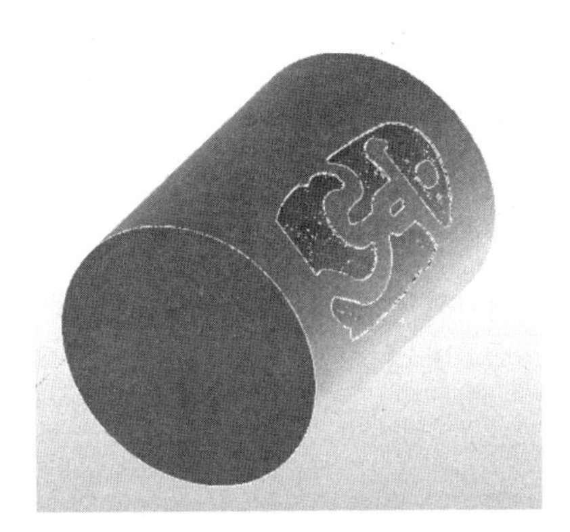

图 6-148　四轴轨迹包裹仿真加工

④ 在制造功能区，单击后置处理面板上的“后置处理”按钮 G，弹出后置处理对话框，选择控制系统文件 Fanuc，单击“拾取”按钮 拾取 ，拾取四轴轨迹包裹加工轨迹，选择“铣加工中心-4X-TB”机床配置文件，单击“后置”按钮，退出后置处理对话框，生成四轴轨迹包裹加工程序，如图 6-149 所示。

四、素质拓展

第 29 届夏季奥林匹克运动会，又称 2008 年北京奥运会，2008 年 8 月 8 日晚上 8 时整在中国首都北京开幕，8 月 24 日闭幕。

2008 北京奥运会会徽是张武、郭春宁、毛诚设计的，会徽由两部分组成。上部分是一个近似椭圆形的中国传统印章，上面刻着一个运动员在向前奔跑、迎接胜利的图案。像

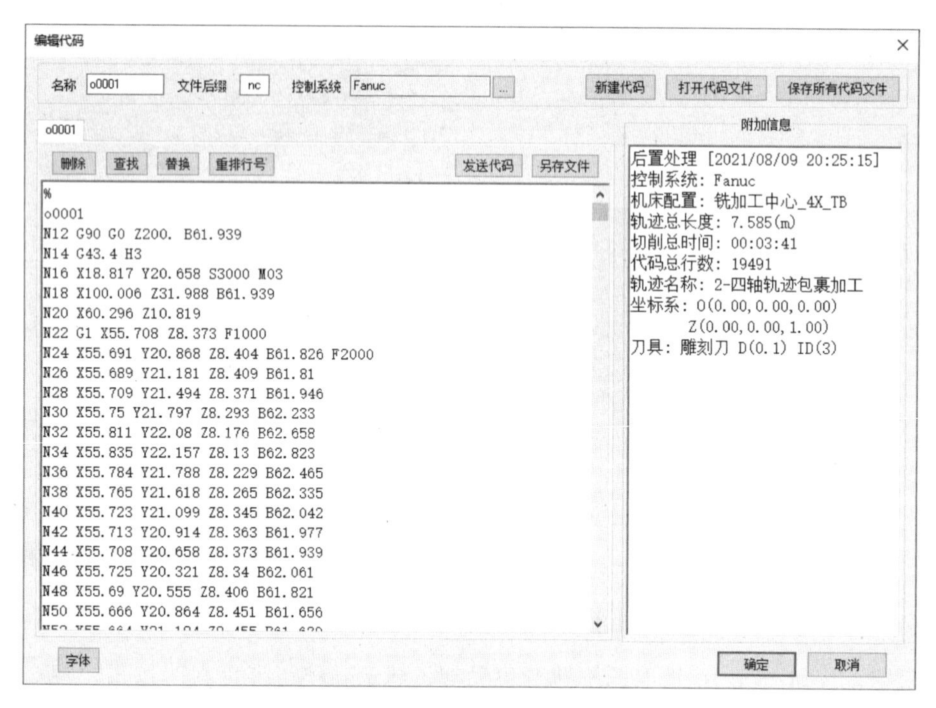

图 6-149 四轴轨迹包裹加工程序

“京”字，又像“文”字，取意中国悠久的传统文化。下部分是用毛笔书写的“Beijing 2008”和奥运五环的标志，将奥林匹克的精神与中国传统文化完美地结合起来，同时也表明了奥运会的时间和地点。

“中国印·舞动的北京”是奥林匹克的一座里程碑。它是用中华民族精神镌刻、古老文明意蕴书写、华夏子孙品格铸就出的一首奥林匹克史诗中的经典华章；它简洁而深刻，展示着一个城市的演进与发展；它凝重而浪漫，体现着一个民族的思想与情怀。在通往“北京 2008 奥运会”的路程上，人们将通过它相约北京、相聚中国、相识这里的人们。

任务五　叶轮零件造型设计与加工

一、 任务引入

五轴联动数控加工技术是解决整体叶轮、叶片、螺旋桨、环面凸轮、汽轮机转子、大型柴油机曲轴等零件的重要加工手段，其技术应用水平对一个国家的航空、航天、军工、精密制造、高精医疗器械、高端模具制造等行业有着举足轻重的影响。据了解，2017 年仅汽车涡轮增压器叶轮加工市场就达到 60 亿元规模。近几年来，我国制造业面临产业升级及产业结构调整，四轴、五轴联动加工机床迅速普及，相应技术人才日趋紧张。据上海人才中心的统计，高端数控加工技术人员的收入超过普通数控操作工的十倍。本任务来源于第九届全国数控技能大赛样题——加工中心操作调整工（五轴联动加工技术），要求完成图 6-150 所示的叶轮零件造型设计与加工。

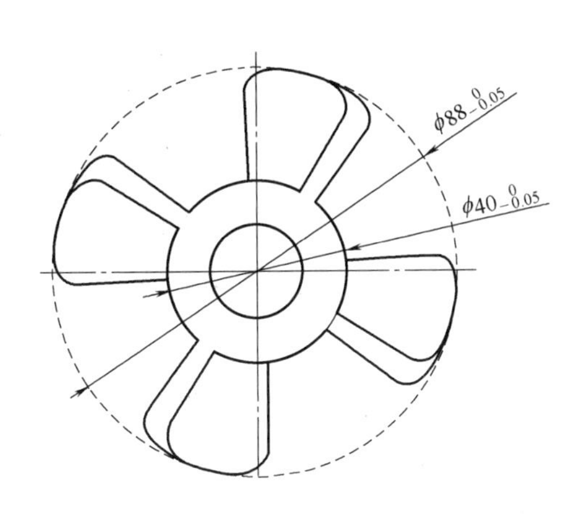

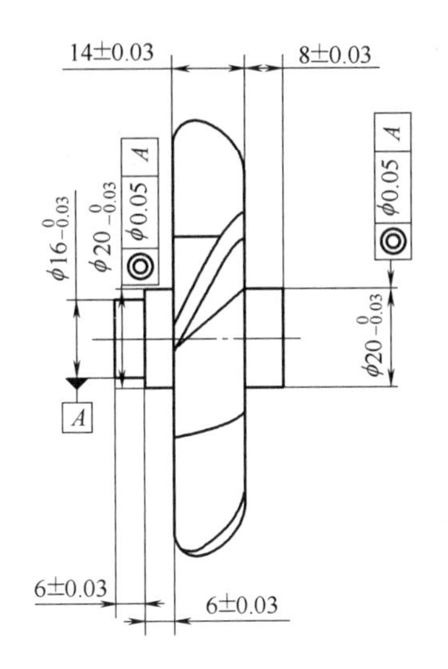

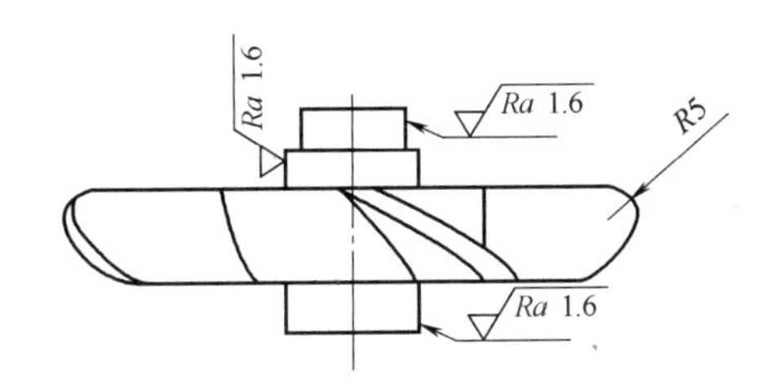

技术要求

1.叶片中性面为分别位于ϕ40和ϕ88的两条导程为145.104的两条螺旋线形成的直纹面。
2.叶片厚度3mm。

图 6-150　叶轮零件图

二、任务分析

本任务完成叶轮零件造型设计与加工，主要通过设计图素、三维球、公式曲线、直纹面、阵列特征等方法完成实体建模，利用自适应粗加工、五轴侧铣加工、五轴限制面精加工等功能，完成叶轮零件的加工。

三、任务实施

1. 叶轮零件造型设计

① 在创新模式环境下，单击选中设计元素库中的一个圆柱体图素，按住鼠标左键把它拖到设计环境当中，然后松开鼠标左键。在选中零件上用鼠标左键再单击一次，进入智能图素编辑状态，鼠标移向红色手柄，鼠标变成一个手形和双箭头时，单击右键弹出编辑包围盒对话框，输入要修改的尺寸数据，长度 40，宽度 40，高度 14，如图 6-151 所示，单击“确定”退出编辑包围盒对话框，完成圆柱体的创建。

② 先单击圆柱体，按 F10 键打开三维球，把鼠标移到三维球中心点单击右键，在弹出的属性菜单中选择“编辑中心”，输入长度 0，宽度 0，高度 0，完成圆柱体的移动，如图 6-152 所示。

③ 三维曲线选项卡中，在常用功能区，单击“公式曲线”图标 f(x)，在弹出的公式曲线对话框中选择“三维螺旋线 1-2”，如图 6-153 所示，在对话框中选择“直角坐标系”，参变量单位选择“角度”，参变量起始值为 0、终止值 40，在公式表达式的输入框中输入

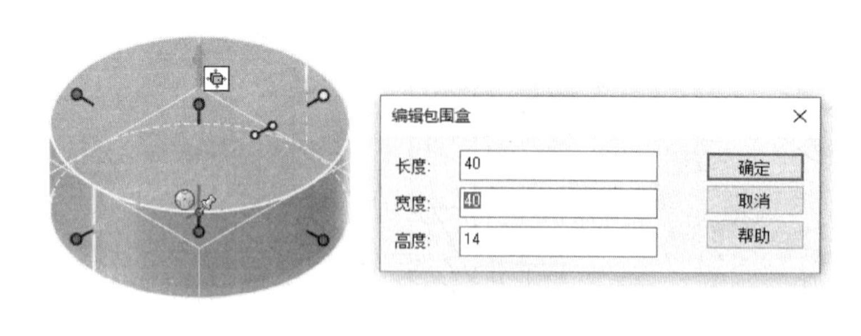

图 6-151　创建圆柱体模型

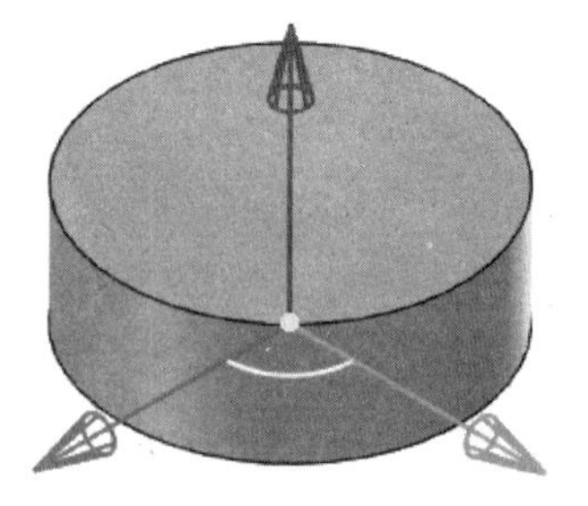

图 6-152　移动圆柱体

公式的参数表达，X(t)=44＊sin(t)，Y(t)=44＊cos(t)，Z(t)=(145.104/360)＊t，输入完公式正确后，单击“确定”，退出对话框，完成三维螺旋线的绘制，如图 6-154 所示。

④ 同理，打开公式曲线对话框，如图 6-155 所示，在公式表达式输入框中输入公式的参数表达：X(t)=20＊sin(t),Y(t)=20＊cos(t)，Z(t)=(145.104/360)＊t，输入完公式正确后，单击“确定”，退出对话框，完成三维螺旋线的绘制，如图 6-156 所示。

图 6-153　公式曲线对话框

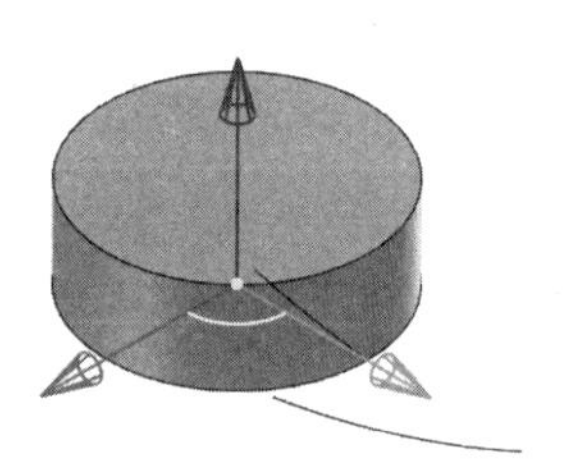

图 6-154　绘制三维螺旋线

图 6-155　公式曲线对话框

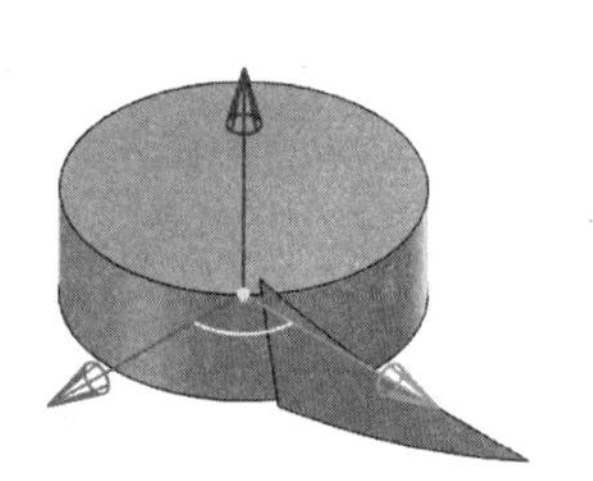

图 6-156　绘制直纹面

⑤ 打开曲面选项卡，在曲面功能区面板上，单击“直纹面”按钮 直纹面，在属性对话框中，类型选择“曲线＋曲线”，在同侧拾取两条曲线，单击“确定”按钮 退出，完成一个直纹面创建，结果如图 6-156 所示。

⑥ 在曲面编辑面板上，单击“曲面延伸”按钮 ，在“曲面延伸”命令属性管理栏中，输入曲面延伸长度 6，拾取曲面要延伸的边，单击“确定”退出，结果如图 6-157 所示。

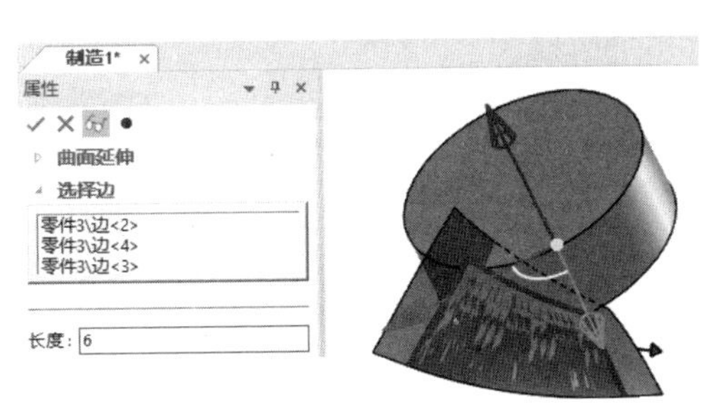

图 6-157　曲面延伸

⑦ 单击特征选项卡，在特征功能区面板上，单击“加厚”按钮 加厚，在“加厚”的命令属性管理栏中，如图 6-158 所示，设置厚度 3，方向选择“对称”，选择要加厚的曲面，单击确定退出，结果如图 6-159 所示。

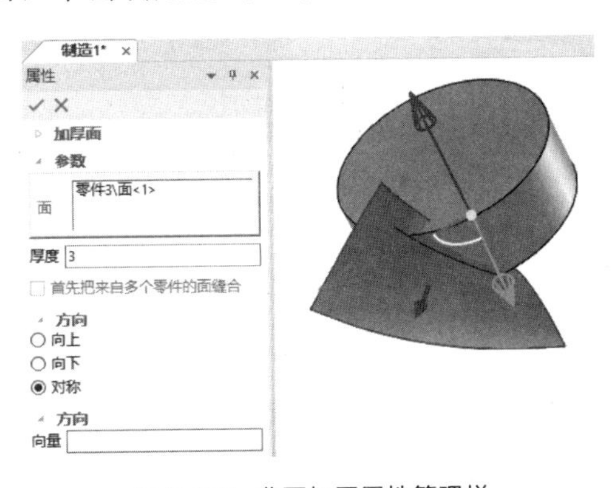

图 6-158　曲面加厚属性管理栏

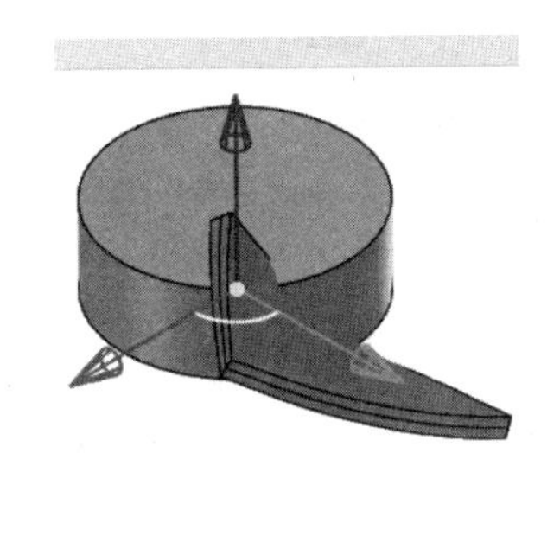

图 6-159　曲面加厚

⑧ 单击特征选项卡，在变换功能区面板上，单击“阵列特征”按钮 ，单击叶轮，在弹出的“阵列特征”命令属性管理栏中，如图 6-160 所示，选择“圆型阵列”，角度 90，数量 4，单击叶片，单击圆柱的中心点作为轴。单击“确定”退出，结果如图 6-161 所示。

⑨ 单击选中设计元素库中的一个孔类圆柱体图素，按住鼠标左键把它拖到叶轮上表面中心，然后松开鼠标左键，在智能图素编辑状态下，用鼠标拖动向上红色手柄，拉高孔心圆柱体，用鼠标拖动水平方向红色手柄，拉大孔心圆柱体的直径，直径要大于 90。鼠标移到向下红色手柄，鼠标变成一个手形时，单击右键弹出属性菜单，选择边，然后用鼠标捕捉拾取圆柱的边，结果将上面多余部分去除，同理，完成下部多余部分去除操作，如图 6-162 所示。

⑩ 单击选中设计元素库中的一个圆柱体图素，按住鼠标左键把它拖到叶轮上表面中心位置，然后松开鼠标左键。在选中零件上用鼠标左键再单击一次，进入智能图素编辑状

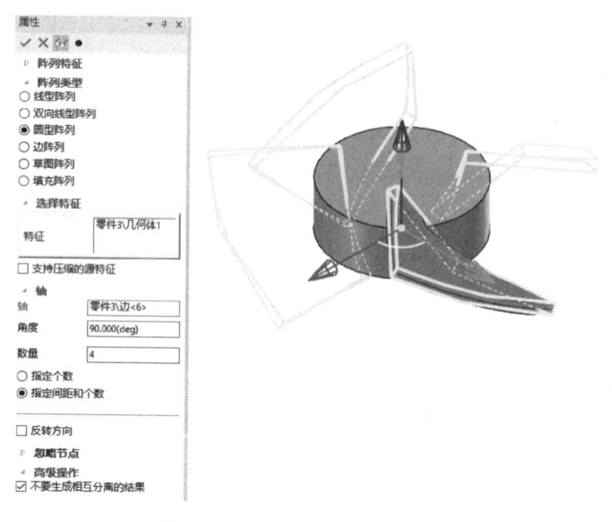

图 6-160 阵列特征属性管理栏

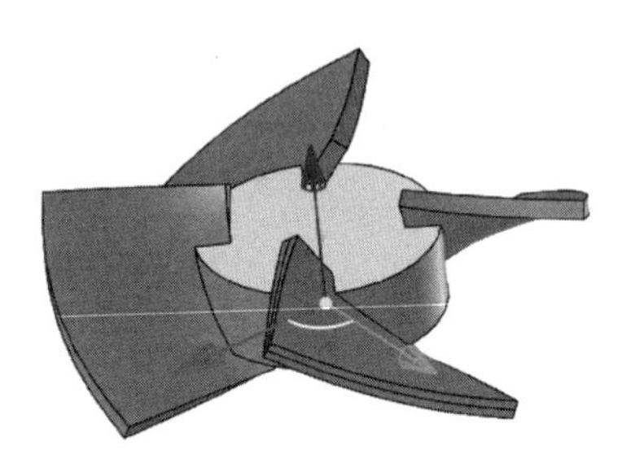

图 6-161 阵列特征

态，鼠标移向红色手柄，鼠标变成一个手形和双箭头时，单击右键弹出编辑包围盒对话框，输入要修改的尺寸数据，长 20，宽 20，高 6，单击“确定”退出编辑包围盒对话框，完成圆柱体的创建，如图 6-163 所示。同理完成其它圆柱体的创建，如图 6-164 所示。

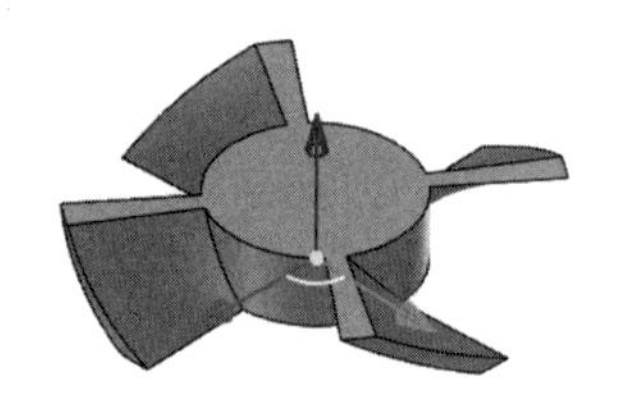

图 6-162 叶轮造型

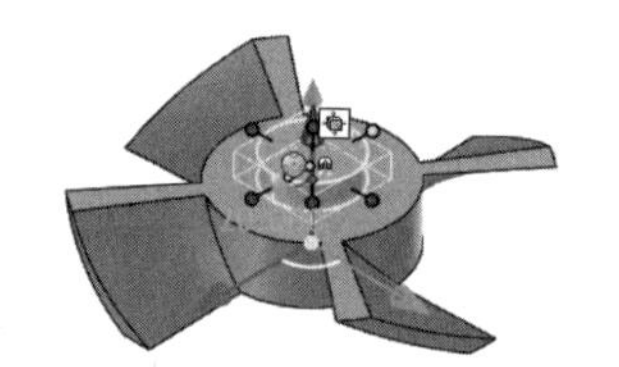

图 6-163 创建圆柱体

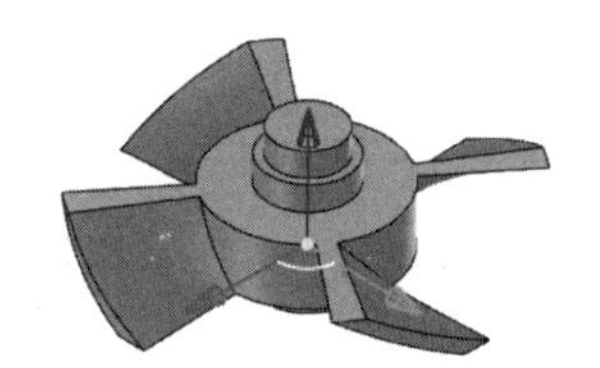

图 6-164 创建叶轮轴体

⑪ 打开特征功能区，在修改面板上，单击“圆角过渡”按钮，在左侧的属性对话框中，选择“等半径”，输入过渡半径 5，拾取所有叶片边线，完成圆角过渡，如图 6-165 所示。

2. 叶轮零件自适应粗加工

① 单击叶轮零件，按 F10 键打开三维球，按空格键让三维球脱离图素后，拖拉三维球中心点到叶轮零件上边的圆心位置，(或者把鼠标移到三维球中心点单击右键，在弹出的属性菜单中选择“编辑中心”，输入长度 0，宽度 0，高度 26，如图 6-166 所示)；按空格键让三维球附着图素，把鼠标移到三维球中心点单击右键，在弹出的属性菜单中选择“编辑中心”，输入长度 0，宽度 0，高度 0，完成坐标系的移动，如图 6-167 所示。

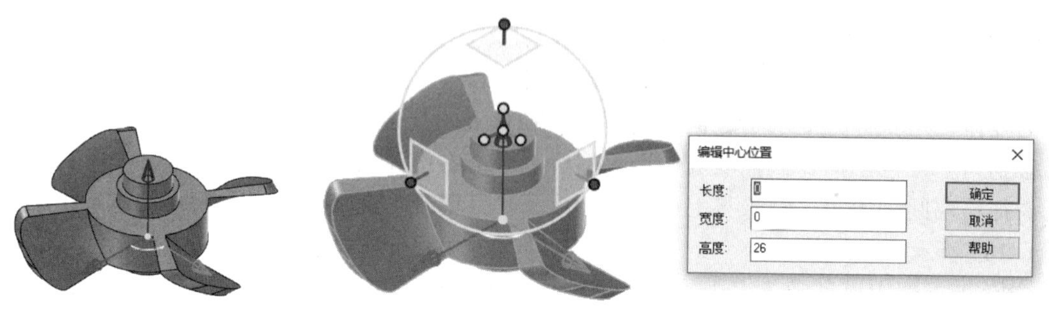

图 6-165 实体过渡

图 6-166 编辑中心位置

图 6-167　移动坐标中心位置

② 单击加工管理树中的毛坯，按右键在弹出的菜单中选择创建毛坯，打开创建毛坯对话框，选择圆柱体，输入底面中心点坐标（X0，Y0，Z−26），轴向为 Z 轴，输入高度 26，半径 45，最后单击“确定”，退出对话框后，创建了一个圆柱体毛坯，如图 6-168 所示。

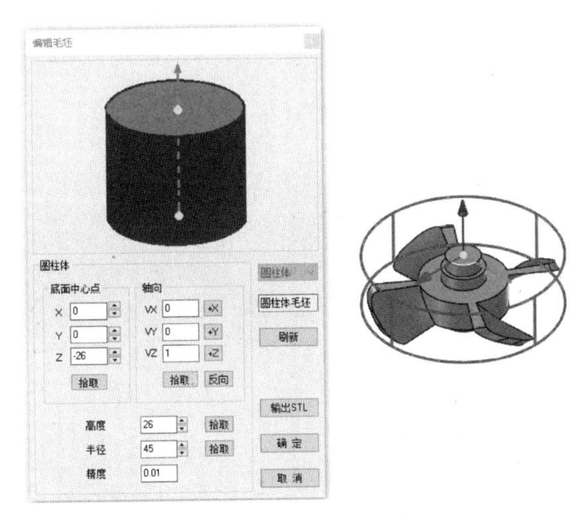

图 6-168　创建圆柱体毛坯

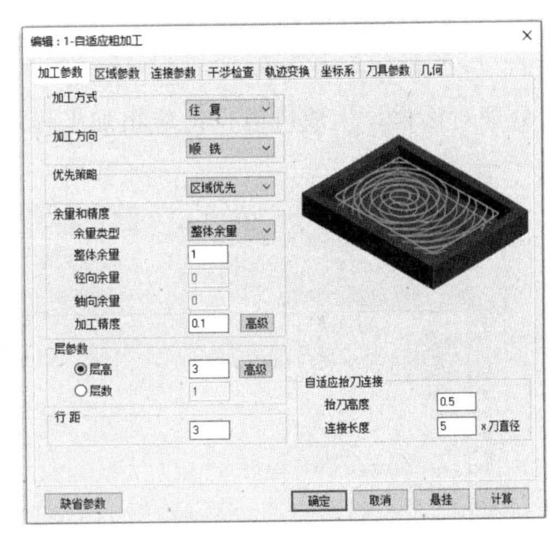

图 6-169　加工参数设置

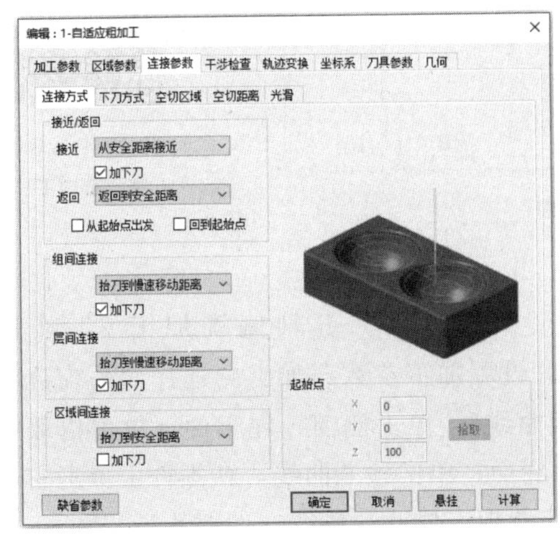

图 6-170　连接参数设置

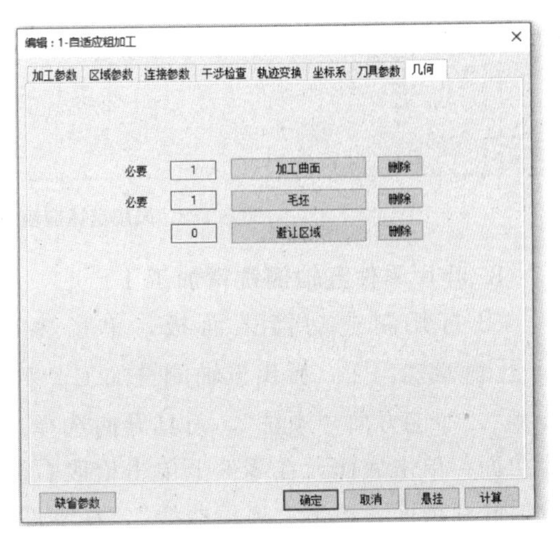

图 6-171　几何参数设置

③ 打开制造功能区面板，单击三轴加工面板上的“自适应粗加工”按钮，弹出自适应粗加工对话框，设置加工参数：走刀方式“往复”，加工方向“顺铣”，余量 1，如图 6-169 所示。连接参数设置如图 6-170 所示。

④ 在几何页单击“加工曲面”，在弹出的拾取工具对话框中选择零件，单击拾取叶轮零件，单击“确定”，退出拾取工具对话框。然后在几何页单击“毛坯”，拾取毛坯，如图 6-171 所示。参数设置完成后，单击“确定”，退出自适应粗加工对话框，系统自动生成自适应粗加工轨迹，加工轨迹轴测显示如图 6-172 所示。

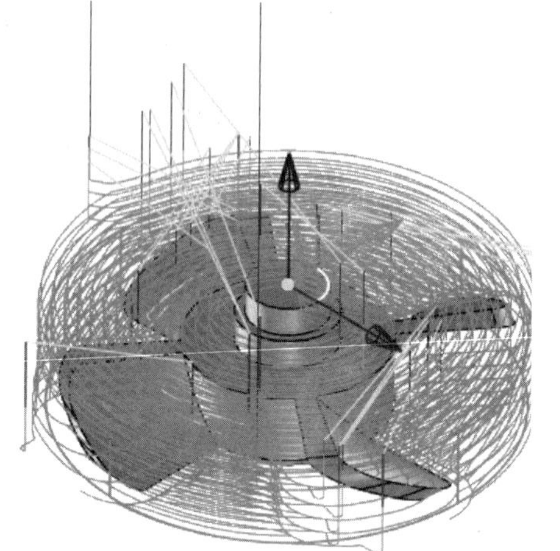

图 6-172　自适应粗加工轨迹

⑤ 在制造功能区，单击后置处理面板上的“后置处理”按钮 G，弹出后置处理对话框。选择控制系统文件 Fanuc，单击“拾取”按钮 拾取，拾取自适应粗加工轨迹，选择“铣加工中心_3X”机床配置文件，单击“后置”，退出后置处理对话框，生成风扇自适应粗加工程序，如图 6-173 所示。

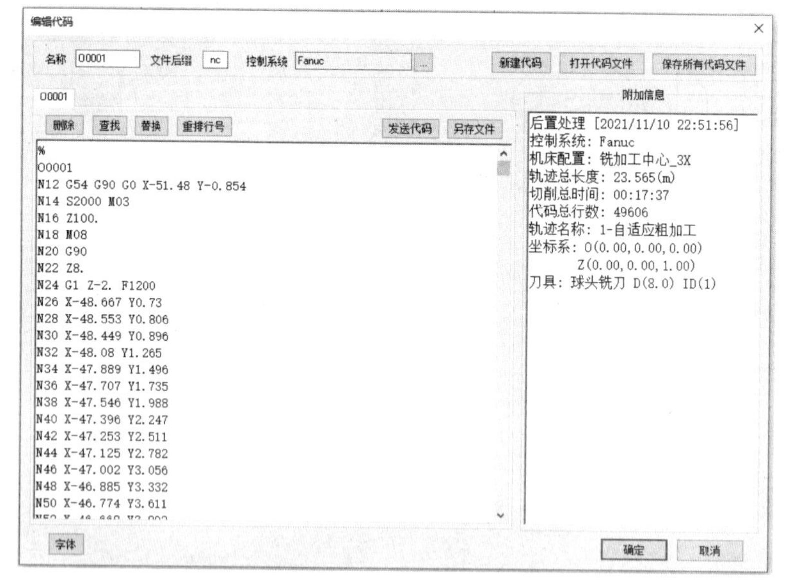

图 6-173　风扇自适应粗加工程序

叶片零件五轴侧铣精加工

3. 叶片零件五轴侧铣精加工 1

① 打开制造功能区面板，单击多轴加工面板上的“五轴侧铣加工 2”按钮 五轴侧铣加工2，弹出五轴侧铣加工 2 对话框，设置加工参数：加工侧选择“系统自动检测”，加工方向“顺铣”，刀具导向选择“底端曲线”；单击侧面，在零件上单击拾取叶片曲面；单击底面，在零件上单击拾取右侧叶片底面；单击顶端曲线，在零件上单击左侧拾取叶片顶面；单击“底端曲线”，在零件上单击拾取右侧叶片底线，如图 6-174 所示。

② 单击连接参数页，设置接近返回方式，如图 6-175 所示。

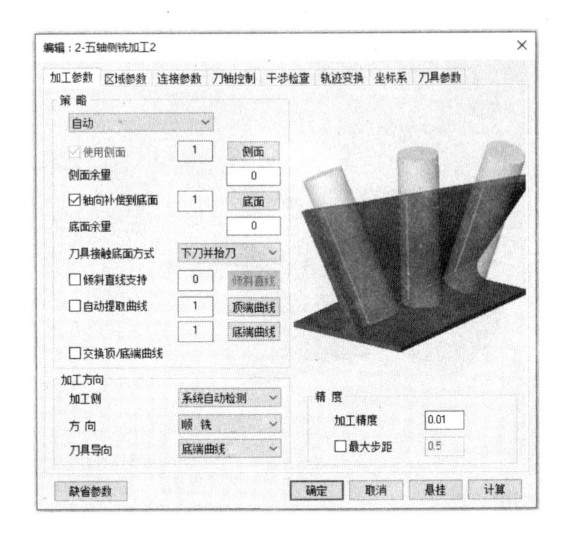

图 6-174　加工参数设置

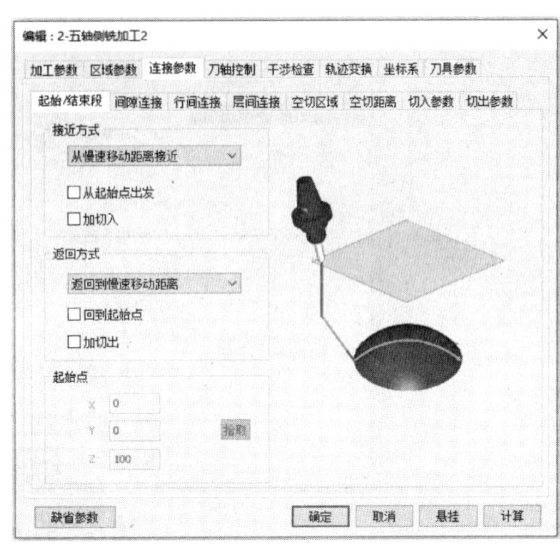

图 6-175　连接参数设置

③ 刀轴控制输出为 5 轴，空切区域中区域类型选择圆柱面。刀具选择直径为 $\phi6$ 的球头铣刀，如图 6-176 所示。参数设置完成后，单击“确定”，退出五轴侧铣加工 2 对话框，系统自动生成五轴侧铣精加工轨迹，加工轨迹轴测显示如图 6-177 所示。

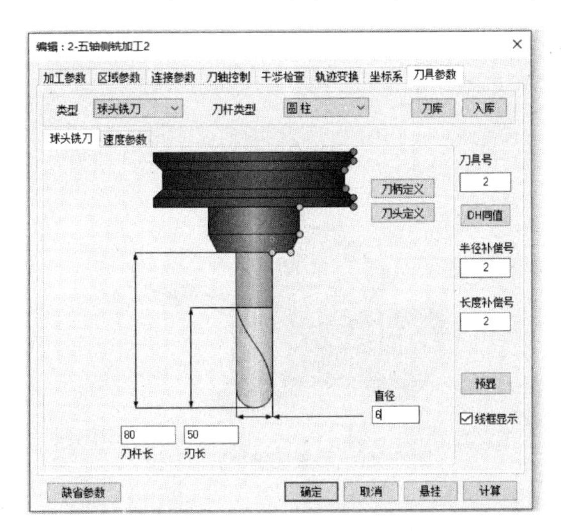

图 6-176　刀具参数设置图

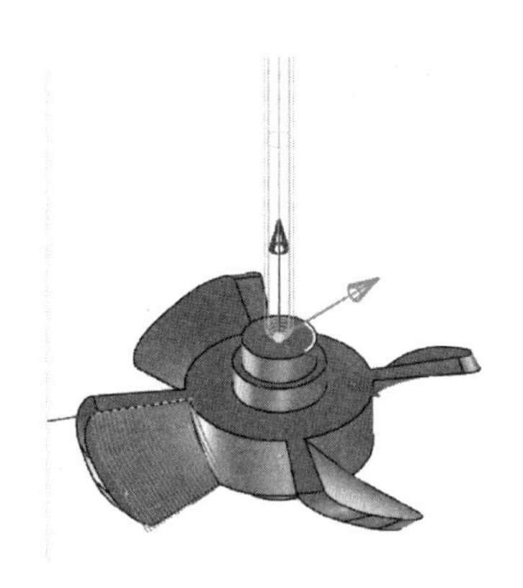

图 6-177　五轴侧铣精加工轨迹

④ 打开制造功能区面板，单击轨迹变换中“阵列轨迹”按钮，弹出阵列轨迹对话框，选择“圆形阵列”，角间距设置为 90，数量设置为 4，单击“拾取”按钮，在弹出的方向拾取工具对话框中，选择“轴心线”和“弧平面法矢”，单击拾取零件上部的圆轮廓线，零件上部会出现向上箭头，如图 6-178 所示，单击“确定”，退出方向拾取工具对话框，返回阵列轨迹对话框。单击“拾取”按钮，拾取五轴侧铣精加工轨迹，参数设置完成，如图 6-179 所示。然后单击“确定”，退出阵列轨迹对话框，自动生成四个五轴侧铣精加工轨迹，加工轨迹轴测显示如图 6-180 所示。

⑤ 在制造功能区，单击后置处理面板上的“后置处理”按钮 G，弹出后置处理对话

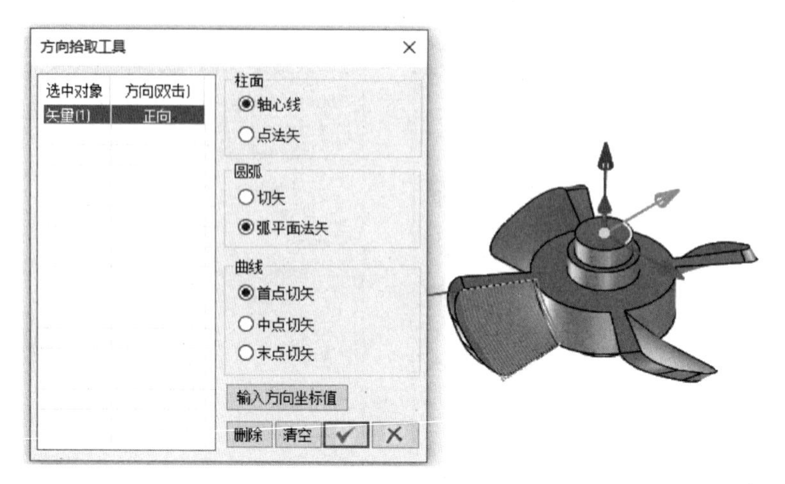

图 6-178 拾取阵列中心方向

框。选择控制系统文件 Fanuc，单击“拾取”按钮 拾取 ，拾取五轴侧铣精加工轨迹，选择“铣加工中心_5X_HC_HA”机床配置文件，单击“后置”，退出后置处理对话框，生成风扇五轴侧铣精加工程序，如图 6-181 所示。

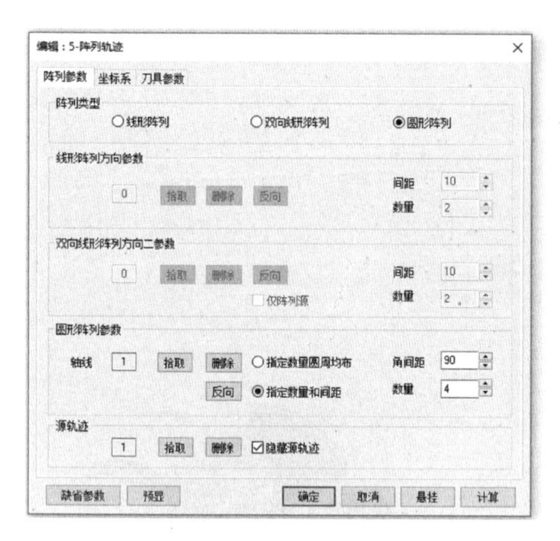

图 6-179 阵列轨迹对话框

图 6-180 五轴侧铣精加工轨迹

4. 叶片零件五轴侧铣加工 2

① 叶片另一侧面加工同样采用五轴侧铣加工 2 生成精加工轨迹，参数设置相同。

打开制造功能区面板，单击三轴加工面板上的“五轴侧铣加工 2”按钮 五轴侧铣加工2 ，弹出五轴侧铣加工 2 对话框，设置加工参数：加工侧选择系统自动检测，加工方向“顺铣”，刀具导向选择“底端曲线”；单击“侧面”，在零件上单击拾取叶片曲面；单击“底面”，在零件上单击拾取叶片底面；单击“顶端曲线”，在零件上单击拾取外侧叶片顶面；单击“底端曲线”，在零件上单击拾取里面叶片底线，如图 6-182 所示。刀轴控制输出为 5 轴，空切区域中区域类型选择圆柱面。刀具选择直径为 $\phi 6$ 的球头铣刀。参数设置完成后，单击“确定”，退出五轴侧铣精加工 2 对话框，系统自动生成五轴侧铣精加工轨迹，如图 6-183 所示。

图 6-181　五轴侧铣精加工程序

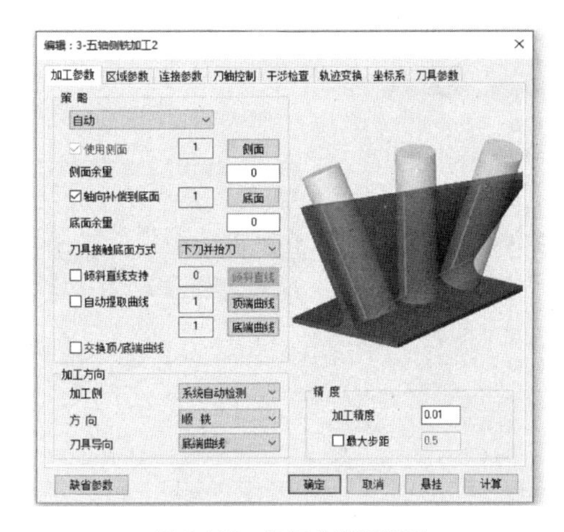

图 6-182　加工参数设置图

图 6-183　五轴侧铣精加工轨迹

② 打开制造功能区面板，单击轨迹变换中“阵列轨迹”按钮，弹出阵列轨迹对话框，选择“圆形阵列”，角间距设置为 90，数量设置为 4，单击“拾取”按钮，在弹出的方向拾取工具对话框中，选择“轴心线”和“弧平面法矢”，单击拾取零件上部的圆轮廓线，零件上部会出现向上箭头，单击“确定”，退出方向拾取工具对话框，返回阵列轨迹对话框。单击“拾取”按钮，拾取五轴侧铣精加工轨迹，参数设置完成，如图 6-184 所示。然后单击“确定”，退出阵列轨迹对话框，自动生成四个五轴侧铣精加工轨迹，加工轨迹轴测显示如图 6-185 所示。

5. 叶轮零件五轴限制面精加工

① 打开制造功能区面板，单击三轴加工面板上的“五轴限制面加工”按钮 五轴限制面加工，

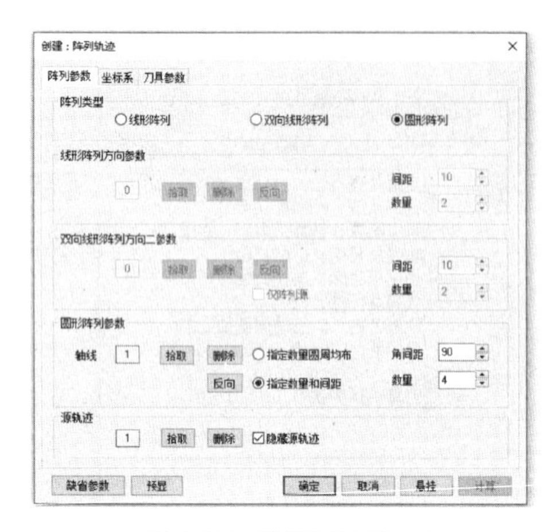

图 6-184 阵列轨迹对话框

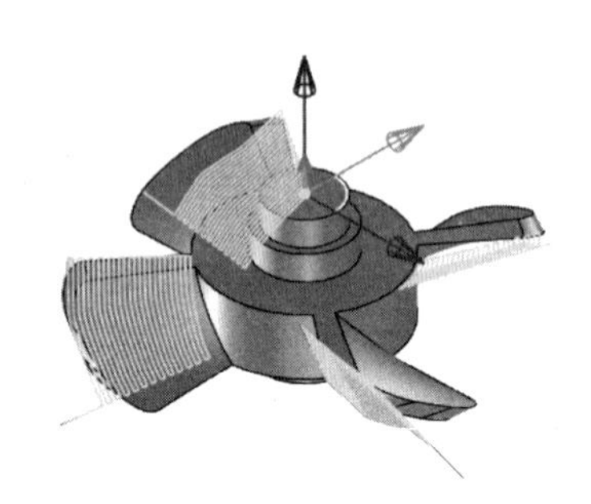

叶轮零件五轴限制面精加工

图 6-185 五轴侧铣精加工轨迹

弹出五轴限制面加工对话框，设置加工参数：加工方式为“往复”和“行优先”，加工余量设置为 1，行距设置为 2，如图 6-186 所示。

② 单击区域参数页，设置边界考虑刀具半径，如图 6-187 所示。选择“使用”延伸，始端和终端的数值设置为 7（大于刀具直径），如图 6-188 所示。

图 6-186 加工参数设置

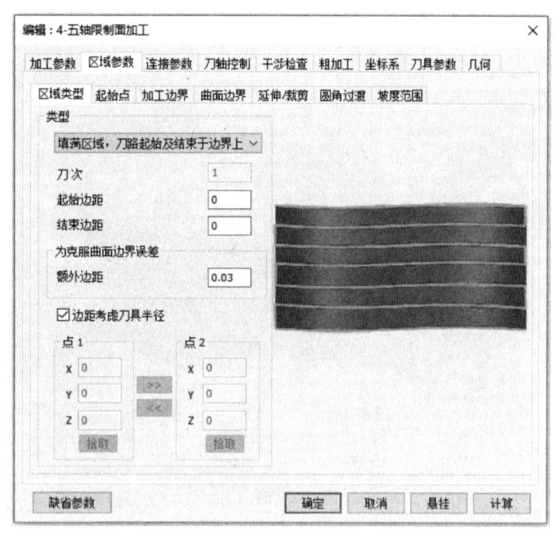

图 6-187 区域参数设置 1

③ 单击连接参数页，区域类型选择“圆柱面”，轴线平行于“Z 轴”，如图 6-189 所示。

④ 单击几何参数页，单击拾取加工曲面，拾取“第一限制面”（叶片左侧面），拾取“第二限制面”（叶片右侧面），如图 6-190 所示。参数设置完成后，单击“确定”，退出五轴限制面加工对话框，系统自动生成五轴限制面加工轨迹，如图 6-191 所示。

⑤ 打开制造功能区面板，单击轨迹变换中“阵列轨迹”按钮，弹出阵列轨迹对话框，选择“圆形阵列”，角间距设置为 90，数量设置为 4，单击“拾取”按钮，在弹出的方向拾取工具对话框中，选择“轴心线”和“弧平面法矢”，单击拾取零件上部的圆轮廓线，零件上部会出现向上箭头，单击“确定”，退出方向拾取工具对话框，返回阵列轨迹对话框。单击拾取按

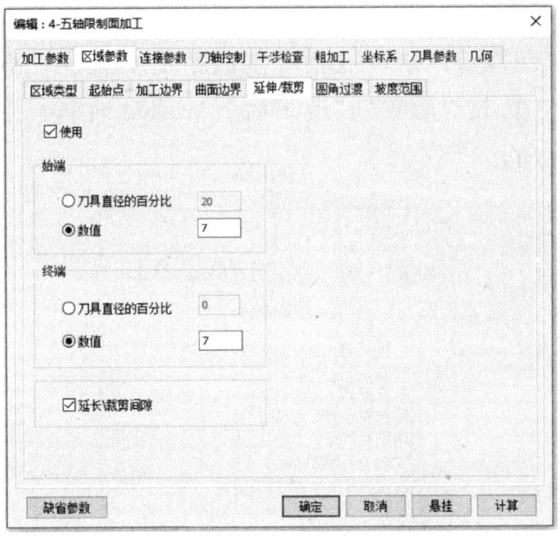

图 6-188　区域参数设置 2

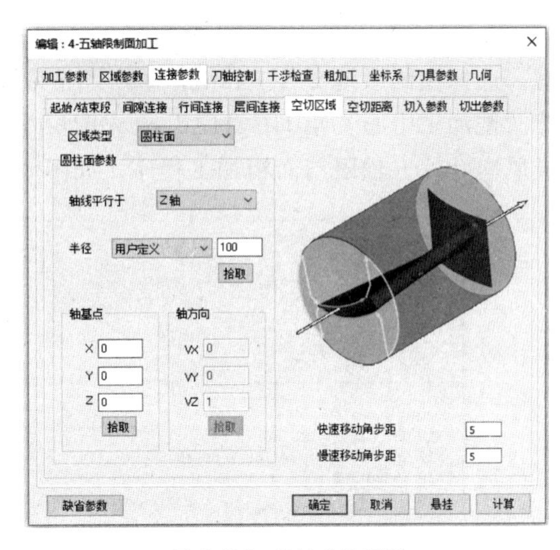

图 6-189　连接参数设置

钮，拾取五轴限制面精加工轨迹，参数设置完成，如图 6-192 所示。然后单击“确定”，退出阵列轨迹对话框，自动生成四个五轴限制面加工轨迹，如图 6-193 所示。

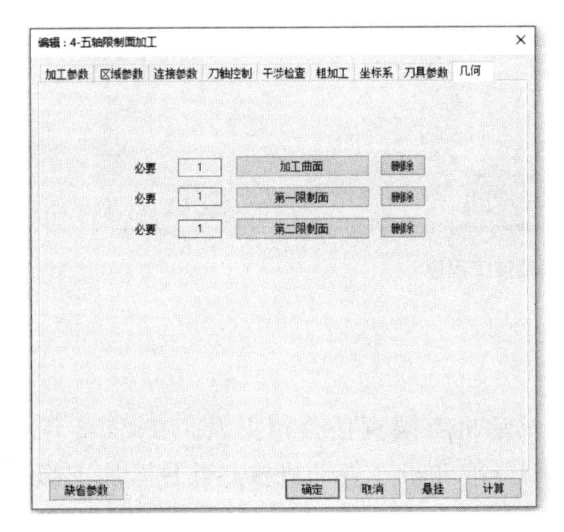

图 6-190　几何参数设置

图 6-191　五轴限制面加工轨迹

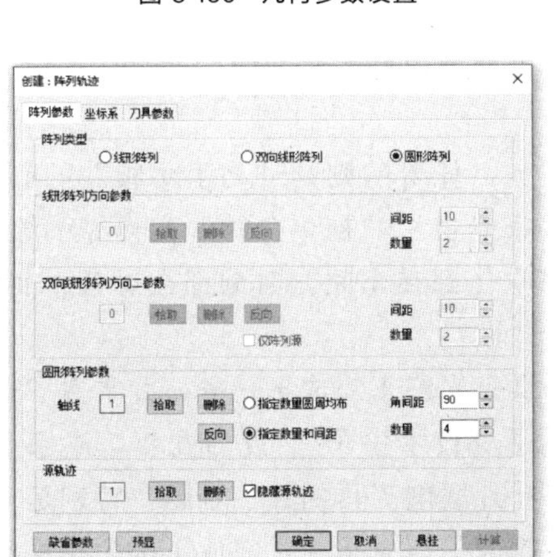

图 6-192　阵列轨迹对话框

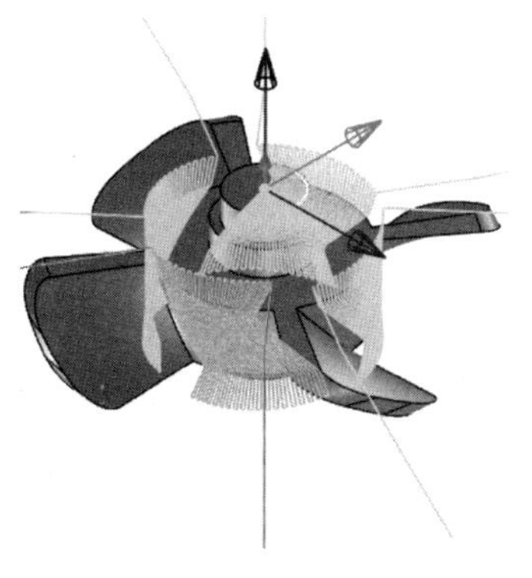

图 6-193　五轴限制面精加工轨迹

⑥ 在制造功能区，单击后置处理面板上的“后置处理”按钮G，弹出后置处理对话框。选择控制系统文件 Fanuc，单击“拾取”按钮拾取，拾取五轴限制面精加工轨迹，选择“铣加工中心_5X_HC_HA”机床配置文件，单击“后置”，退出后置处理对话框，生成风扇叶片五轴限制面精加工程序，如图 6-194 所示。

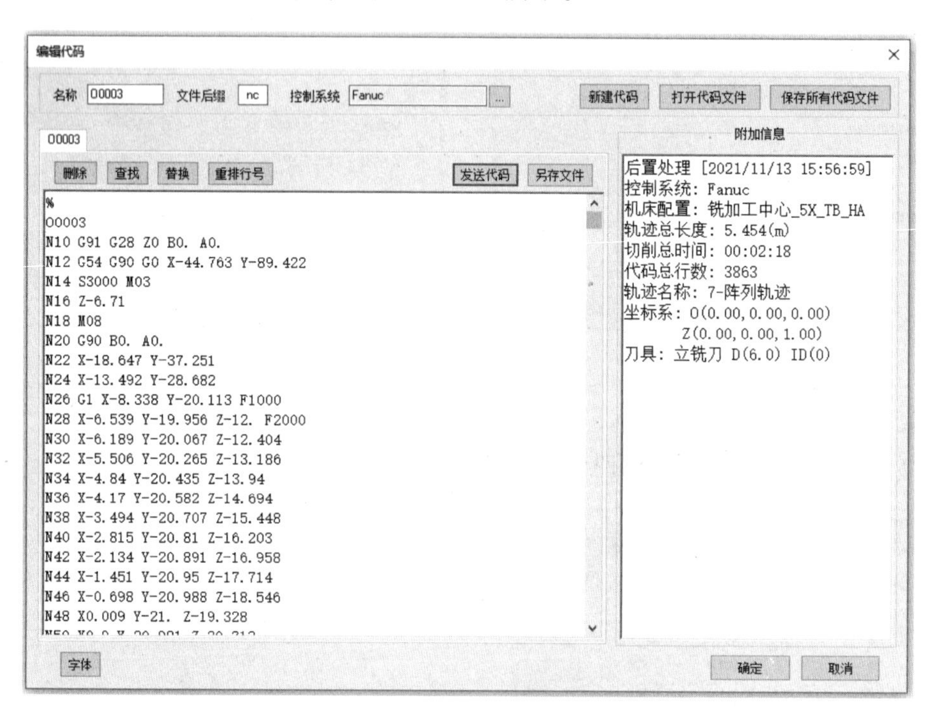

图 6-194 五轴限制面精加工程序

四、素质拓展

洪家光，中共党员，中国航发沈阳黎明航空发动机有限责任公司工人。在 2002 年临近过年的时候，公司下达了一个紧急任务，为某型号战斗机“发动机核心叶片”加工修正磨削工具；这是一个“超精密”磨削任务，要求磨削的叶片只有 0.02mm，误差要在 0.003mm 之内，约二十分之一的头发那么细。如果磨削所用的金刚石滚轮不合格，生产出来的叶片都会报废，一个小误差就将导致所有功夫全部白费，最开始，这项任务没人愿意接。

此时的洪家光主动请缨，接下了这个艰巨的任务，凭着的则是“初生牛犊”的心劲；任务之初加工的金刚石滚轮竟然没有一个合格，洪家光也从“初生牛犊”变得缩手缩脚。洪家光还是决定继续这项任务，此后，洪家光几乎吃住都在车间，时刻都在思考、实践、改进。

整整十天，经过每天超过十多个小时的奋战，洪家光终于完成了任务，并掌握了这项尖端磨削工具的加工技术，他从“骨干”一跃变成了“技术尖子”。此后几年，洪家光又不断研究、改进，攻克多个型号战斗机发动机核心叶片磨削工具的加工难题，特别是“金刚石滚轮成型面无法加工”的磨削工具加工技术，打破了西方垄断，完成了国内在这项技术上“零的突破”。这项技术的应用，已累计为公司创造了将近一亿的产值，更为中国航空事业做出了巨大贡献。在获得多项磨削工具加工技术专利之后，许多外国企业开始对洪家光抛出橄榄枝，希望他能成为自己公司的员工。面对高薪的诱惑，洪家光不忘初心，牢记自己是“中国航空人”，最终选择继续坚守在车间一线，为中国航空事业添砖加瓦。2013 年，洪家光获得全国“最美青年技工”称号、2016 年获得“中国青年五四奖章”、2017 年获得国家科技进步二等奖，享受国务院特殊津贴。洪家光以工人身份和众多科学院士站在同一高度上，2018 年，洪家光又荣获“全国五一劳动奖章”荣誉称号。

洪家光继续刻苦勤奋，多年一线工作让其成为一位技术过硬的“大国工匠”；截至目前，洪家光拥有发明专利 5 项、实用型专利 26 项、攻克技术课题 82 项、转化为实用技术 53 项。还不止这些，作为一名工人，洪家光时刻牢记“传帮带”的优良品德，先后带出徒弟十多人，其中专业技术 2 人，高级专业技师 4 人，为中国航空事业绵延薪火。

从最初的技校学生，到每小时价值超五万的技术人才，洪家光二十多年坚持在车间一线，用实际行动坚定地实现着“中国梦”。

任务六　啮合座零件造型设计与加工

一、任务引入

全国数控技能大赛是我国面向先进制造领域举办时间最早、影响最为深远的一类职业技能大赛。大赛以“赛技能、育工匠、创未来”为主题，设置五轴联动加工技术、数控机床智能化升级改造、数控系统与工业软件应用技术、数字化设计与制造等四个赛项，分职工组、教师组、学生组三个组别。

本任务是完成第九届全国数控技能大赛职工/教师组样题中的下啮合座零件造型设计与加工，下啮合座零件如图 6-195 所示。

二、任务分析

本任务完成下啮合座零件造型与加工，主要通过设计图素、三维球、公式曲线、直纹面、阵列特征等方法完成实体建模，利用自适应粗加工、五轴侧铣加工、平面区域粗加工、五轴 G01 钻孔加工等功能，完成啮合座零件的加工。加工时考虑切削效率及表面质量，曲面禁止使用球头刀加工，只能使用端铣刀或键槽刀。

三、任务实施

1. 啮合座零件造型设计

① 在创新模式环境下。单击“三维曲线”选项卡，在常用功能区，单击“公式曲线”图标 f(x) 公式曲线，在弹出的公式曲线对话框中选择“环形螺旋线 1”，如图 6-196 所示。在对话框中选择是直角坐标系，参变量单位选择弧度，参变量起始值为 0、终止值 6.283185，在公式表达式的输入框中输入公式的参数表达：X(t)＝45 * cos(t)，Y(t)＝45 * sin(t)，Z(t)＝(19.94/2) * cos(t * 4)，输入完公式正确后，单击“确定”，退出对话框，完成第一条环形螺旋线的绘制。

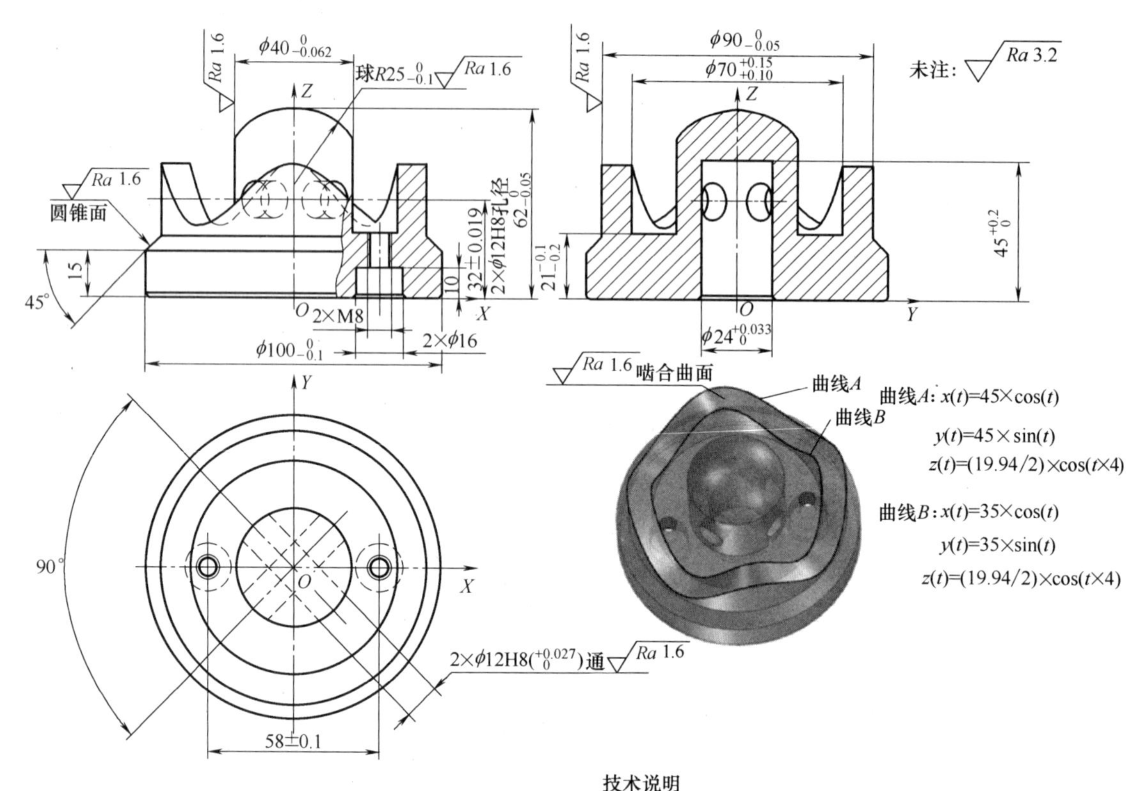

技术说明

1.啮合曲面为：用“曲线A”和“曲线B”作出的直纹曲面(即UV网格某素线均为直线)。

2.2×φ12H8 $_{0}^{+0.027}$ 孔,要求选手用自带圆柱销钉可顺利穿过。

3.加工时考虑切削效率及表面质量，曲面禁止使用球头刀加工，只能使用端铣刀或键槽刀。

图 6-195 啮合座零件图

同理，单击“公式曲线”图标 f(x) 公式曲线，在弹出的公式曲线对话框中选择环形螺旋线 1-2-1，如图 6-197 所示。在对话框中选择“直角坐标系”，参变量单位选择“弧度”，参变量起始值为 0、终止值 6.283185，在公式表达式的输入框中输入公式的参数表达：

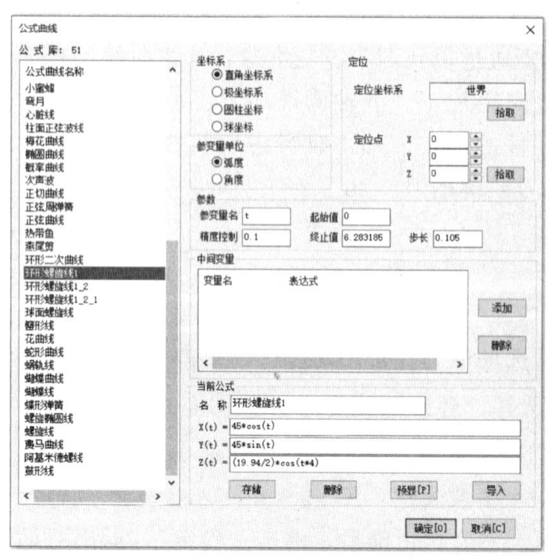

图 6-196 环形螺旋线公式设置 1

图 6-197 环形螺旋线公式设置 2

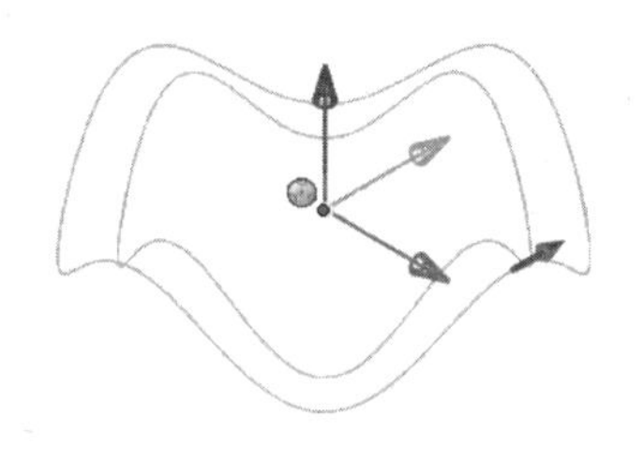

图 6-198　环形螺旋线绘制

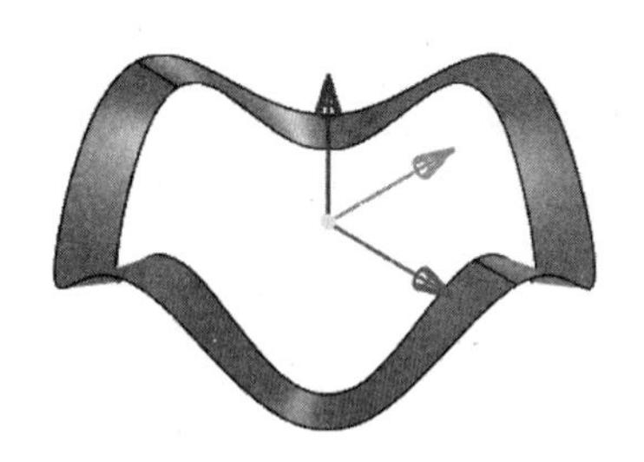

图 6-199　环形螺旋面绘制

X(t)＝35 * cos(t)，Y(t)＝35 * sin(t)，Z(t)＝(19.94/2) * cos(t * 4)，输入完公式正确后，单击“确定”，退出对话框，完成第二条环形螺旋线的绘制，如图 6-198 所示。

② 打开曲面功能区，在曲面功能区面板上，单击“直纹面”按钮 直纹面，在属性对话框中，类型选择“曲线＋曲线”，在同侧拾取两条环形螺旋线，单击“确定”按钮 退出，完成一个直纹面创建，同理完成另一侧直纹面的创建。在曲面编辑面板上，单击“缝合”按钮 缝合(E)，拾取两个直纹面，单击“确定”按钮 退出，将两个直纹面缝合成一个曲面，结果如图 6-199 所示。

③ 单击选中设计元素库中的一个圆柱体图素，按住鼠标左键把它拖到设计环境当中，然后松开鼠标左键。在选中零件上用鼠标左键再单击一次，进入智能图素编辑状态，鼠标移向红色手柄，鼠标变成一个手形和双箭头时，单击右键弹出编辑包围盒对话框，输入要修改的尺寸数据，输入长度 90，宽度 90，高度 40，单击“确定”退出编辑包围盒对话框，完成圆柱体的创建。单击圆柱体，按 F10 键打开三维球，把鼠标移到三维球中心点单击右键，在弹出的属性菜单中选择“编辑中心”，输入长度 0，宽度 0，高度－20，完成圆柱体的移动。

单击选中设计元素库中的一个孔类圆柱体图素，按住鼠标左键把它拖到圆柱体上表面中心，然后松开鼠标左键，在智能图素编辑状态下，通过编辑包围盒，输入长度 70，宽度 70，高度 40，单击“确定”退出编辑包围盒对话框，完成空心圆柱体的创建，如图 6-200 所示。

④ 打开特征功能区，在修改面板上，单击“分割”按钮 分割，单击拾取目标零件（即空心圆柱体），拾取工具零件（即直纹曲面），分割后将上半部分删除，得到环形螺旋面实体造型，如图 6-201 所示。

⑤ 单击选中设计元素库中的一个圆柱体图素，按住鼠标左键把它拖到设计环境当中，

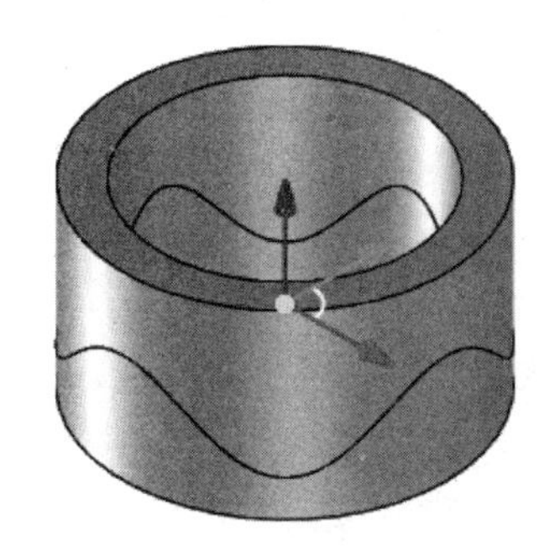

图 6-200　创建空心圆柱体

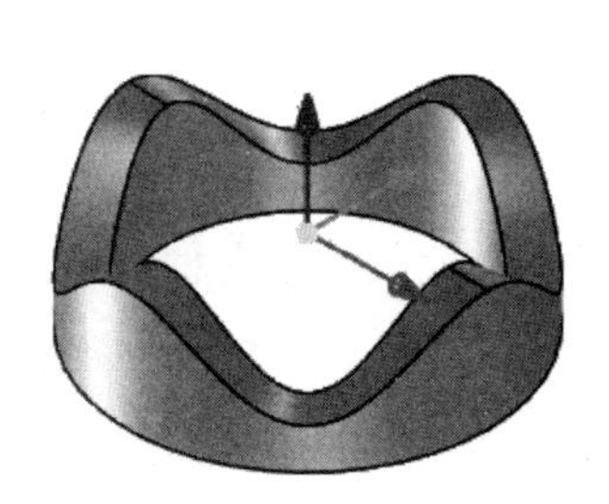

图 6-201　环形螺旋面实体造型

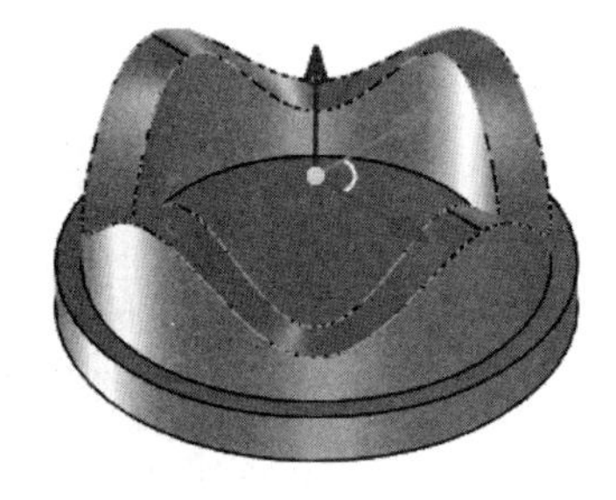

图 6-202　创建圆柱体

然后松开鼠标左键。在选中零件上用鼠标左键再单击一次，进入智能图素编辑状态，鼠标移向红色手柄，鼠标变成一个手形和双箭头时，单击右键弹出编辑包围盒对话框，输入要修改的尺寸数据，输入长度 100，宽度 100，高度 10，单击“确定”退出编辑包围盒对话框，完成圆柱体的创建。单击圆柱体，按 F10 键打开三维球，把鼠标移到三维球中心点单击右键，在弹出的属性菜单中选择“编辑中心”，输入长度 0，宽度 0，高度－30，完成圆柱体的移动，如图 6-202 所示。

同理，创建一个长度 70，宽度 70，高度 10 的小圆柱体，中心在长度 0，宽度 0，高度－20 的位置，如图 6-203 所示，用布尔运算功能将两圆柱实体合并。

⑥ 单击选中设计元素库中的一个孔类圆柱体图素，按住鼠标左键把它拖到圆柱体上表面中心，然后松开鼠标左键，在智能图素编辑状态下，通过编辑包围盒，输入长度 40，宽度 40，高度 20，单击“确定”退出编辑包围盒对话框，完成空心圆柱体的创建，如图 6-204 所示。

同理，创建一个长度 12，宽度 12，高度 20 的空心圆柱体，中心在长度 27.5，宽度 0，高度－10 的位置，如图 6-205 所示。

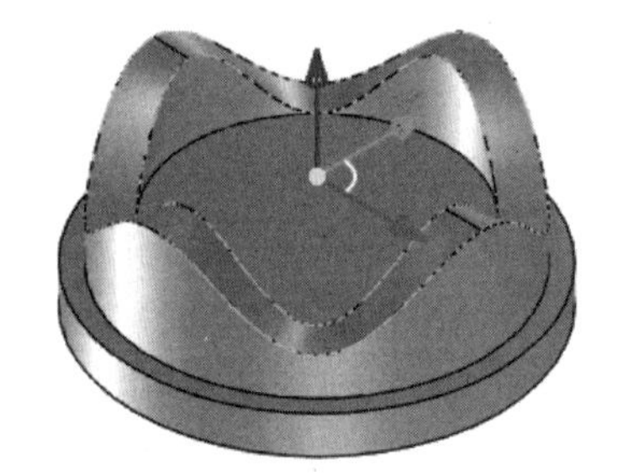

图 6-203 创建圆柱体

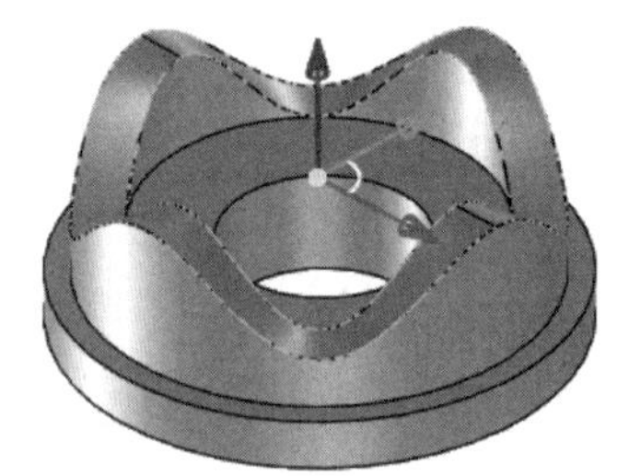

图 6-204 创建空心圆柱体

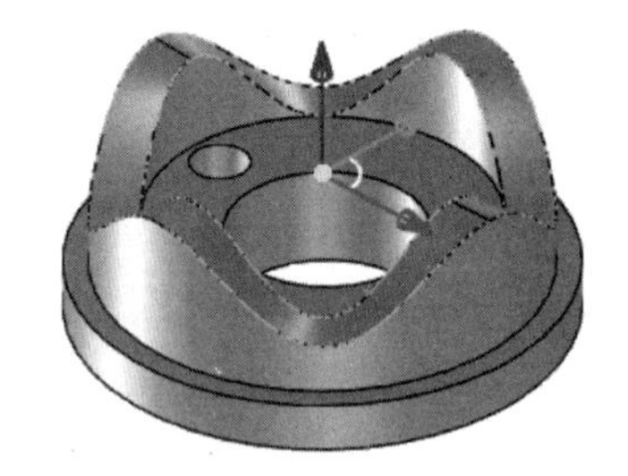

图 6-205 创建圆柱孔实体

⑦ 单击选中设计元素库中的一个孔类圆柱体图素，按住鼠标左键把它拖到圆柱体侧面位置，然后松开鼠标左键，在智能图素编辑状态下，通过编辑包围盒，输入长度 12，宽度 12，高度 30，单击“确定”退出编辑包围盒对话框，完成空心圆柱体的创建。其中心在长度 50，宽度 0，高度 0 的位置，可以通过三维球功能来编辑其位置，并让孔的中心线与坐标轴平行，如图 6-206 所示。

⑧ 单击特征选项卡，在变换功能区面板上，单击“阵列特征”按钮，单击小孔零件，在弹出的阵列特征命令属性管理栏中，选择“圆形阵列”，角度 90，数量 4，单击中间圆柱体的边线，如图 6-207 所示，单击“确定”退出，完成圆柱孔的阵列操作。

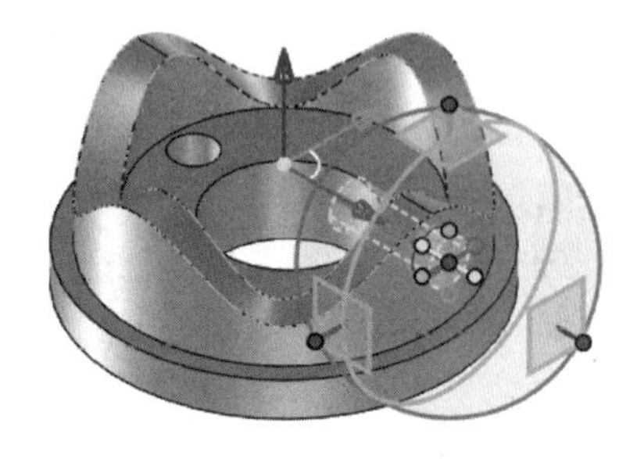

图 6-206 圆柱孔实体

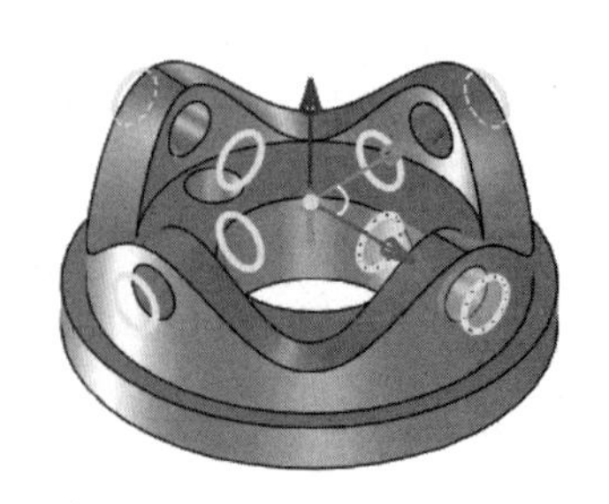

图 6-207 阵列圆柱孔

通过编辑三维球中心位置，如图 6-208 所示，将坐标系移到零件上方。

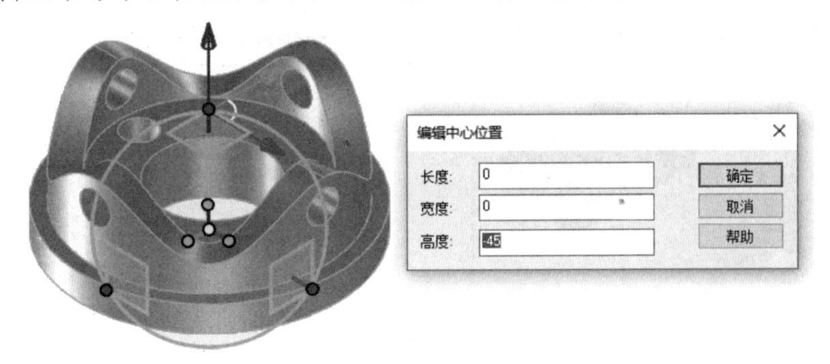

图 6-208　编辑坐标系中心位置

2. 啮合座零件加工

单击加工管理树中的毛坯，按右键在弹出的菜单中选择“创建毛坯”，打开创建毛坯对话框，选择圆柱体，输入底面中心点坐标（X0，Y0，Z—45），轴向为 Z 轴，输入高度 45，半径 50，最后单击“确定”，退出对话框后，创建了一个圆柱体毛坯，如图 6-209 所示。

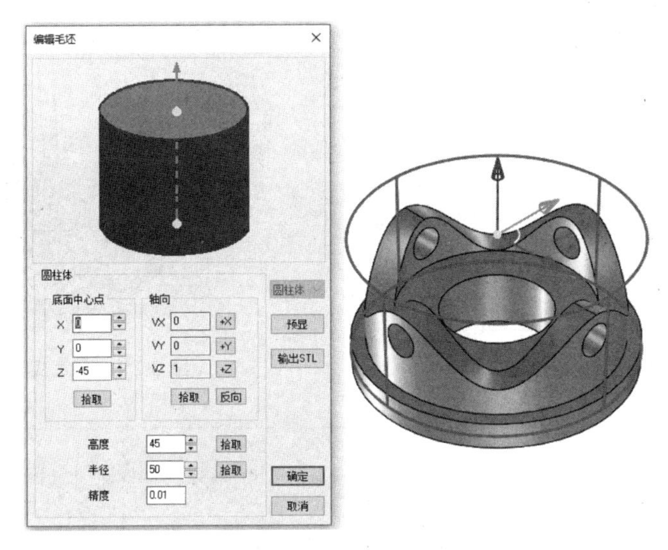

图 6-209　创建圆柱体毛坯

（1）啮合座零件自适应粗加工

① 打开制造功能区面板，单击三轴加工面板上的“自适应粗加工”按钮，弹出自适应粗加工对话框，设置加工参数：走刀方式“往复”，加工方向“顺铣”，整体余量 1，如图 6-210 所示。下刀参数设置如图 6-211 所示。

② 在几何页单击“加工曲面”，在弹出的拾取工具对话框中选择零件，单击拾取啮合座零件，单击“确定”，退出拾取工具对话框。然后在几何页单击“毛坯”，拾取毛坯，如图 6-212 所示。参数设置完成后，单击“确定”，退出自适应粗加工对话框，系统自动生成自适应粗加工轨迹，加工轨迹轴测显示如图 6-213 所示。

③ 在制造功能区，单击后置处理面板上的“后置处理”按钮 G，弹出后置处理对话框。选择控制系统文件 Fanuc，单击“拾取”按钮 拾取，拾取自适应粗加工轨迹，选择

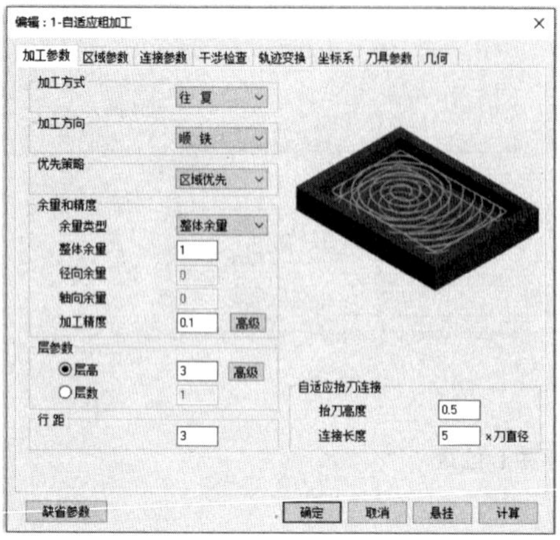

图 6-210 加工参数设置

图 6-211 下刀参数设置

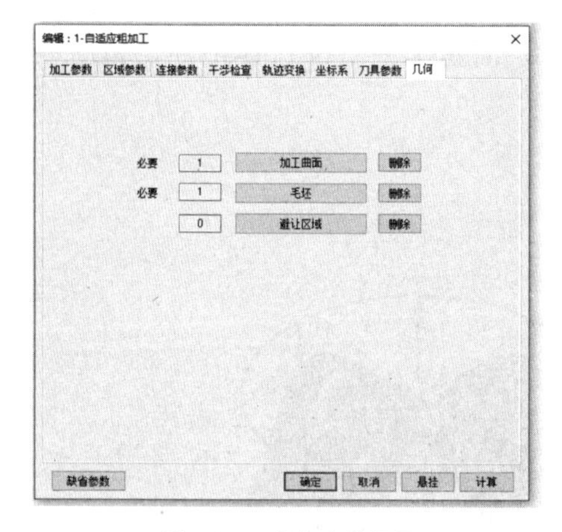

图 6-212 几何参数设置

图 6-213 自适应粗加工轨迹

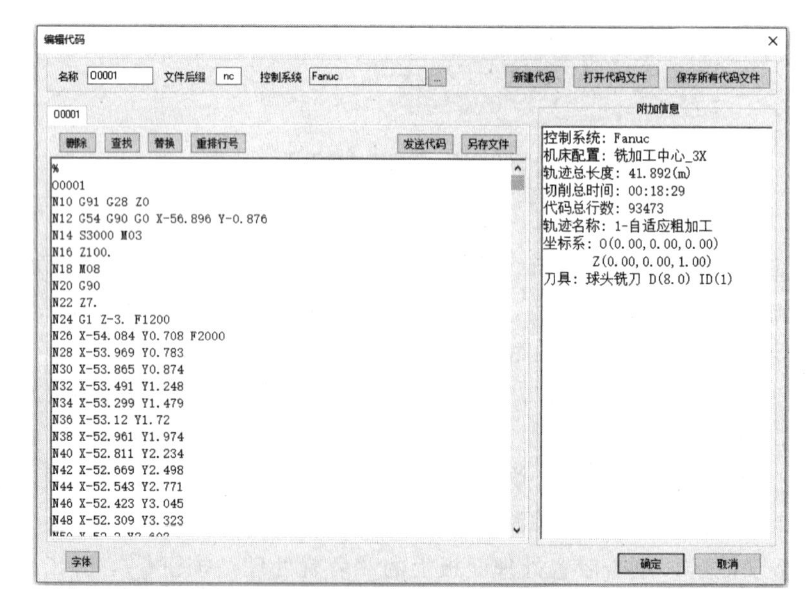

图 6-214 啮合座自适应粗加工程序

“铣加工中心_3X”机床配置文件，单击“后置”，退出后置处理对话框，生成啮合座自适应粗加工程序，如图 6-214 所示。

（2）啮合座零件五轴侧铣加工

① 打开制造功能区面板，单击多轴加工面板上的“五轴侧铣加工”按钮 五轴侧铣加工，弹出五轴侧铣加工对话框，设置加工参数：刀具前倾角 180，切削行数 5，如图 6-215 所示。

编辑：2-五轴侧铣加工

加工参数　坐标系　刀具参数　几何

加工参数
刀具前倾角 180　最大步长 5
切削行数 5　刀具角度 0
相邻刀轴最大夹角 5
保护面干涉余量 0

扩展方式
层间抬刀
进刀扩展 10
退刀扩展 10

偏置方式
刀轴偏置　刀轴过曲面

刀具角度修正
起点修正　修正点数 0
末端修正

C轴初始转动方向
顺时针　逆时针

余量和精度
加工余量 0
加工精度 0.01

高度
起止高度 80
安全高度 70
下刀相对高度 10

加工侧
加工面位于进刀方向的
右侧　左侧

缺省参数　确定　取消　悬挂　计算

图 6-215　加工参数设置

啮合座零件
五轴侧铣加工

② 刀具选择直径为 $\phi 8$ 的端铣刀，可以用曲线提取功能提取零件上部曲面的外轮廓曲线。在几何页，拾取外轮廓曲线，拾取内轮廓曲线，拾取进刀点，如图 6-216 所示。参数设置完成后，单击“确定”，退出五轴侧铣加工对话框，系统自动生成五轴侧铣加工轨迹，加工轨迹轴测显示如图 6-217 所示。

③ 在制造功能区，单击仿真加工面板上的“线框仿真”按钮 线框仿真，在弹出的窗口中，单击“拾取”按钮 拾取，拾取五轴侧铣加工轨迹，单击“仿真”按钮 仿真，进入仿真窗口中，单击“运行”按钮，开始轨迹仿真加工，结果如图 6-218 所示。

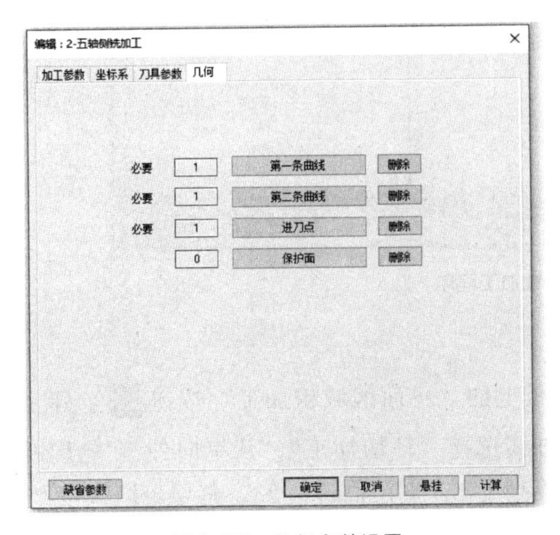

图 6-216　几何参数设置

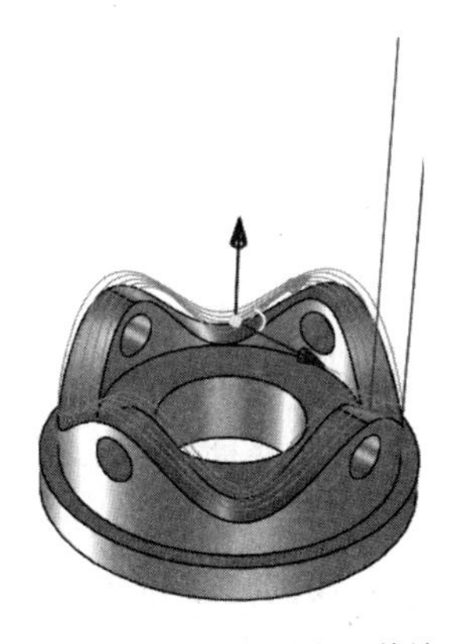

图 6-217　五轴侧铣加工轨迹

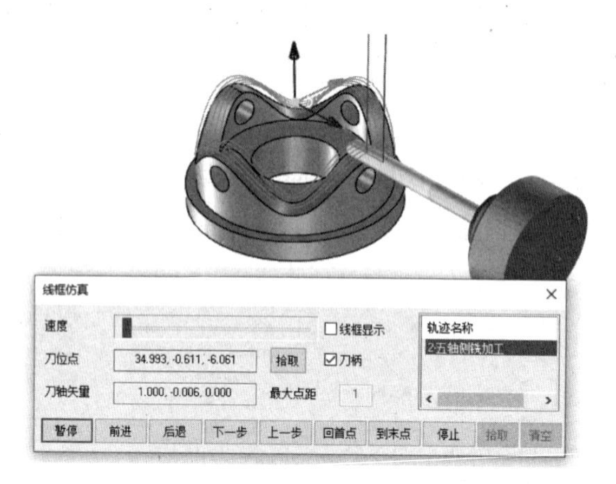

图 6-218 五轴侧铣加工轨迹仿真

④ 在制造功能区，单击后置处理面板上的“后置处理”按钮 G，弹出后置处理对话框。选择控制系统文件 Fanuc，单击“拾取”按钮 拾取，拾取五轴侧铣加工轨迹，选择“铣加工中心_5X_HC_HA”机床配置文件，单击“后置”，退出后置处理对话框，生成啮合座上曲面五轴侧铣加工程序，如图 6-219 所示。

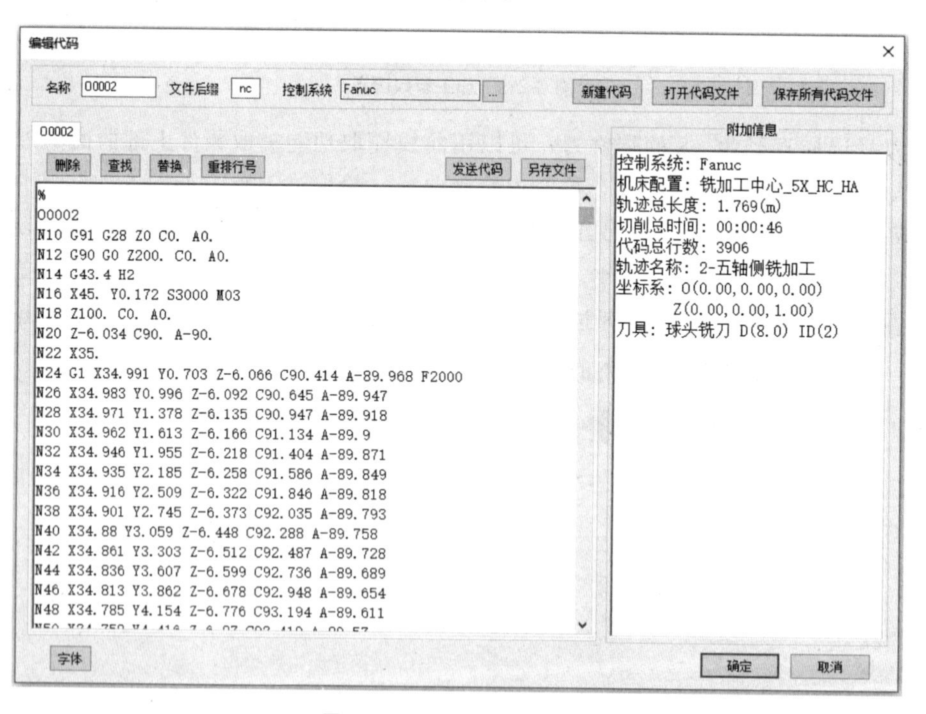

图 6-219 五轴侧铣加工程序

(3) 平面区域粗加工

① 打开制造功能区面板，单击二轴加工面板上的“平面区域粗加工”按钮，弹出平面区域粗加工对话框，设置加工参数：走刀方式选择“环切加工”“从里向外”，轮廓补偿选择“TO”，岛屿补偿选择“TO”，设置顶层高度 0，底层高度 −25，每层下降高度 2，行距 5，如图 6-220 所示。

② 设置下刀方式为“垂直下刀”，刀具选择直径为 6 的立铣刀，主轴转速 1000，切削速度 1000。在几何参数页，单击零件轮廓曲线，拾取零件加工轮廓线，拾取岛屿轮廓线。

③ 参数设置完成后，单击“确定”，退出平面区域粗加工对话框，系统自动生成平面区域粗加工轨迹，加工轨迹轴测显示如图 6-221 所示。

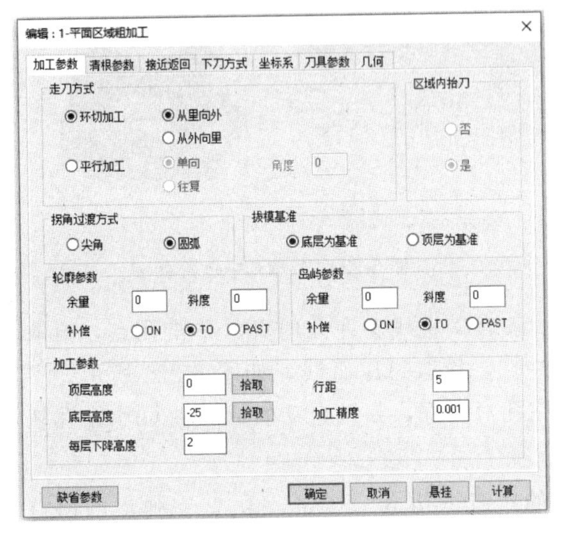

图 6-220 平面区域粗加工参数设置

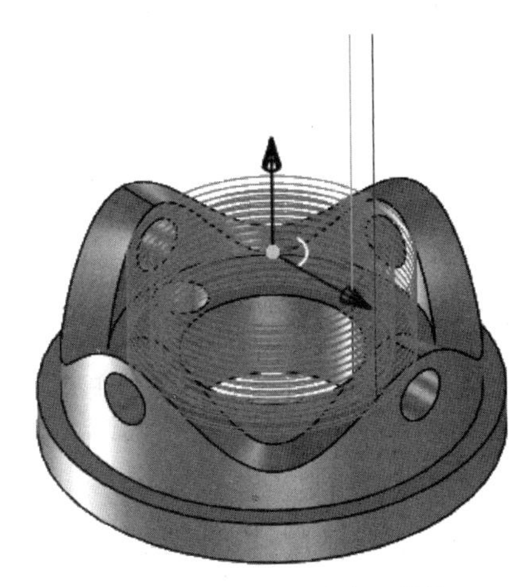
图 6-221 平面区域粗加工轨迹

④ 在制造功能区，单击后置处理面板上的“后置处理”按钮 G，弹出后置处理对话框。选择控制系统文件 Fanuc，单击“拾取”按钮 拾取 ，依次拾取平面区域粗加工轨迹，选择“铣加工中心_3X”机床配置文件，单击“后置”，退出后置处理对话框，生成圆环平面区域粗加工程序，如图 6-222 所示。

```
%
O0001
N10 G91 G28 Z0
N12 G54 G90 G0 X24. Y0.
N14 S3000 M03
N16 Z100.
N18 M08
N20 G90
N22 Z8.
N24 G1 Z-2. F1000
N26 G17 G2 X-24. I-24. J0. F2000
N28 X24. I24. J0.
N30 G1 X26.
N32 G3 X-26. I-26. J0.
N34 X26. I26. J0.
N36 G1 X31.
N38 G3 X-31. I-31. J0.
N40 X31. I31. J0.
N42 G1 Z8.
N44 G0 Z100.
N46 X24.
N48 Z6.
```

图 6-222 平面区域粗加工程序

五轴 G01 钻孔

（4）五轴 G01 钻孔

① 打开制造功能区面板，单击孔加工面板上的“五轴 G01 钻孔”按钮，弹出五轴 G01 钻孔对话框，设置加工参数：钻孔深度 25，下刀次数 1，如图 6-223 所示。

图 6-223　五轴 G01 钻孔加工参数设置

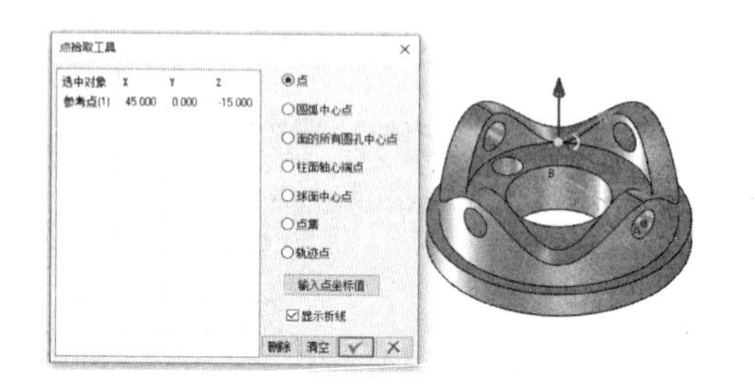

图 6-224　拾取孔中心 A 点

② 刀具选择直径为 $\phi12$ 的钻头，提前作一条 AB 直线。在几何页，单击孔点，拾取孔中心 A 点，如图 6-224 所示。单击“刀轴方向”，拾取 AB 直线，如图 6-225 所示。参数设置完成后，单击“确定”，退出五轴 G01 钻孔对话框，系统自动生成五轴 G01 钻孔轨迹，加工轨迹轴测显示如图 6-226 所示。

③ 在制造功能区，单击仿真加工面板上的“线框仿真”按钮，在弹出的窗口中，单击“拾取”按钮 拾取，拾取五轴 G01 钻孔轨迹，单击“仿真”按钮 仿真，进入仿真窗口中，单击“运行”按钮 ▶，开始轨迹仿真加工，结果如图 6-227 所示。

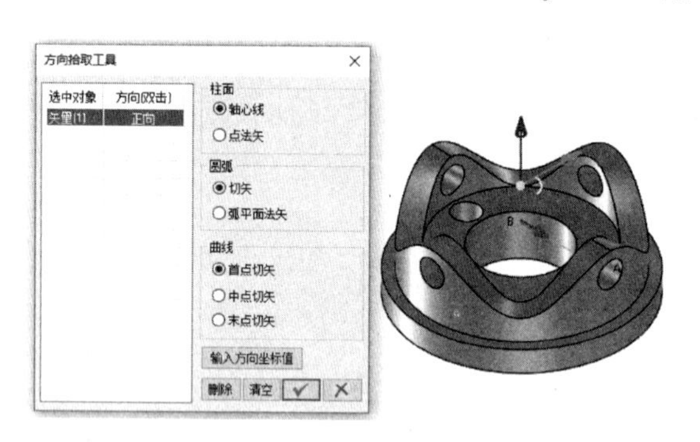

图 6-225　拾取刀轴方向直线

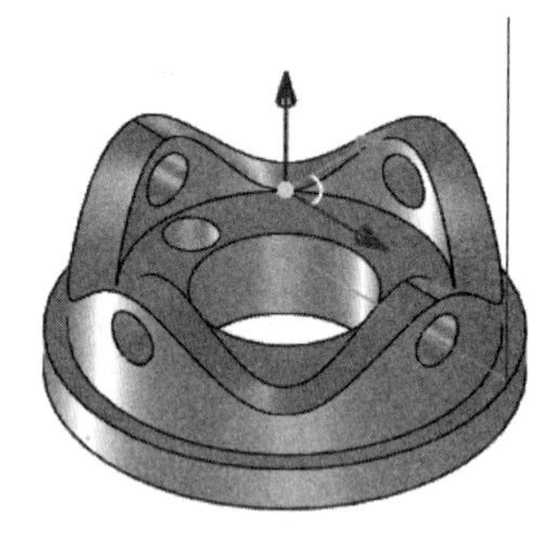

图 6-226　五轴 G01 钻孔加工轨迹

④ 打开制造功能区面板，单击轨迹变换中“阵列轨迹”按钮，弹出阵列轨迹对话框，选择“圆形阵列”，角间距设置为 90，数量设置为 4，单击“拾取”按钮，在弹出的方向拾取工具对话框中，选择“轴心线”，单击拾取图 6-225 中 B 下方的竖线，单击“确定”，退出方向拾取工具对话框，返回阵列轨迹对话框。单击“拾取”按钮，拾取五轴 G01 钻孔加工轨迹，参数设置完成，然后单击“确定”，退出阵列轨迹对话框，自动生成四个五轴 G01 钻孔加工轨迹，加工轨迹轴测显示如图 6-228 所示。

⑤ 在制造功能区，单击后置处理面板上的“后置处理”按钮 G，弹出后置处理对话框。选择控制系统文件 Fanuc，单击“拾取”按钮 拾取，拾取五轴 G01 钻孔轨迹，选择“铣加工中心_5X_HC_HB”机床配置文件，单击“后置”，退出后置处理对话框，生成 $\phi12$ 钻孔加工程序，如图 6-229 所示。

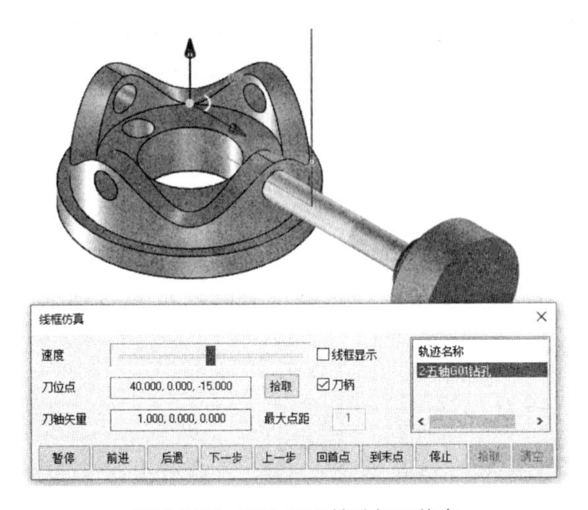

图 6-227　五轴 G01 钻孔加工仿真

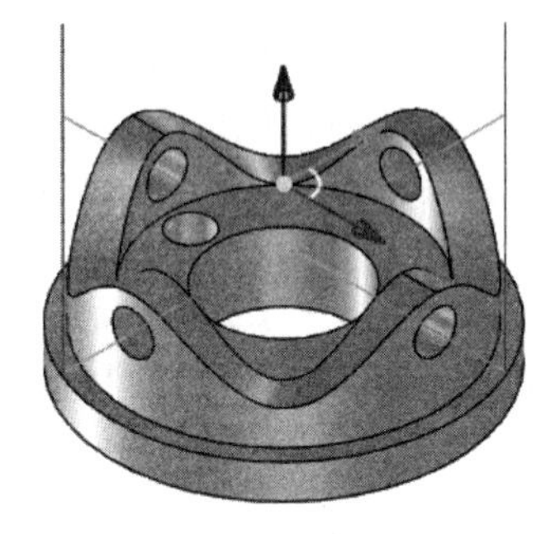

图 6-228　五轴 G01 钻孔加工轨迹阵列

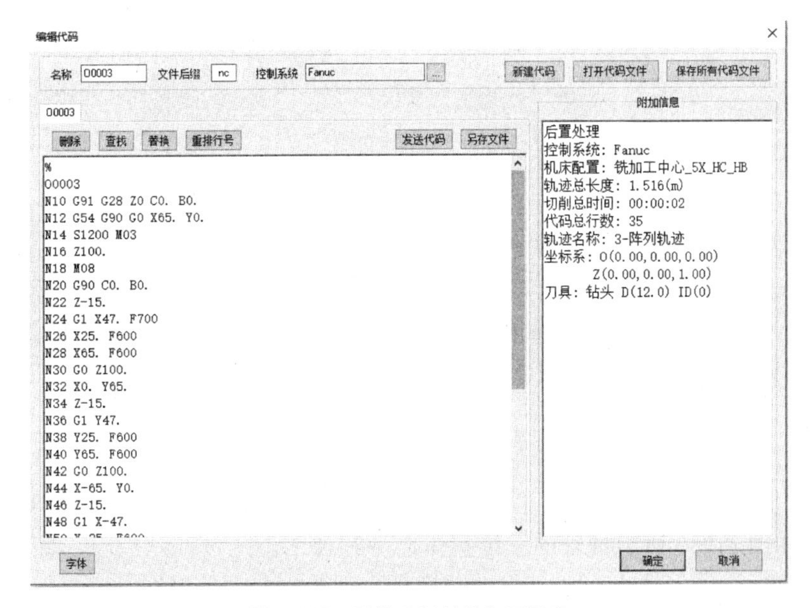

图 6-229　五轴 G01 钻孔加工程序

四、素质拓展

常晓飞，中国航天科工集团有限公司二院 283 厂高级技师，他是个刚刚 30 岁出头的年轻人，却可以用比头发丝还细 0.05mm 的刻刀刀头，在直径 0.15mm 的金属丝上刻字，他的技术被国家评为中华十大绝技。

数控加工技术是我国航空航天精密零部件制造的关键技术之一，这些年来，常晓飞参与了国家导弹和宇航产品的复杂关键零部件以及新型卫星零部件的制造任务。这些零件关系着导弹能否精准制导，对于产品的最终性能起着举足轻重的作用。为了练就炉火纯青的数控加工技术，常晓飞不断挑战技艺的极限。

一块硬币大小的金属板，高速旋转的极细刀头，一个多小时之后，182 个直径比头发丝还细的小孔神奇地精确成型。只有通过强光，才能看到 182 个小孔所呈现出的内容。

常晓飞做事严谨、一丝不苟，追求极致。一次，常晓飞接到了一项新型复合材料的加工任务，这是一种极难加工的硬脆材料，零件将用于新型武器装备的关键部位，一旦出现问题，将会直接导致武器试验失败。为此，常晓飞无数次地修改编程调整刀具，变换走刀轨迹和装夹方式。经过近三个月的时间，常晓飞终于找到了一种最优方式，将这种复合材料的加工成品率从 30%提高到了 80%，最终提高到了 100%，这次的成功给了常晓飞莫大的激励。

这些年来，凭借着一身真本领，常晓飞获得了全国五一劳动奖章、全国技术能手等荣誉。然而，比起这些耀眼的荣誉，常晓飞最自豪的还是能用自己精湛的技术参与到我国航天航空事业中，为国家的安全保驾护航。

经验积累

① CAXA CAM 制造工程师 2022 软件集成的内容较多，软件安装后有些内容没有显示出来，需要用户根据自己的使用情况通过自定义选项卡添加设置。

② 阵列轨迹时如果提前没有绘制好轴线，可以在拾取轴线时捕捉中心点，要注意方向向上。

项目总结

本项目通过机器人造型设计与加工、一帆风顺图像浮雕加工、配合零件的设计与加工、奥运会标志的造型设计与加工、叶轮零件造型设计与加工、啮合座零件造型设计与加工实例，介绍 CAXA 制造工程师毛坯创建方法、坐标系建立方法及多轴加工轨迹生成方法。在学习实践中，培养学生的团队合作意识和创新意识，培养敬业、精益、专注、创新的“工匠精神”和坚韧品格。

项目考核

① 完成如图 6-230 所示槽轴的三维实体造型和加工。

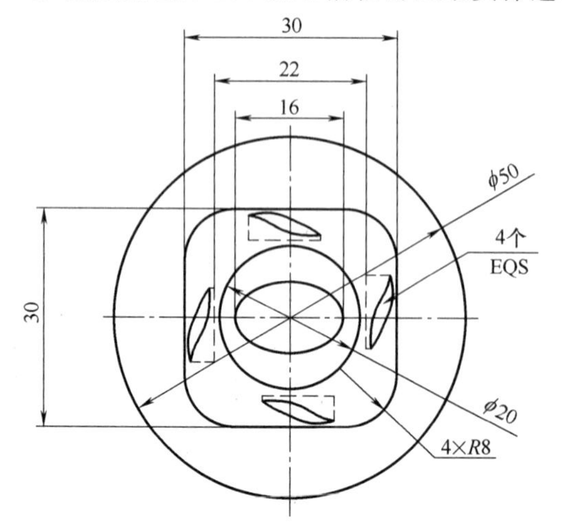

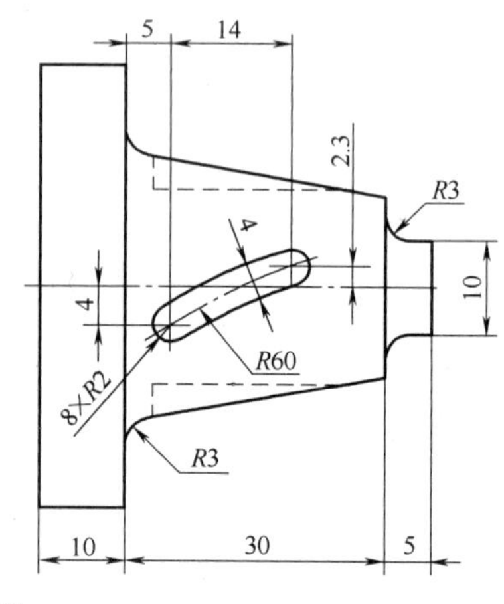

图 6-230 槽轴零件尺寸图

② 根据图 6-231 所示尺寸，完成零件的实体造型设计，应用适当的加工方法编制完整的 CAM 加工程序，后置处理格式按 FAUNC 系统要求生成。

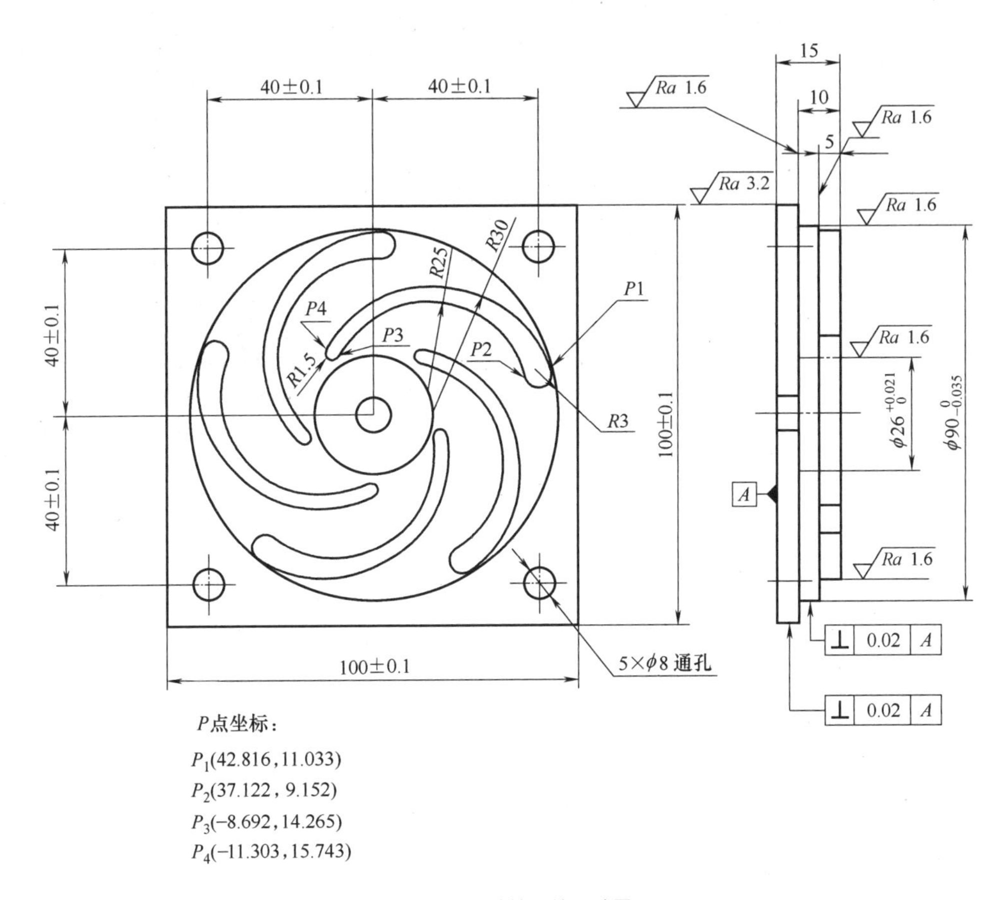

图 6-231　叶轮零件尺寸图

③ 绘制外接圆 $\phi 52.6$ 的五角星平面图形，如图 6-232 所示，用切割加工方法生成切割加工轨迹。

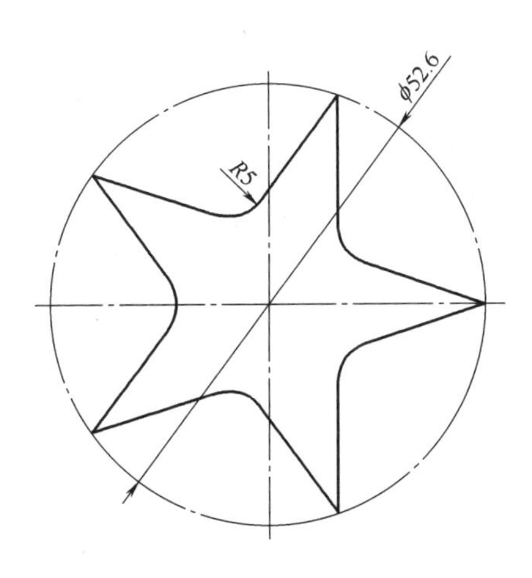

图 6-232　五角星零件轮廓图

④ 试用图像浮雕加工功能雕刻如图 6-233 所示双龙平面图，厚度为 2mm。

图 6-233 双龙平面图

参 考 文 献

[1] 刘玉春. CAXA 制造工程师 2013 项目案例教程. 北京：化学工业出版社，2013.
[2] 刘玉春. 数控编程技术项目教程. 北京：机械工业出版社，2016.
[3] 姬彦巧. CAXA 制造工程师 2015 与数控车. 北京：化学工业出版社，2017.
[4] 刘玉春. CAXA 制造工程师 2016 项目案例教程. 北京：化学工业出版社，2019.
[5] 刘玉春. CAXA CAM 数控铣削加工自动编程经典实例. 北京：化学工业出版社，2020.
[6] 刘玉春. CAXA CAM 数控车削加工自动编程经典实例. 北京：化学工业出版社，2021.
[7] 周晓宏. 数控铣削工艺与技能训练（含加工中心）. 北京：机械工业出版社，2021.
[8] 刘玉春. CAXA 数控加工自动编程经典实例教程. 北京：机械工业出版社，2021.
[9] 关雄飞. CAXA CAM 制造工程师实用案例教程. 北京：机械工业出版社，2022.
[10] 刘玉春. CAXA CAM 数控车削 2020 项目案例教程. 北京：化学工业出版社，2022.